高等职业教育系列教材

电 机 与 拖 动

主　编　任艳君　张浩波

副主编　陈爱群　谢定明

参　编　王华平　贾霄龙　文　武　刘　韵　李彩霞

主　审　任德齐

机 械 工 业 出 版 社

本书介绍了直流电机、变压器、交流电机和控制电机的工作原理、结构特点、电磁关系和能量关系，着重分析直流电机和交流电机的机械特性以及起动、调速和制动的原理、方法及相关计算，简要介绍电动机容量选择的基本知识和方法，最后还附有三相异步电动机控制电路的应用实例。本书每章有例题，章末附有小结和习题。

本书可作为高职高专机电一体化、电气自动化、建筑电气工程技术、供用电技术等非电机专业的教材；也可作为企业对相关从业人员的培训教材；还可作为中职、技工院校师生以及相关专业的工程技术人员学习参考和自学用书。

图书在版编目（CIP）数据

电机与拖动/任艳君，张浩波主编 .—北京：机械工业出版社，2010. 11
（2025. 1 重印）

高等职业教育系列教材

ISBN 978-7-111-32115-6

Ⅰ.①电… Ⅱ.①任…②张… Ⅲ.①电机-高等学校：技术学校-教材
②电力传动-高等学校：技术学校-教材 Ⅳ.①TM3②TM921

中国版本图书馆 CIP 数据核字（2010）第 193488 号

机械工业出版社（北京市百万庄大街 22 号 邮政编码 100037）
责任编辑：李文轶 版式设计：张世琴
责任校对：李秋荣 责任印制：常天培
北京中科印刷有限公司印刷
2025 年 1 月第 1 版第 14 次印刷
184mm×260mm · 14. 5 印张 · 353 千字
标准书号：ISBN 978-7-111-32115-6
定价：49. 90 元

电话服务　　　　　　　网络服务
客服电话：010-88361066　　机 工 官 网：www.cmpbook.com
　　　　　010-88379833　　机 工 官 博：weibo.com/cmp1952
　　　　　010-68326294　　金 书 网：www.golden-book.com
封底无防伪标均为盗版　机工教育服务网：www.cmpedu.com

高等职业教育系列教材
电子类专业编委会成员名单

出 版 说 明

《国家职业教育改革实施方案》（又称"职教 20 条"）指出：到 2022 年，职业院校教学条件基本达标，一大批普通本科高等学校向应用型转变，建设 50 所高水平高等职业学校和 150 个骨干专业（群）；建成覆盖大部分行业领域、具有国际先进水平的中国职业教育标准体系；从 2019 年开始，在职业院校、应用型本科高校启动"学历证书 + 若干职业技能等级证书"制度试点（即 1 + X 证书制度试点）工作。在此背景下，机械工业出版社组织国内 80 余所职业院校（其中大部分院校入选"双高"计划）的院校领导和骨干教师展开专业和课程建设研讨，以适应新时代职业教育发展要求和教学需求为目标，规划并出版了"高等职业教育系列教材"丛书。

本系列教材以岗位需求为导向，涵盖计算机、电子、自动化和机电等专业，由院校和企业合作开发，多由具有丰富教学经验和实践经验的"双师型"教师编写，并邀请专家审定大纲和审读书稿，致力于打造充分适应新时代职业教育教学模式、满足职业院校教学改革和专业建设需求、体现工学结合特点的精品化教材。

归纳起来，本系列教材具有以下特点：

1）充分体现规划性和系统性。系列教材由机械工业出版社发起，定期组织相关领域专家、院校领导、骨干教师和企业代表召开编委会年会和专业研讨会，在研究专业和课程建设的基础上，规划教材选题，审定教材大纲，组织人员编写，并经专家审核后出版。整个教材开发过程以质量为先，严谨高效，为建立高质量、高水平的专业教材体系奠定了基础。

2）工学结合，围绕学生职业技能设计教材内容和编写形式。基础课程教材在保持扎实理论基础的同时，增加实训、习题、知识拓展以及立体化配套资源；专业课程教材突出理论和实践相统一，注重以企业真实生产项目、典型工作任务、案例等为载体组织教学单元，采用项目导向、任务驱动等编写模式，强调实践性。

3）教材内容科学先进，教材编排展现力强。系列教材紧随技术和经济的发展而更新，及时将新知识、新技术、新工艺和新案例等引入教材；同时注重吸收最新的教学理念，并积极支持新专业的教材建设。教材编排注重图、文、表并茂，生动活泼，形式新颖；名称、名词、术语等均符合国家标准和规范。

4）注重立体化资源建设。系列教材针对部分课程特点，力求通过随书二维码等形式，将教学视频、仿真动画、案例拓展、习题试卷及解答等教学资源融入教材中，使学生的学习课上课下相结合，为高素质技能型人才的培养提供更多的教学手段。

由于我国高等职业教育改革和发展的速度很快，加之我们的水平和经验有限，因此在教材的编写和出版过程中难免出现疏漏。恳请使用本系列教材的师生及时向我们反馈相关信息，以利于我们今后不断提高教材的出版质量，为广大师生提供更多、更适用的教材。

机械工业出版社

前　言

以电动机作为原动机来拖动生产机械运行的系统称为电力拖动系统。由于电动机拖动具有控制简单、方便、快速、稳定、效率高等优点，在现代工业、交通运输、农业等各行业中，它已成为主要的拖动方式。随着现代科学技术的发展，各种新技术、新方法在电力拖动领域中的应用，使得电力拖动技术得到了迅猛发展。

为了使学生在有限的学时内了解电机、变压器与电力拖动的概念、原理和方法，具备选择、使用和维护电机并利用其实现拖动的技能，根据教育部《高等职业院校培养目标和人才规格》的精神，我们编写了本教材。在编写过程中，我们结合生产实际以及企业对人才的需求来组织内容。体现了基础理论以"必须、够用"为度，突出应用性和针对性的编写原则，旨在培养学生具有一定的工程技术应用能力，以适应职业岗位实际工作的需要。

为密切结合企业的实际需求，本教材与重庆金维实业有限责任公司电气保运分公司合作共同编写，是一本校企合作教材。

本书共分5大模块9章，其内容主要有直流电机及其拖动、变压器的应用、交流电机及其拖动、电力拖动系统电动机的选择及其他控制电机、三相异步电动机的控制电路应用实例等。本书可作为高职高专机电一体化、电气自动化、建筑电气工程技术、供用电技术等非电机专业的教材，同时也可作为企业对相关从业人员的培训教材，还可作为中职、技工院校师生以及从事电气工程、电力系统、水利水电工程、工业自动化等领域的工程技术人员学习参考和自学用书。

本书最大的特点就是采用了模块化和任务驱动式的编写方式，并辅以大量的应用实例。全书共分为5个相互联系又相对独立的模块，以供不同读者根据自己的需要选学相应的内容，既保持了知识的系统性和完整性，又具有方便学习的灵活性。任务驱动式则立足于学生实际，构建互动模式。任务驱动模式包括提出任务、分析任务、介绍相关知识、完成任务等环节。因此，本教材的每一章都以一个实训项目作为引入，提出本章需要解决的目标任务，再分别介绍完成该任务所需的知识技能。当学生完成一个任务后，其知识也在由浅入深的增加，技能也不断地增强。其次，为满足高职学生的实用性和技能性，列举了大量的应用实例，既便于理解抽象的理论知识，又降低了难度，便于学生更有效地学习本课程。第三，在文字叙述上，力求简明扼要、通俗易懂，以便学生在轻松愉快中学到知识和技能。

本书第1章由刘韵编写，第2章由任艳君编写，绪论和第3章由张浩波编写，第4章由文武编写，第5章由王华平编写，第6章由陈爱群编写，第7章由李彩霞编写，第8章由贾霄龙编写，第9章由谢定明编写，重庆金维实业有限责任公司电气保运分公司的多位高级工程师和技术员对全书的实训项目设置进行了指导，并参与了各章实训内容的编写工作。本书由任艳君、张浩波、陈爱群负责全书的统稿和最后定稿。

本书由任德齐教授主审，任教授仔细审阅了稿件，肯定了本书的特色，并提出了许多宝贵的意见和建议，在此表示衷心的感谢！此外，本书编写过程中翻阅了大量的参考资料，也得到了其他高校教师和许多企业工程技术人员的指导和帮助，在此一并表示诚挚的谢意！

限于编者水平和实践经验有限，本书难免存在缺点和不足之处，恳请广大读者批评指正。

编　者

目　　录

绪　　论

0.1　电机的概念与分类

电机是一种利用电磁感应原理而运行的电气设备。它可以实现机械能和电能间的转换、不同形式电能间的变换以及信号的传递与转换。在实际生产应用中，电机的种类繁多，可以按不同的标准进行分类。按功能分类，电机可分为发电机、电动机、变压器和控制电机 4 大类；按结构或转速分类，电机可分为变压器和旋转电机两类。一般电机的分类如图 0-1 所示。

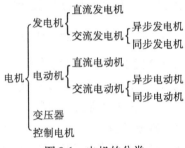

图 0-1　电机的分类

发电机的作用是把机械能转变成电能，即发电；电动机的作用是把电能转变成机械能，拖动各种生产机械设备运转，实现生产过程的机械化和自动化。变压器是一种利用电磁感应原理制成的静止电器，它能将一种电压等级的交流电能转换成同频率的另一种电压等级的交流电能。

控制电机的主要任务是完成控制信号的传递和转换，通常应用于自动控制系统，作为检测、校正及执行元件使用。主要包括交、直流伺服电动机，步进电动机，交、直流测速发电机等。

伺服电动机是一种控制电机，它能将所输入的电压信号转换为轴上的角位移或角速度输出，其转速和转向随输入电压信号的大小和方向而变化。

步进电动机将脉冲信号转换为角位移或线位移输出。

测速发电机是一种测量转速的微型发电机，即把输入的机械转速变换为电压信号输出。

0.2　电机与电力拖动系统发展概况

自蒸汽机起动了 18 世纪第一次产业革命以后，19 世纪末到 20 世纪上半叶电机又引发了第二次产业革命，使人类进入了电气化时代。1831 年法拉第发现了电磁感应现象，为电机的产生奠定了基础；1833 年楞次证明了可逆原理；1889 年多里-多勃罗沃尔斯基提出三相制，设计和制造了第一台三相变压器和三相异步电动机。从此以后，电机技术得到不断发展和完善，电机的容量不断增大，性能不断提高，应用日益广泛。20 世纪下半叶的信息技术引发了第三次产业革命，使生产从工业化向自动化、智能化时代转变，并推动了新一代高性能电机驱动系统与伺服系统的研究与发展。

电力拖动是电动机在拖动系统中作为动力机械装置和元件拖动机械做功的运行方式。电力拖动又称为电气拖动。

电力拖动系统是用电动机带动负载完成一定工艺要求的系统，一般由电源、控制装置、电动机、传动机构和机械装置5部分组成，如图0-2所示。电动机作为原动机，通过传动机构带动生产机械执行生产任务；控制装置由各种控制电机、电器、自动化元件、工业控制计算机、可编程控制器等组成，用以控制电动机的运行，从而对机械装置的运动实现自动控制；电源的作用是向电动机和其他电气设备供电。因此，电力拖动的任务就是用电动机实现由电能向机械能的转换，拖动机械装置进行起动、运行、调速、制动等工作。可见，电动机是电力拖动的关键。

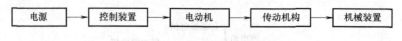

图0-2 电力拖动系统的组成

电动机出现后，电力拖动大量替代了蒸汽和水力拖动。最初为"组拖动系统"，即一台电动机拖动一组生产机械，通过大量的轴传动、带传动实现能量从电动机到机械装置的传递。20世纪上半叶以来，大量采用"单电动拖动系统"，即一台电动机拖动一台生产机械，便于通过对电动机的控制，实现对机械装置的电气控制，从而实现生产自动化。但随着机械装置的要求日益提高，很多机械装置为完成复杂的工作，使用了大量的机械传动机构，由于受到机械零件加工技术和机械自身特性的限制，使得系统难以达到所要求的传动控制和传动精度。因此，往往使用"多电动机拖动系统"，即在一个机械装置中，每个部件的每个传动工作或运动方式均由一台电动机驱动，使得传动机构大大减少，从而简化了机械系统，提高了传动精度。

随着自动化元件和控制技术的发展，通过对每台电动机的控制，就可对机械装置的每个动作进行电气控制，从而实现自动化电机拖动系统。

近年来，随着计算机技术、微电子技术、电力电子技术以及网络通信等新技术的发展和广泛应用，采用微电子、计算机与控制技术相结合的手段来改造传统产业，从而实现了高性能、电子化、小型化和智能化的电机拖动系统。

总之，电力拖动技术具有许多其他拖动方式无法比拟的优点，其起动、制动、反转和调速的控制简单、方便、快速且高效。电动机的类型很多，可利用不同的运行特性来满足各种类型生产机械的要求；由于整个系统各参数的检测和信号的变换与传送方便，所以易于实现最优控制。

0.3 本课程的性质、任务和学习方法

"电机与拖动"这门课程是机电一体化、电气自动化、建筑电气工程技术、供用电技术等专业的一门主干课程。由于电机大量在拖动系统中作为动力机械装置和元件使用，因此，我们有必要研究其基本原理、电气特性、机械特性以及在系统中的匹配问题。

本课程主要讲述电机的基本理论及其在电力拖动系统中的应用,包括直流电机及拖动、变压器、交流电机及拖动、控制电机及电力拖动系统中电动机的选择及应用等几部分内容。

本课程电机部分的主要任务是使学生掌握直流电机、变压器、交流异步电机、同步电机、控制电机的工作原理、电磁过程、基本方程式、等效电路等内容;掌握电力拖动部分直流电动机、异步电动机的各种机械特性、电动机的起动、调速、制动运行的特性分析及其相关计算等内容;掌握选择电机的原理与方法;掌握电机及电力拖动控制技术在实际生产中的控制方法。

"电机与拖动"是一门理论性很强的技术基础课,同时又具有专业课的性质,涉及的基础理论和实际知识面较广,是电磁学、动力学、机械等学科知识的综合课程。在用理论分析电机及拖动的实际问题时,必须结合电机的具体结构,采用工程观点和分析方法。在掌握基本理论的同时,还要注意培养实际操作技能和计算方法。

为了学好本门课程,必须做到以下几点:

1)学习本课程之前,必须掌握电磁学的基本概念,理解电路和磁路定律、电磁力公式、电磁感应定律、力学等知识。

2)抓住重点,牢固掌握基本概念、基本原理和主要特性,对于有关公式要理解其物理意义,不要孤立地去死记硬背。对于本课程涉及的不同类型的电机,要注意其异同点,加以对比分析。

3)要有良好的学习方法,要特别注意运用比较的方法,分析电机的共性和特点,加深对原理和性能的理解。

4)通过理论联系实际、重视实训内容和参加工程实践,既可加深对理论知识的理解和提高,又可培养实际的操作技能和工作能力。

5)为了提高学习效果,应加强课前预习,课后应认真复习总结,完成一定数量的习题。

0.4 电机常用的电磁学基础

电机是通过电磁感应原理来实现能量转换的机械装置,因此,电和磁是构成电机的两大要素。"电",在电机中主要以"路"的形式出现,即由电机内的线圈绕组构成电机的电路;"磁",在电机中是以"场"的形式存在的,但在进行工程分析计算时,为了方便起见,常把磁场的问题简化为磁路问题来处理。

1. 电路中的两个基本定律

(1)基尔霍夫第一定律

电路中流入某一节点的各支路电流的代数和等于零,即

$$\sum I_k = 0 \tag{0-1}$$

又称作基尔霍夫电流定律(KCL)。应用时,若规定流出节点的电流为正,则流入节点的电流为负,由此列出的方程叫做节点电流方程。上式表明,流入某一节点电流之和等于流出该节点的电流之和。

(2)基尔霍夫第二定律

电路中任一闭合回路电压的代数和为零，即

$$\sum U_k = 0 \tag{0-2}$$

又称为基尔霍夫电压定律（KVL）。上式表明，任一闭合回路的电动势的代数和等于回路各无源元件上的电压的代数和。

由于基尔霍夫定律只与电路的连接方式（即电路的拓扑结构）有关，而与电路所含元件的性质无关，故对任何集总参数电路都适用，即不论电路是线性的还是非线性的，是时变的还是时不变的，是处于稳态还是处于暂态的。

2. 磁场的基础知识

（1）磁感应强度 B

在磁极和通电导体周围都存在磁场，磁场的强弱通常用磁感应强度 B 来描述。磁场是一个矢量，其单位为 T（特斯拉）。通电导体所产生的磁场方向可用右手定则判定，如图 0-3 所示。

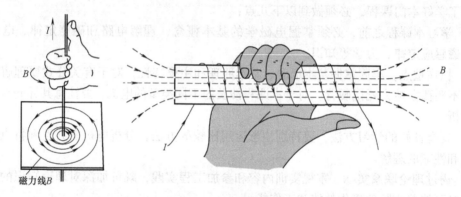

图 0-3　磁感应强度 B 的方向与电流 I 间的关系（右手定则）

通电导体产生的磁感应强度的大小由毕奥-萨伐尔定律确定，利用该定律可计算出无限长载流直导线在距离该导线为 d 的一点产生的磁场大小为

$$B = \frac{\mu_0 I}{2\pi d} \tag{0-3}$$

式中　μ_0——真空中的磁导率。

同样可得载流长直螺线管内的磁场为

$$B = \mu_0 n I \tag{0-4}$$

式中　n——螺线管单位长度的匝数。

式（0-4）表明螺线管内部磁场是均匀的。

（2）磁通量 Φ

通过磁场中某截面的磁感应线数称为通过此面的磁通量，简称磁通，一般用 Φ 表示。

$$\Phi = \iint_S \boldsymbol{B} \cdot \mathrm{d}\boldsymbol{S} \tag{0-5}$$

对于均匀磁场，若磁场 B 与平面面积 S 垂直，则其磁通为

$$\Phi = BS \quad \text{或} \quad B = \Phi/S \tag{0-6}$$

由此可知，磁感应强度 B 反映的是单位面积上的磁通量，故又称为磁通密度，简称磁

密。磁通的单位为 $T \cdot m^2$，又叫韦伯（Wb）。

（3）电磁力的计算

载流导线在其周围空间要产生磁场，反之，磁场对处于其中的载流导线要产生作用力，该作用力称为安培力。如图 0-4 所示，有一小段电流元 Idl 处于磁场 B 中，该电流元所受的安培力为

$$dF = Idl \times B \qquad (0-7)$$

此式叫安培公式。安培力的方向垂直于磁感应强度 B 与导体构成的平面，指向由矢量叉乘规则确定。

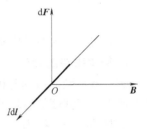

图 0-4　安培定律示意图

在均匀磁场中，载流直导线长度为 l，流过的电流为 I，电流方向垂直于磁场 B，则载流直导线所受的力为

$$f = BIl \qquad (0-8)$$

在电机学中，习惯用左手定则确定安培力的方向，即把左手伸开，大拇指与其余 4 指垂直，若磁感应强度 B 垂直穿过手心，其余 4 指指向电流 I 的方向，则大拇指的指向就是导体受力的方向，如图 0-5 所示。

（4）安培环路定理

凡是通有电流的导体，必在周围空间激发磁场。假定在一根导体中通以电流 I，则在导体周围空间产生磁场，其磁场强度为 H，它们之间应满足安培环路定理，即

$$\oint_L H \cdot dl = \sum I \qquad (0-9)$$

假定磁场是由 N 匝线圈电流产生的，且在闭合线 L 上的磁场强度 H 的大小处处相等，则由安培环路定理有

$$Hl = NI \qquad (0-10)$$

式中　H——磁场强度，单位为 A/m；

　　　N——表示线圈匝数；

　　　NI——作用在整个磁路上的磁通势，单位为 AT。

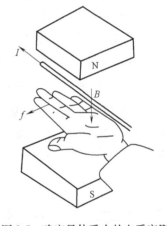

图 0-5　确定导体受力的左手定则

H 与磁感应强度 B 的关系是

$$B = \mu_0 \mu_\gamma H = \mu H \qquad (0-11)$$

式中　μ_γ——导磁材料的相对磁导率，决定于导磁材料的磁性；

　　　μ——导磁材料的磁导率。

3. 法拉第电磁感应定律

任一闭合回路中感应电动势的大小等于通过该回路磁通量的时间变化率的负值，即

$$e = -N \frac{d\Phi}{dt} \qquad (0-12)$$

由上式可知，要在导体中产生电动势，穿过导体回路的磁通 Φ 必须变化。由磁通 Φ 的定义可知，当磁感强度 B 变化或导体回路变化时，都会引起 Φ 的变化而产生电动势。一般将磁场不变而导体运动产生的电动势称为动生电动势，导体不动而磁场变化产生的电动势称为感应电动势。

在恒定磁场 B 中，长度为 l 的直导体以速度 v 在垂直于磁场方向上运动而产生的感应电动势为

$$e = Blv \qquad (0\text{-}13)$$

其方向可以由右手定则确定，如图 0-6 所示。

4. 简单磁路的计算

磁路就是磁通所通过的路径，用强磁材料构成，在其中产生一定强度的磁场的闭合回路，如变压器铁心。

磁路的欧姆定律为

$$F = \Phi R_{\mathrm{m}} \quad R_{\mathrm{m}} = \frac{l}{\mu S} \qquad (0\text{-}14)$$

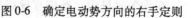

图 0-6　确定电动势方向的右手定则

铁磁材料的磁导率 μ 不是一个常数，所以由铁磁材料构成的磁路，其磁阻 R_{m} 也不是一个常数，而是随着磁路中磁通密度的大小而变化的。

图 0-7 是一个简单的磁路，它是由铁磁材料和气隙两部分串联而成。铁心上绕了 N 匝的线圈，电流为 I。这个磁路按材料及形状可分为两段：一段是截面积为 S 的铁心，长度为 l，铁心的磁场强度为 H；另一段是气隙，长度为 δ，气隙的磁场强度为 H_{δ}，根据磁路的安培环路定理有

$$NI = \sum_{i} H_{i} l_{i} = Hl + H_{\delta}\delta \qquad (0\text{-}15)$$

当对电机或变压器进行磁路计算时，一般已知的是磁路里各段的磁通以及各段磁路的几何尺寸，要求得总磁通势 NI，就可以利用式（0-15）来计算。

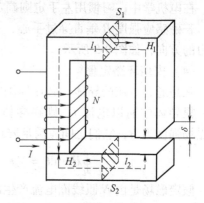

图 0-7　简单磁路示意图

0.5　铁磁材料的磁化特性

物质按其磁化效应大致可分为铁磁性物质和非铁磁性物质两类。

铁、钴、镍、镝等强磁性物质称为铁磁材料。铁磁材料在外磁场的作用下能产生很强的附加磁场，称为铁磁物质的磁化。在外磁场停止作用后，铁磁材料仍能保持其磁化状态。由于相对磁导率和磁化率不是常数，而是随外磁场的变化而变化的，具有磁滞现象，因此，B、H 之间不具有简单的线性关系。

将一块尚未磁化的铁磁材料进行磁化。当磁场强度 H 由零逐渐增大时，磁感应强度 B 将随之增大，曲线 $B = f(H)$ 称为起始磁化曲线，如图 0-8 所示。当 H 从零开始（此时 $B = H = 0$），然后逐渐增大电流，随着 H 的增大，至 a 点后，铁心中的 B 不再显著增加，介质的磁化达到饱和，即磁饱和。当铁磁材料达到饱和状态后，缓慢地减小 H，铁磁质中的 B 并不按原来的曲线减小，并且 $H = 0$ 时，B 并不等于 0，而是具有一定值，

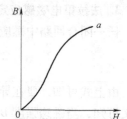

图 0-8　铁磁材料的起始磁化曲线

6

这种现象称为剩磁。要完全消除剩磁，必须加反向磁场。随着反向磁场的逐渐增加，铁磁材料的磁化将达到反向饱和。不断地朝正向或反向缓慢地改变磁场，磁化曲线就将变为一闭合曲线——磁滞回线。

按照磁滞回线形状的不同，铁磁材料可大致分为软磁材料和硬磁材料两类。

软磁材料的磁滞回线窄、剩磁小，如铸铁、铸钢和硅钢片等，多用于制作电机、变压器的铁心如图 0-9a 所示。硬磁（永磁）材料的磁滞回线宽，剩磁大，如钨钢、钴钢等，适合于制造永久磁铁，如图 0-9b 所示。

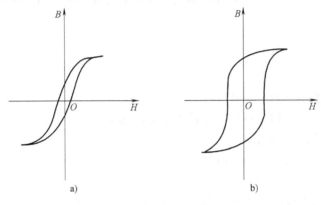

图 0-9　磁滞回线

a）软磁材料　b）硬磁材料

模块 1 直流电机及其拖动

第 1 章 直流电机的结构和工作原理

本章要点

- 直流电机的基本结构和工作原理
- 直流电机的电枢绕组、磁场、电动势和电磁转矩
- 直流电机的基本方程式
- 直流电机的运行特性和工作特性

直流电机可以实现电能和机械能的相互转换，将机械能转换为直流电能的是直流发电机，将电能转换为机械能的是直流电动机。此外，根据电刷的有无，可分为有刷直流电机和无刷直流电机；根据信号的转换，将机械速度信号转换成直流电压信号的称为直流测速发电机，将直流电压信号转化为角位移或角速度信号的称为直流伺服电动机。

直流电动机具有起动、制动、调速性能好、过载倍数大、控制性能好等优点，因此，被广泛地应用于起动和调速性能要求较高的生产机械中，如龙门刨床、轧钢机、电力机车、矿井提升设备、起重机、金属切削机床、造纸及纺织机械等。直流发电机主要用于各种直流电源，但随着电力电子技术的迅速发展，它已逐步被晶闸管整流装置所取代。直流伺服电动机和直流测速发电机多用于自动控制系统中，作为系统的执行元件和信号检测元件。

1.1 直流电机概述

1. 直流电机的外形观察

（1）观察外观

直流电机按励磁方式不同分电磁式直流电机和永磁式直流电机，它们的外观结构形式一般由电机类型、功率、动力传动方式所决定。图 1-1 所示的是几种电磁式直流电机，图 1-2 所示的是几种永磁式直流电机。

（2）观察铭牌

阅读电机铭牌中各项参数，了解其铭牌参数的含义，将铭牌数据记录在表 1-1 中（可根据电机的实际铭牌内容另加记录项）。电机铭牌所标写的各项参数是电机运行时必须满足的条件，在铭牌参数允许的范围外运行电机将使电机不能正常工作或烧毁电机。

（3）测量绝缘电阻值

在电动机未接电源的情况下，将兆欧表 E 端接外壳，L 端接绕组一端，测出定子绕组对

a)

b)

c)

图 1-1   电磁式直流电机

a）Z2 系列   b）Z3 系列   c）Z4 系列

a)

b)

c)

图 1-2   永磁式直流电机

a）ZDT-90   b）ZYT 系列   c）ZYN 系列

地（外壳）的绝缘电阻值，记录在表 1-2 中。

表 1-1   直流电动机的铭牌数据

型　　号		产品编号	
结构类型		励磁方式	
额定功率		励磁电压	
额定电压		工作方式	
额定电流		绝缘等级	
额定转速		重　　量	
标准编号		出厂日期	

表 1-2   直流电动机绝缘电阻测量值

测量项目	测量值
绝缘电阻/Ω	

2. 直流电动机的运行观察

（1）观察某直流电动机的运行情况

在直流电动机运行时，观察电动机的转速、噪声、振动、冒烟等，并将观察现象记录在

表 1-3 中。

表 1-3　直流电动机的运行观察

观察内容及现象	观察结果
转速（是否均匀）	
噪声（大还是小）	
振动（是否强烈）	
发热（是否有明显的发热现象）	
冒烟（是否冒烟）	
焦糊（是否有糊味）	

（2）测量电动机运行时的空载电流

在电动机空载运行的情况下，将电流表串入电机线路，测出电机空载电流值，记录在表 1-4 中。

表 1-4　直流电动机正常运行时的电流测量值

测量项目	测量值
空载电流/A	

3. 直流电动机的拆装

拆装直流电动机的基本操作步骤：切断电源→做好标记→拆卸电刷→拆卸轴承外盖→抽出电枢→检查电机各部件→各部件质量检测和清理无故障后再进行重新装配→装配完成后，测试空载电流大小及对称性，最后带负载运行。

拆装一台直流电动机，初步了解直流电动机的基本结构，将其各部件名称记录在表 1-5 中。

表 1-5　直流电动机的各部件名称

通过本节的实训，读者接触到了电机实物，对电机有了直观的认识，了解了电机的基本组成和简单的运转状态，在后续学习中对电机就不会再陌生了。那么，电动机为什么能运转？发电机为什么能发电？电机各部件的具体功能是怎样的？电机还具有什么特性？本章后面几节将针对上述这些问题，以理论为基础，从实用的角度对直流电机进行剖析。

1.2　直流电机的结构和工作原理

1.2.1　直流电机的结构

通过实训，读者已了解到直流电机由两个主要部分构成：运行时静止不动的部分，称为定子；运行时转动的部分，称为转子。定子和转子之间留有一定的间隙，称为气隙。图 1-3 是直流电机的结构图。

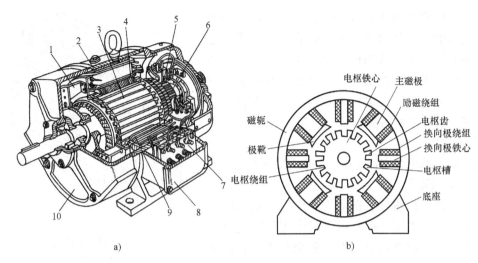

图 1-3　直流电机的结构图

a）直流电机的结构　b）轴端剖面图

1—风扇　2—机座　3—电枢　4—主磁极　5—刷架　6—换向器

7—接线板　8—出线盒　9—换向极　10—端盖

1. 定子

直流电机定子的主要作用有两个：一是建立主磁场，二是起整个电机的固定和支撑作用。它主要包含机座、主磁极、换向极、端盖、电刷装置、出线盒等部件。

（1）机座

电机定子部分的外壳称为机座，通常由铸钢或钢板焊接而成。其作用之一是用来固定主磁极、换向极、端盖等零部件，起支撑和保护作用。它的另一个作用是让励磁磁通经过，此部分称为磁轭，与主磁路共同构成闭合路径。对于某些在运行中有较高要求的微型直流电机，主磁极、换向极和磁轭用硅钢片一次冲制叠压而成，此时，机座只起固定零部件的作用。

（2）主磁极

主磁极由磁极铁心和励磁绕组组成，如图 1-4 所示。其作用是当励磁绕组中通入直流电流后，铁心中即产生励磁磁通，并在气隙中建立励磁磁场。励磁绕组通常用圆形或矩形的绝缘导线制成一个集中的线圈，套在磁极铁心外面；磁极铁心一般用 1 ~ 1.5mm 厚的薄钢板冲片叠压紧固而成；整个磁极用螺钉固定在机座上。主磁极总是成对出现的，各主磁极上的绕组连接时要能保证相邻磁极的极性按 N 极和 S 极依次排列。为了减少气隙中有效磁通的磁阻，改善气隙磁密的分布波形，磁极下铁心的极靴较极身宽，这样也可以使励磁绕组牢牢地套在磁极铁心上。

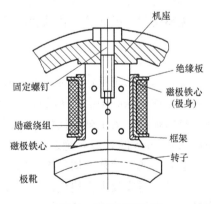

图 1-4　主磁极结构图

（3）换向极

换向极是由换向极铁心和换向极绕组组成，如图 1-5 所示。其作用是产生换向磁场，用来改善直流电机的换向，减小电机运行时电刷与换向器之间可能产生的火花。换向极装在两主磁极之间，其换向极绕组套在换向极铁心上，并与电枢绕组串联。一般换向极的数量与主磁极是相同的，在小功率的直流电机中，也有装置的换向极数为主磁极的一半，或不装换向极。

（4）端盖

用于安装轴承和支撑电枢，一般为铸钢件。

（5）电刷装置

电刷装置是由刷握、铜丝辫、压紧弹簧和电刷块等部分组成，如图1-6所示。其作用是通过电刷与换向器表面的滑动接触，把电枢绕组中的直流电压、直流电流引入或引出。电刷块是用导电性和耐

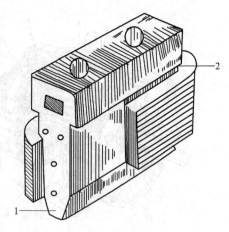

图1-5　换向极
1—换向极铁心　2—换向极绕组

磨性能好的石墨粉压制而成的导电块，放置在刷握内，用弹簧将它压紧在换向器上。刷握固定在刷杆上，刷杆装在刷杆座上，彼此之间都绝缘。刷杆座装在端盖轴承内盖上，调整位置后将它固定。整个电刷装置可以移动，用以调整电刷在换向器上的位置。

（6）出线盒

直流电机的电枢绕组和励磁绕组通过出线盒（板）与外部连接。出线盒上的电枢绕组一般标记为"A"或"S"，励磁绕组标记为"F"或"L"。由于普通直流电机电枢回路电阻比励磁回路电阻小得多，所以如使用时分不清这两个绕组，可通过测量出线盒内的接线端子进行区分，电阻大的两端即为励磁绕组。

2. 转子

直流电机的转子又称为电枢，其作用是产生感应电动势和电磁转矩，从而实现能量转换。主要包含电枢铁心、电枢绕组、换向器、转轴和风扇等部件，如图1-7所示。

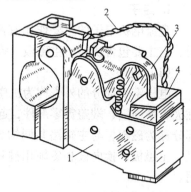

图1-6　电刷装置
1—刷握　2—铜丝辫　3—压紧弹簧
4—电刷块（石墨材料）

（1）电枢铁心

电枢铁心的主要作用是通过磁通和嵌放电枢绕组。由于电机运行时，电枢与气隙磁场间有相对运动，铁心中会产生感应电动势而出现涡流和磁滞损耗。为了减少损耗，电枢铁心通常用厚度为0.5mm的表面有绝缘层的圆形硅钢冲片冲压叠装而成。冲片圆周外缘均匀地冲有许多齿和槽，槽内可安放电枢绕组，有的冲片上还有许多圆孔，以形成改善散热的轴向通风孔。

（2）电枢绕组

电枢绕组是直流电机电路的主要部分，它的作用是产生感应电动势和电磁转矩，从而实现

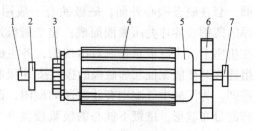

图1-7　转子结构
1—转轴　2—轴承　3—换向器　4—电枢铁心
5—电枢绕组　6—风扇　7—轴承

机、电能量的转换。电枢绕组由许多用绝缘导线绕制的按一定规律连接的线圈组成，各线圈分别嵌放在不同电枢铁心的槽内，并通过换向片构成闭合回路。

1）电枢绕组元件。电枢绕组是由结构、形状相同的线圈组成，线圈有单匝、多匝之分。不论单匝或多匝线圈，引出线只有首端和尾端两根。线圈的两个边分别安放在不同的槽中，其中处于槽内用于产生电动势和电磁转矩的部分，称为有效边；处于槽外仅起连接作用的部分，称为端接部分。电枢绕组多为双层绕组，同一个槽可嵌放两条边，每条边仅占半个电枢槽，即同一个线圈的一条边占了某个槽的上半槽，另一条边占了另一个槽的下半槽。由此可知，电枢上的槽数 Z 与线圈数 S 相等。线圈在槽内的放置情况如图 1-8 所示。

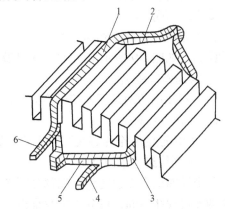

图 1-8　线圈在槽内的放置示意图

1—上层有效边　2、5—端接部分　3—下层有效边
4—线圈尾端　6—线圈首端

2）极距 τ。所谓极距，就是一个磁极在电枢表面的空间距离，用字母 τ 表示。极距常用槽数来计算，即

$$\tau = \frac{Z}{2p} \tag{1-1}$$

式中　p——磁极对数。

3）节距。

① 第一节距 y_1。

y_1 是指一个线圈两个有效边之间的距离，如图 1-9 所示。为了使元件感应出最大电动势，就要使 y_1 等于一个极距 τ。

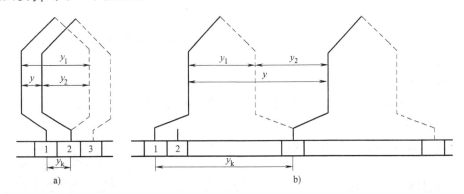

图 1-9　绕组联接示意图

a）单叠绕组　b）单波绕组

满足 $y_1 = \tau$ 的元件称为整距元件。当 $z/2p$ 不是整数时，由于 y_1 必须是一个整数，则 y_1 应该取与 $z/2p$ 相近的一个整数，即

$$y_1 = \frac{Z}{2p} \mp \varepsilon \tag{1-2}$$

式中　ε——将 y_1 补成整数的一个正分数。

若 $\varepsilon = 0$，则 $y_1 = \tau$，称为整距绕组；若取正号，则 $y_1 > \tau$，称为长距绕组；若取负号，则 $y_1 < \tau$，称为短距绕组。直流电机一般采用短距或整距绕组。

② 第二节距 y_2。

y_2 是指串联的两个相邻线圈中、第一个线圈的下层边与相邻的第二个线圈的上层边之间的距离，如图1-9所示 y_2 用槽数来计算。

③ 换向器节距 y_k。

y_k 是指线圈的两端所连接的换向片之间的距离，用该线圈跨过的换向片数来表示。

④ 合成节距 y。

y 是指串联的两个相邻线圈对应的有效边之间的距离。

4）单叠绕组与单波绕组。

每个线圈两有效边的引出端都分别按一定的规律焊接到换向器的换向片上，由于相邻两线圈的连接规律不同，可分为单叠绕组、单波绕组、复叠绕组、复波绕组及蛙形绕组。其中较常用的是单叠绕组和单波绕组，其连接示意图如图1-9所示。

单叠绕组是指每个线圈的首端和末端接到相邻的两个换向极上，后一线圈的首端与前一元件的末端连在一起，并接到同一换向片上，依次串联，最后一个线圈的末端与第一个线圈的首端连在一起，形成一个闭合的结构。单叠绕组的每个主磁极下的线圈串联成一条支路，电机共有 $2p$ 个极，就有 $2p$ 条支路，即 p 对支路，所以单叠绕组并联支路的对数用公式表示为

$$a = p \tag{1-3}$$

单波绕组的连接是每个线圈与相距约两个极距的线圈相串联，绕完一周以后，第 x 个线圈的末端落到与起始换向片相邻的换向片上。所有相同极性下的线圈串联成一条支路，电机共有 N、S 两种极性，故有2条支路，即一对支路，所以单波绕组并联支路的对数用公式表示为

$$a = 1 \tag{1-4}$$

单叠绕组一般适用于较低电压、较大电流的直流电机，单波绕组一般适用于较高电压、较小电流的直流电机。

（3）换向器

换向器的作用是实现电枢绕组中的交流电动势和电流与电刷间的直流电动势和电流的转换。它是由许多换向片构成的，如图1-10所示。换向片之间用云母绝缘，再由套筒螺母等紧固而成。

1）换向过程。直流电机工作时，电枢绕组的线圈不断地从一条支路进入另一条支路，线圈中的电流也不断地改变方向。图1-11所示为一个单叠绕组线圈的换向过程。换向时电枢绕组以线速度 v_a 从右向左移动，图中电刷的宽度 b_B 等于换向片的宽度 b_k，片间绝缘厚度忽略不计。线圈1如图1-11a所示时，属于电刷右边支路，其中流过支路电流 i_a 方向向上；经过一段时间后，线圈转到如

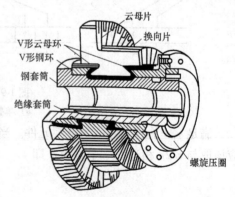

图1-10　换向器

（标注：云母片、换向片、V形云母环、V形钢环、钢套筒、绝缘套筒、螺旋压圈）

图 1-11b 所示的位置时，线圈 1 被电刷短路，线圈 1 种的电流 i_a 基本为零；转到如图 1-11c 所示的位置时，线圈 1 已换入左边支路，其电流已是 $-i_a$ 了。由图 1-11a 至图 1-11c 的过程，就是线圈 1 中的电流方向改变的过程，称为线圈 1 的换向。

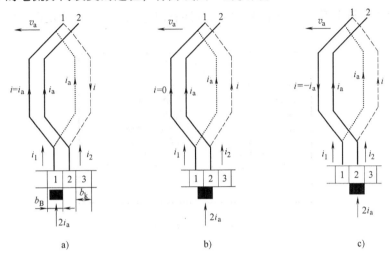

图 1-11　换向元件的换向过程

a）换向开始　b）换向中期　c）换向结束

图 1-12 是电枢绕组一个线圈中的电流 i_a 随时间变化的波形。其中 T_K 是开始换向到换向结束所经历的时间，称为换向周期，一般约几毫秒；T_p 是线圈从一个极性电刷下转到相邻另一个极性电刷下所经历的时间，一般为几十毫秒。

2）改善换向的方法。换向线圈中存在由电抗电动势 e_x 和电枢反应电动势 e_a 引起的附加电流 i_k，造成延迟换向，使电刷的后刷边易出现火花，形成不良换向。不良换向会给直流电机的运行造成困难，所以要改善换向。改善换向的方法是从减小、甚至消除附加换向电流 i_k 着手。

一般容量在 1kW 以上的直流电机均在主磁极之间的几何中性线处装置换向极。换向极

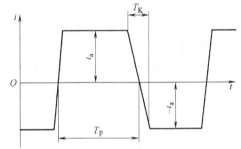

图 1-12　元件中电流随时间变化的波形

的作用是要产生一个与电枢电动势方向相反的换向极磁通势，它除了抵消处于几何中性线处的电枢磁通势外，还要产生一个换向极磁场。在几何中性线上的换向线圈切割该磁场，产生的旋转电动势——换向极电动势 e_k 与电抗电动势 e_x 大小相等，方向相反，使 $e_k + e_x = 0$，则附加换向电流 i_k 近似为零，达到改善换向的目的。

（4）转轴

转轴的作用是传递转矩。为了使电机能可靠地运行，转轴一般用合金钢锻压加工而成。

（5）风扇

风扇的作用是降低电机运行中的温升。

3. 气隙

气隙也是电机磁路的一部分。它的路径虽然很短，但由于气隙磁阻远大于铁心磁阻

（一般小型电机的气隙为 0.7～5mm，大型电机为 5～10mm 左右），对电机性能有很大影响。

1.2.2 直流电机的铭牌数据和励磁方式

每一台直流电机上都有一个铭牌，用来标注直流电机的型号、额定值、励磁方式等，如图 1-13 所示。

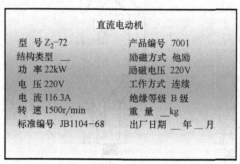

图 1-13 直流电动机的铭牌

1. 型号

电动机的型号是用来表示电动机的一些主要特点的，它由产品代号和规格代号等部分组成。图 1-13 中铭牌所标型号的含义如下：

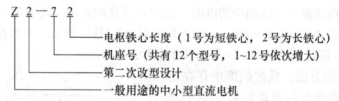

2. 额定值

额定值是制造厂根据国家有关标准的要求规定的，表明了电机的主要性能和使用条件，是选择和使用电机的依据。直流电机的额定值主要有：额定功率、额定效率、额定电压、额定电流、额定转速等。在电机运行时，若负载远小于额定值，称为轻载，此时电机正常运行，但效率低，经济性差；若输出容量超过额定容量，称为过载，会降低电机的使用寿命甚至损坏电机；若恰好运行于额定容量，称为满载。由此可见，在选择和使用电机前，要仔细了解铭牌上的额定数据。

（1）额定功率 P_N

指电机在额定情况下长期运行时的输出功率，单位为 W 或 kW。发电机的额定功率是指正负电刷之间输出的电功率，$P_N = U_N I_N$；电动机的额定功率是指轴上输出的机械功率，$P_N = U_N I_N \eta_N$，其中 η_N 为额定效率。

（2）额定效率 η_N

指直流电动机额定运行时输出机械功率与电源输入电功率之比。$\eta_N = \dfrac{P_N}{P_1} \times 100\%$，其中 P_1 为输入功率。

（3）额定电压 U_N

指在额定情况下，直流发电机的输出电压或直流电动机的输入电压，单位为 V。

（4）额定电流 I_N

指额定电压和额定负载时允许电动机长期输入的电流或允许发电机长期输出的电流，单位为 A。

（5）额定转速 n_N

指电机在额定电压和额定负载时的旋转速度，单位为 r/min。

【例1-1】 一台直流电动机，$P_N = 160\ kW$，$U_N = 220\ V$，$n_N = 1\ 500\ r/min$，$\eta_N = 90\%$，求 I_N。

解： 对于电动机

$$P_N = U_N I_N \eta_N$$

所以

$$I_N = P_N / U_N \eta_N = \frac{160 \times 10^3}{220 \times 0.9} A = 808\ A$$

【例1-2】 一台直流发电机，$P_N = 10\ kW$，$U_N = 220\ V$，$n_N = 2870\ r/min$，$\eta_N = 90\%$，求其额定电流和额定负载时的输入功率。

解： 对于发电机

$$P_N = U_N I_N$$

所以

$$I_N = P_N / U_N = \frac{10 \times 10^3}{220} A = 45.45\ A$$

由 $\eta_N = \frac{P_N}{P_1} \times 100\%$ 可知

$$P_1 = \frac{P_N}{\eta_N} = \frac{10 \times 10^3}{0.9} W = 11.1\ kW$$

3. 励磁方式

直流电机以气隙中的磁场为媒介，进行机械能与电能之间的能量转换。通常直流电机中的磁场都是在励磁绕组中通以励磁电流产生的。励磁绕组获得励磁电流的方式称为励磁方式，可分为他励和自励两大类，自励又分为并励、串励和复励3种。

（1）他励直流电机

励磁绕组与电枢绕组分别由两个独立的直流电源供电，如图 1-14a 所示。励磁绕组与电枢绕组之间没有电的联系。

（2）并励直流电机

励磁绕组与电枢绕组并联，由同一直流电源供电，如图 1-14b 所示。励磁电路端电压等于电枢电路端电压。

（3）串励直流电机

励磁绕组与电枢绕组串联，由同一直流电源供电，如图 1-14c 所示。励磁电流等于电枢电流。

（4）复励直流电机

励磁绕组分为两部分，一部分与电枢绕组并联，另一部分与电枢绕组串联，如图 1-14d 所示。两部分励磁绕组的磁通势方向相同时称为积复励；方向相反称为差复励。

直流电机的串励绕组电流较大，导线较粗，匝数较少；并励绕组一般电流很小，导线细，匝数较多，因而不难辨别。

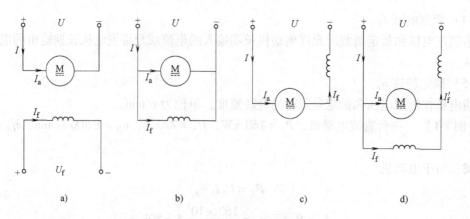

图 1-14 直流电机的励磁方式

a) 他励 b) 并励 c) 串励 d) 复励

1.2.3 直流电机的工作原理

1. 直流发电机的基本工作原理

直流发电机的理论基础是电磁感应定律,其工作原理模型如图 1-15 所示。图中 N、S 是一对在空间固定不动的磁极(可以是永久磁铁,也可以是电磁铁),$abcd$ 是一个线圈,线圈两端分别接到两个相互绝缘的半圆形换向片 1 和 2 上,换向片分别与固定不动的电刷 A 和 B 保持滑动接触,这样,旋转着的线圈可以通过换向片、电刷与外电路接通。

当原动机拖着电枢以一定的转速 n 在磁场中逆时针旋转时,根据电磁感应原理,线圈边 ab 和 cd 以线速度 v 切割磁力线产生感应电动势,其方向用右手定则确定。在图中所示的位置,线圈的 ab 边处于 N 极下,产生的电动势从 b 指向 a;线圈的 cd 边处于 S 极下,产生的感应电动势从 d 指向 c。从整个线圈来看,电动势的方向为 $d \to c \to b \to a$。反之,当 ab 边转到 S 极下,cd 边转到 N 极下时,每个边的感应电动势方向都要随之改变,于是,整个线圈的感应电动势方向变为 $a \to b \to c \to d$。所以线圈中的感应电动势是交变的。

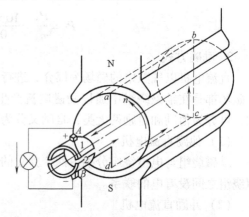

图 1-15 直流发电机的工作原理模型

为了在电刷上得到直流电动势,就要利用到换向器。在图 1-15 所示的时刻:线圈的 ab 边处于 N 极下,电动势的方向从 b 向 a 引到电刷 A,所以电刷 A 的极性为正。当线圈转过 180°,线圈 ab 边与 cd 边互换位置,使 cd 边处于 N 极下时,于是 cd 边与电刷 A 接触,其电动势的方向是从 c 向 d 引到电刷 A,电刷 A 的极性仍为正。同理可分析出电刷 B 极性为负。进一步观察可以发现,电刷 A 总是与旋转到 N 极下的导体接触,所以电刷 A 总是正极性。而电刷 B 总是与旋转到 S 极下的导体接触,所以电刷 B 总是负极性,故在电刷 A、B 之间得到的是脉动直流电动势。当电枢上分布的线圈足够多时,就可使脉动程度大为降低,得到平滑的直流电动势。

2. 直流电动机的基本工作原理

直流电动机的理论基础是基于电磁力定律，其工作原理如图1-16所示。电刷A、B两端加直流电压U，在图示位置，电流从电源的正极流出，经过电刷A与换向片1流入电动机线圈，电流方向为$a{\rightarrow}b{\rightarrow}c{\rightarrow}d$，然后再经过换向片2与电刷B流回电源的负极。根据电磁力定律，线圈边ab与cd在磁场中分别受到电磁力的作用，其方向可用左手定则确定，如图中所示。此电磁力形成的电磁转矩，使电动机逆时针方向旋转。当线圈边ab转到S极面下、cd转到N极面下时，流经线圈的电流方向

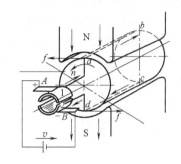

图1-16　直流电动机工作原理模型

必须改变，这样导体所受的电磁力方向才能不变，从而保持电动机沿着一个固定的方向旋转。

原来电刷A通过换向片1与经过N极面下的导体ab相连，现在电刷A通过换向片2与经过S极面下的导体cd相连，原来电刷B通过换向片2与经过S极下面的导体cd相连，现在电刷B通过换向片1与经过S极面下的导体ab相连，线圈中的电流方向为$d{\rightarrow}c{\rightarrow}b{\rightarrow}a$，用左手定则判断电磁力和电磁转矩的方向未变，电枢仍逆时针旋转。其中，换向器起到使导体中的电流方向发生变化的作用。

由此可见，不论是直流发电机还是直流电动机，换向器可以使正电刷A始终与经过N极面下的导体相连，负电刷B始终与经过S极面下的导体相连，故电刷之间的电压是直流电，而线圈内部的电流则是交变的，换向器起到了换向的作用。

3. 电机的可逆原理

无论发电机还是电动机，由于电磁的相互作用，电枢电动势和电磁转矩是同时存在的。从原理上说发电机和电动机两者并无本质差别，只是外界条件不同而已。一台电机，既可作为发电机运行，又可作为电动机运行，这就是直流电机的可逆原理。但在设计电机时，需考虑两者运行的稍许差别。

1.3　直流电机的磁场、电枢电动势、电磁转矩、电磁功率

1.3.1　直流电机的磁场

直流电机的磁场，是直流电机产生电动势和电磁转矩必不可少的因素。直流电机的运行特性，在很大程度上也就是磁场特性。

1. 直流电机的空载磁场

直流电机空载运行是电机电枢电流（或输出功率）为零的运行状态。在直流电动机中，空载即机械轴上无任何机械负载；在直流发电机中，空载即电刷两端未接任何电气负载，电枢处于开路状态。直流电机的空载磁场可以看做是由定子的励磁磁通势F_f单独产生的，该磁场又称为主磁场。

图1-17所示的是直流电机空载时的磁场分布情况。当励磁绕组通入直流电流I_f后，主磁极呈磁性，并以N、S极间隔均匀地分布在定子内圆周上。由于每对磁极下的磁通所经过

的路径不同，根据它们的作用可分为主磁通和漏磁通两类。其中绝大部分的磁通势从主磁极的 N 极出来经过气隙进入电枢的齿槽和磁轭，然后到达电枢铁心另一边的齿槽，再穿过气隙，进入主磁极的 S 极，通过定子磁轭回到 N 极，形成闭合磁回路。这部分磁通是直流电机进行电磁感应和能量转换所必需的，称为主磁通 Φ_0。此外，还有一小部分磁通从 N 极出来后并不进入电枢，而是经过空间直接进入相邻的磁极或磁轭，它对电机的能量转换工作毫无用处，相反，还使电机的损耗加大，效率降低，增大了磁路的饱和程度，这部分磁通称为漏磁通 Φ_σ，一般 $\Phi_\sigma = （15 \sim 20\%）\Phi_0$。

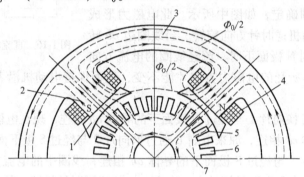

图 1-17　直流电机空载时的磁场分布

1—极靴　2—磁身　3—定子磁轭　4—励磁线圈　5—气隙　6—电枢齿　7—电枢磁轭

从图 1-17 可以看出，主磁通 Φ_0 对应的主磁路的组成分为气隙、电枢的齿槽部分、电枢磁轭、主磁极、定子磁轭 5 部分，或简化为主磁路由气隙和铁磁材料两大部分组成。因此，根据磁路定律，产生空载磁场的励磁磁通势 F_f 全部降落于气隙和铁磁材料这两大部分之中，即励磁磁通势 F_f 为气隙磁通势 F_δ 和铁磁材料磁通势 F_{Fe} 之和，即 $F_f = F_\delta + F_{Fe}$。虽然气隙长度在整个闭合磁路中只占很小一部分，但是，由于空气的磁导率远比铁磁材料的磁导率小，所以，气隙的磁阻极大。可以认为，磁路的励磁磁通势 F_f 几乎都消耗在气隙部分，而对应产生的磁场常称为空载气隙磁场。

2. 直流电机的负载磁场

直流电机负载运行时，电枢绕组中便有电流通过，产生电枢磁通势。该磁通势所建立的磁场，称为电枢磁场。电枢磁场与主极磁场一起，在气隙内建立一个合成磁场。

下面，以两极直流电动机为例分析直流电机负载运行的合成磁场的分布，如图 1-18 所示。

图 1-18a 所示为主极磁场的分布情况。按照图中所示的励磁电流方向，应用右手螺旋定则可确定主极磁场的方向。在电枢表面上磁感应强度为零的地方是物理中性线 m－m，它与磁极的几何中性线 n－n 重合，几何中性线与磁极轴线互差 90°电角度，即正交。

图 1-18b 所示为电枢磁场的分布情况。它的方向由电枢电流来确定。由图中可以看出，不论电枢如何转动，电枢电流的方向总是以电刷为界限来划分的。在电刷两边，N 极面下的导体和 S 极面下的导体电流方向始终相反，只要电刷固定不动，电枢两边的电流方向不变。因此，电枢磁场的方向不变，即电枢磁场是静止不动的。根据图上的电流方向用左手定则可判定该台电动机旋转方向为逆时针。

图 1-18c 所示为合成磁场的分布情况。它是由主极磁场和电枢磁场共同合成的。比较

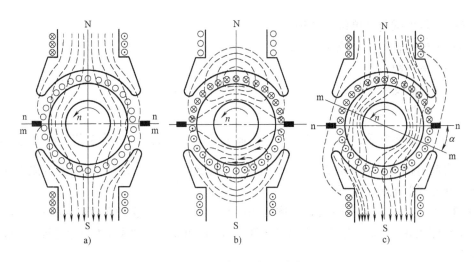

图 1-18 合成磁场的分布

a）主极磁场 b）电枢磁场 c）合成磁场

图 1-18a和图 1-18c 可见，由于负载后电枢磁场的出现，对主极磁场的分布有明显的影响。这种电枢磁场对主极磁场的影响称为电枢反应。以图 1-18c 直流电动机为例的电枢反应性质是：

1）电枢反应使磁极下的磁力线扭斜，磁通密度分布不均匀，合成磁场发生畸变，使原来的几何中性线 n－n 处的磁感应强度不等于零，磁感应强度为零的位置，即电磁中性线 m－m 顺旋转方向旋转 α 角度，电磁中性线与几何中性线不再重合。

2）电枢反应使每一个磁极下的磁通势发生变化，如 N 极下的左半部分主极磁通势被削弱，右半部分的主极磁通势被增强。由于电枢磁场磁力线是闭合的，所以电枢磁通势对主极磁通势的削弱数量等于主极磁通势的增加数量。一般电动机的磁路总是处在比较饱和的非线性区域，磁通势增强处（饱和度增加）的铁磁磁阻大于被削弱处（饱和度降低）的磁阻，因此增强的磁通量小于减少的磁通量，故带负载时每极合成磁通比空载时每极磁通 Φ_0 略小，我们称此为电枢反应的去磁作用。因此，负载运行时的感应电动势略小于空载时的感应电动势。（实际应用中，一般不考虑电枢反应的去磁作用）。

电动势拖动的机械负载越大，电枢电流 I_a 越大，电枢磁场越强，电枢反应的影响就越大，电磁中性线偏移的角度也就越大。尽管电枢反应对电动机运行会有种种影响，但应当注意，正是由于电枢磁通势与主极磁通势之间的相互作用而产生电磁转矩，从而实现了机电能量的转换。

1.3.2 直流电机的电枢电动势

直流电机的电枢电动势指电机正、负电刷间的电动势。根据电磁感应定律，一根导体在磁感应强度为 B 的磁场中的感应电动势 e 为 e = Blv。从对电枢绕组的分析可见，无论是叠绕组还是波绕组，电枢绕组的电动势就是电枢绕组支路的感应电动势，它等于支路中各串联元件感应电动势之和。

根据绕组连接规律，直流电机每条支路上的导体数为 N/2a，其支路电势也就是电刷间的电势为

$$E_a = \frac{N}{2a}2p\Phi\frac{n}{60} = \frac{pN}{60a}\Phi n = C_e\Phi n \tag{1-5}$$

式中　$\varPhi$——每极磁通，单位为 Wb；

　　　n——电机转速，单位为 r/min；

　　　p——极对数；

　　　a——并联支路对数；

　　　N——电枢总导体数；

　　　C_e——电动势常数，$C_e = \dfrac{pN}{60a}$。对于已制成的电机，N，a，p 为定值，故 C_e 为常数。

所以直流电机的感应电动势与磁通和转速之积成正比，它的方向与电枢电流方向相反，在电路中起着限制电流的作用。

【例 1-3】　一台直流发电机，功率为 10 kW，$2p = 4$，转速为 2 850 r/min，单波绕组，电枢的总导体数 $N = 372$。当每极磁通 $\varPhi = 70.7 \times 10^{-4}$ Wb 时，此发电机电枢绕组的感应电动势为多少？

解： 单波绕组 $a = 1$，电势常数 C_e 为 $C_e = \dfrac{pN}{60a} = \dfrac{2 \times 372}{60 \times 1} = 12.4$

电势为　　　　　$E_a = C_e \varPhi n = 12.4 \times 70.7 \times 10^{-4} \times 2\,850 = 249.85\text{V}$

1.3.3　直流电机的电磁转矩

在直流电机中，电磁转矩是由电枢电流与合成磁场相互作用而产生的电磁力所形成的。在电动机运行状态下，电磁转矩为拖动转矩，带动机械负载旋转，输出机械功率；在发电机运行状态下，电磁转矩为制动转矩，阻碍机组旋转，吸收原动机的机械功率。

按电磁力定律，作用在电枢绕组每一根导体（线圈的有效边）上的平均电磁力为 $f = Bli_a$。对于给定的电机，磁感应强度 B 与每极的磁通 $\varPhi$ 成正比；每根导体中的电流 i_a 与从电刷流入（或流出）的电枢电流 I_a 成正比；导线长度 l 在电机制成后是个常量。因此，电磁转矩 T 与电磁力 f 成正比，即电磁转矩与每极磁通 $\varPhi$ 和电枢电流 I_a 的乘积成正比。因此，电磁转矩的大小为

$$T = C_T \varPhi I_a \tag{1-6}$$

式中　C_T——转矩常数，$C_T = pN/(2\pi a)$，取决于电机的结构，即在已制成的电机中，p、N、a 均为定值；

　　　I_a——电枢电流，单位为 A；

　　　T——电磁转矩，当电枢电流的单位为 A 时，其单位为 N·m。

由式（1-6）可知，电磁转矩 T 正比于每极磁通 $\varPhi$ 及电枢电流 I_a。当每极磁通恒定时，电枢电流越大，电磁转矩越大；当电枢电流一定时，每极磁通越大，电磁转矩也越大。

转矩常数 C_T 与电动势常数 C_e 之间有固定的比值关系，即

$$\frac{C_T}{C_e} = \left(\frac{pN}{2\pi a}\right) \Big/ \left(\frac{pN}{60a}\right) = \frac{60}{2\pi} = 9.55$$

$$C_T = 9.55 C_e \tag{1-7}$$

1.3.4　直流电机的电磁功率

通过电磁转矩的传递，实现机械能和电能的相互转换，通常把电磁转矩传递的功率称为

电磁功率。由力学知识可知，电机的电磁功率为

$$P_M = T\Omega \tag{1-8}$$

式中 Ω——转子机械角速度，$\Omega = \dfrac{2\pi n}{60}$。

因此，有

$$P_M = T\Omega = \frac{pN}{2\pi a}\Phi I_a \frac{2\pi n}{60} = \frac{Np}{60a}\Phi n I_a = E_a I_a \tag{1-9}$$

实际的直流电机是有功率损耗的，因此电磁功率总是小于输入功率而又大于输出功率。

1.4 直流电机的基本公式

直流电机的基本公式包含电动势平衡方程式、功率平衡方程式和转矩平衡方程式，这些公式反映了直流电机内部的电磁过程，又表达了电动机内外的机电能量转换。

1.4.1 直流电动机的基本公式

以并励直流电动机为例，按照电动机惯例，各物理量的参考方向如图 1-19 所示。

1. 电动势平衡方程式

根据电路的基尔霍夫定律，可以写出电枢回路的电动势平衡方程式

$$U = E_a + I_a R_a \tag{1-10}$$

励磁回路的电压方程式为

$$U_f = R_f I_f \tag{1-11}$$

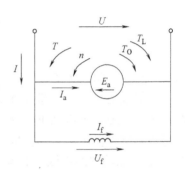

图 1-19 按电动机惯例确定的
各物理量的参考方向

式中 I_a——电枢电流，$I_a = I - I_f$；

R_a——电枢回路中的总电阻，$R_a = r_a + \Delta U_b / I_a$；

r_a——电枢回路串联的各绕组（包括电枢绕组、换向极绕组和补偿绕组等）的电阻之和；

ΔU_b——正、负电刷接触电阻上的电压降，随 I_a 的变化而变化，在额定负载时一般取 $\Delta U_b \approx 2V$；

U_f——励磁电压，$U_f = U$；

I_f——励磁电流；

R_f——励磁绕组的电阻。

由直流电动机的工作原理可知，感应电动势 E_a 的方向与电枢电流 I_a 的方向相反，故又称为反电动势。

2. 功率平衡方程式

直流电动机在电能与机械能间的转换中存在各种损耗，因此电功率并不能完全转换为机械功率。这部分损耗主要包括机械损耗 p_m、铜耗 p_{Cu}、铁耗 p_{Fe} 以及附加损耗 p_{ad}。

并励直流电动机的总损耗为

$$\sum p = p_m + p_{Fe} + p_{Cu} + p_{ad} \tag{1-12}$$

式中　p_m——机械损耗，包括轴承摩擦、电刷与换向器表面摩擦、电机旋转部分与空气的摩擦以及风扇所消耗的功率，与电机转速有关，当转速一定时，p_m 几乎为常数；

　　　　p_{Cu}——铜损耗，电枢回路铜耗 p_{Cua} 与励磁回路铜耗 p_{Cuf} 之和，电枢回路 $p_{Cua} = I_a^2 R_a$ 远大于 p_{Cuf}，而电枢电流随负载的变化而变化，因而电机中的电枢铜耗 p_{Cua} 又叫做可变损耗；

　　　　p_{Fe}——铁损耗，是电枢铁心在气隙磁场中旋转时所产生的磁滞和涡流损耗，与铁心中磁通密度的大小和交变频率有关。当励磁电流和转速不变时，p_{Fe} 基本不变；

　　　　p_{ad}——附加损耗，产生的原因很复杂，并且相对较小，难以准确测定和计算，通常按 $p_{ad} = (0.5\% \sim 1\%) P_N$ 估算。

当并励直流电动机接上电源时，电枢回路中流过电流 I_a，其输入功率为

$$
\begin{aligned}
P_1 &= UI = U (I_a + I_f) \\
&= UI_a + UI_f \\
&= (E_a + I_a R_a) I_a + UI_f \\
&= E_a I_a + I_a^2 R_a + UI_f \\
&= P_M + p_{Cua} + p_{Cuf}
\end{aligned}
\tag{1-13}
$$

式中　P_1——输入功率。

即输入功率有一小部分被电枢绕组 p_{Cua} 和励磁绕组 p_{Cuf} 消耗，大部分转化为电磁功率 P_M。对于他励直流电动机，励磁电流由其他直流电源提供，因此在电枢的功率平衡关系中不考虑励磁铜损耗 p_{Cuf}。但 P_M 并不是输出功率，还要扣除机械损耗 p_m、铁耗 p_{Fe} 以及附加损耗 p_{ad}，最后输出的机械功率为

$$
P_2 = P_M - p_{Fe} - p_m - p_{ad} = P_M - p_0 - p_{ad}
\tag{1-14}
$$

式中　p_0——空载损耗，电机空载运行时的机械损耗 p_m 与铁耗 p_{Fe} 之和，即 $p_0 = p_m + p_{Fe}$。

将式（1-12）、（1-13）带入式（1-14），可得

$$
P_2 = P_1 - p_{Cua} - p_{Cuf} - p_0 - p_{ad} = P_1 - \sum p
\tag{1-15}
$$

直流电动机的效率为

$$
\eta = \frac{P_2}{P_1} \times 100\% = \frac{P_2}{P_2 + \sum p} \times 100\%
\tag{1-16}
$$

通常中小型直流电动机的效率在 75% ~ 80% 之间，大型直流电动机的效率在 85% ~ 94% 之间。

3. 转矩平衡方程式

直流电动机以转速 n 稳态运行时，作用在电枢上的转矩有 3 个，即电枢电流与气隙磁场相互作用产生的拖动性电磁转矩 T；机械负载的制动性转矩 T_L，其大小等于电动机的输出转矩 T_2；制动性的空载转矩 T_0。

忽略附加损耗 p_{ad}，将式（1-14）两端同时除以电动机的机械角速度 Ω，有

$$
\frac{P_2}{\Omega} = \frac{P_M}{\Omega} - \frac{p_0}{\Omega}
$$

即

$$T_2 = T - T_0 \tag{1-17}$$

式中 T_2——输出机械转矩；

T_0——空载转矩。

可见，拖动转矩与制动转矩相平衡，与图 1-19 所规定的参考方向一致。经进一步分析，输出转矩常用公式是

$$T_2 = \frac{P_2}{\Omega} = \frac{P_2}{\frac{2\pi n}{60}} = 9.55 \frac{P_2}{n} \tag{1-18}$$

在额定情况下，$P_2 = P_N$，$T_2 = T_N$，$n = n_N$，则

$$T_N = 9.55 \frac{P_N}{n_N} \tag{1-19}$$

式中 T_N——额定转矩。

1.4.2 直流发电机的基本公式

以并励直流发电机为例，按照发电机惯例，各物理量的参考方向如图 1-20 所示。

1. 电动势平衡方程式

根据基尔霍夫电压定律，可列出电枢回路的电动势平衡方程式为

$$E_a = U + R_a I_a \tag{1-20}$$

式中 $I_a = I + I_f$。

2. 功率平衡方程式

当直流发电机接上负载后，其输入功率为

$$P_1 = P_M + p_{Fe} + p_m = P_M + p_0 \tag{1-21}$$

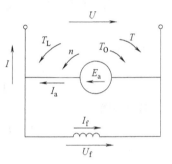

图 1-20 按发电机惯例确定的
各物理量的参考方向

上式表明，直流发电机输入的机械功率 P_1 在扣除空载损耗 p_0 后即为电磁功率 P_M。与直流电动机一样，P_M 并不是输出功率，还要扣除电路中的铜耗 p_{Cu} 和附加损耗 p_{ad}，余下的电功率才是输出给负载的电功率，即输出功率 P_2 为

$$P_2 = P_M - p_{Cua} - p_{Cuf} - p_{ad} \tag{1-22}$$

将式（1-21）代入上式得

$$P_2 = P_1 - p_m - p_{Fe} - p_{Cua} - p_{Cuf} - p_{ad} = P_1 - \sum p \tag{1-23}$$

3. 转矩平衡方程式

直流发电机以转速 n 稳态运行时，作用在电枢上的转矩有 3 个，即原动机的拖动转矩 T_1；电枢电流与气隙磁场相互作用产生的制动性电磁转矩 T；电机的机械摩擦和铁损耗等引起的制动性空载转矩 T_0。

稳态运行时，拖动转矩与制动转矩相平衡，按图中 1-20 规定的参考方向，有

$$T_1 = T + T_0 \tag{1-24}$$

式中 T_1——拖动转矩。

【例 1-4】   一台额定功率 $P_N = 20$ kW 的并励直流发电机，它的额定电压 $U_N = 230$ V，额定转速 $n_N = 1\,500$ r/min，电枢回路总电阻 $R_a = 0.156$ Ω，励磁回路总电阻 $R_f = 73.3$ Ω。已

知机械损耗和铁损耗 $p_\mathrm{m} + p_\mathrm{Fe} = 1\ \mathrm{kW}$，求额定负载下各绕组的铜损耗、电磁功率、总损耗、输入功率及效率（计算过程中，令 $P_\mathrm{N} = P_2$，附加损耗 $\rho_\mathrm{ad} = 0.01 P_\mathrm{N}$）。

解： 先计算额定电流

$$I_\mathrm{N} = \frac{P_\mathrm{N}}{U_\mathrm{N}} = \frac{20 \times 10^3}{230}\mathrm{A} \approx 86.96\ \mathrm{A}$$

励磁电流

$$I_\mathrm{f} = \frac{U_\mathrm{N}}{R_\mathrm{f}} = \frac{230}{73.3}\mathrm{A} \approx 3.14\ \mathrm{A}$$

电枢绕组电流

$$I_\mathrm{a} = I_\mathrm{N} + I_\mathrm{f} = (86.96 + 3.14)\ \mathrm{A} = 90.1\ \mathrm{A}$$

电枢回路铜损耗

$$p_\mathrm{Cua} = I_\mathrm{a}^2 R_\mathrm{a} = 90.1^2 \times 0.156\mathrm{W} \approx 1\ 266\ \mathrm{W}$$

励磁回路铜损耗

$$p_\mathrm{Cuf} = I_\mathrm{f}^2 R_\mathrm{f} = 3.14^2 \times 73.3\mathrm{W} \approx 723\ \mathrm{W}$$

电磁功率

$$P_\mathrm{M} = E_\mathrm{a} I_\mathrm{a} = P_2 + p_\mathrm{Cua} + p_\mathrm{Cuf} + p_\mathrm{ad} = (20\ 000 + 1\ 266 + 723 + 0.01 \times 20\ 000)\mathrm{W}$$
$$= 22\ 189\ \mathrm{W}$$

总损耗

$$\sum p = p_\mathrm{Cua} + p_\mathrm{Cuf} + p_\mathrm{m} + p_\mathrm{Fe} + p_\mathrm{ad} = p_\mathrm{Cua} + p_\mathrm{Cuf} + p_0 + p_\mathrm{ad}$$
$$= (1\ 266 + 723 + 1\ 000 + 0.01 \times 20\ 000)\mathrm{W} = 3\ 189\ \mathrm{W}$$

输入功率

$$P_1 = P_2 + \sum p = (20\ 000 + 3\ 189)\mathrm{W} = 23\ 189\ \mathrm{W}$$

效率

$$\eta = \frac{P_2}{P_1} = \frac{20\ 000}{23\ 189} = 86.25\%$$

1.5　直流电机的基本特性

1.5.1　直流电动机的工作特性

直流电动机的工作特性是选用直流电动机的一个重要依据。直流电动机的工作特性因励磁方式不同，差别很大，但他励和并励直流电动机的工作特性很相近。下面我们着重介绍常用的他励直流电动机的工作特性。

他励直流电动机的工作特性是指当外加电压为额定值（即 $U = U_\mathrm{N}$），励磁电流为额定值（即 $I_\mathrm{f} = I_\mathrm{fN}$），电枢回路附加电阻为零时，电动机的转速 n、电磁转矩 T、效率 η 与电枢电流 I_a 之间的关系。图 1-21 是他励直流电动机的工作特性。

直流电动机的额定励磁电流是这样规定的：在直流电动机加上额定电压 $U = U_\mathrm{N}$，带上负载后，电枢电流、转速、输出的机械功率都达到额定值时，电机的励磁电流为额定励磁电流，即 $I_\mathrm{f} = I_\mathrm{fN}$。

1. 转速特性 $n = f(I_a)$

根据直流电动机电动势平衡方程式，可得转速特性为

$$n = \frac{U - I_a R_a}{C_e \Phi} = \frac{U}{C_e \Phi} - \frac{I_a R_a}{C_e \Phi} = n_0 - \frac{I_a R_a}{C_e \Phi} = n_0 - \beta I_a \qquad (1\text{-}25)$$

式中　n_0——空载转速；

　　　β——斜率。

由式（1-25）可见，当电枢电流 I_a 增加时，如气隙磁通不变，转速 n 将随 I_a 的增加而直线下降。一般他励直流电动机电枢回路电阻 R_a 的值很小，转速下降不多。如果考虑去磁的电枢反应，Φ 会变小，转速下降将会更小些。如图 1-21 所示。

2. 转矩特性 $T = f(I_a)$

由 $T = C_T \Phi I_a$ 可知，当气隙磁通不变时，电磁转矩 T 与电枢电流 I_a 成正比，转矩特性应是直线关系。实际上，随着电枢电流 I_a 的增加，气隙磁通必略有减少。因此，转矩特性略有减小。如图 1-21 所示。

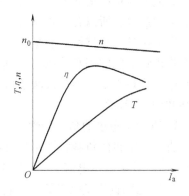

图 1-21　他励直流电动机的工作特性

3. 效率特性 $\eta = f(I_a)$

前面已得出直流电动机的效率为 $\eta = (P_1 - \sum p)/P_1$，$\sum p = p_{Fe} + p_m + p_{ad} + I_a^2 R_a$。可见电流较小时，$\sum p$ 随电流 I_a 增加较小，效率 η 增加较快，当电流 I_a 较大时，$\sum p$ 随电流 I_a 增加较大，效率 η 增加变慢。在一定 I_a 时，η 达到最大值，之后随电流 I_a 的增加，效率 η 反而减小。如图 1-21 所示。

在额定负载时，小容量电动机的效率约为 0.75 ~ 0.85；中大容量电动机的效率在 0.85 ~ 0.94 之间。

【例 1-5】　一台他励直流电动机的额定数据为 $P_N = 19\ kW$，$U_N = 220\ V$，$n_N = 3\ 000\ r/min$，$I_N = 91.3\ A$，电枢回路总电阻 $R_a = 0.121\ \Omega$，忽略电枢反应影响。求：

1）电动机额定负载时的输出转矩；

2）额定电磁转矩；

3）额定效率；

4）理想空载时的转速。

解：（1）额定输出转矩

$$T_N = \frac{P_N}{\Omega} = 9.55 \frac{P_N}{n_N} = \frac{9.55 \times 19 \times 10^3}{3\ 000} N \cdot m = 60.48\ N \cdot m$$

（2）额定电磁转矩

$$C_e \Phi = \frac{(U_N - I_{aN} R_a)}{n_N} = \frac{(220 - 91.3 \times 0.121)}{3\ 000} = 0.07$$

$$T = 9.55 C_e \Phi I_{aN} = 9.55 \times 0.07 \times 91.3\ N \cdot m = 61.03\ N \cdot m$$

（3）额定效率

$$\eta_N = \frac{p_N}{P_1} = \frac{P_N}{(U_N I_N)} = \frac{19 \times 10^3}{220 \times 91.3} = 94.6\%$$

（4）理想空载时的转速

$$n_0 = \frac{U_N}{C_e \Phi} = \frac{220}{0.07} \text{r/min} = 3\ 143\ \text{r/min}$$

1.5.2 直流发电机的运行特性

直流发电机在拖动系统中大多作为直流电源用。但控制系统中还常用测速发电机来测量速度与角速度，所以有必要对直流发电机的运行特性进行简要介绍。

发电机的运行特性一般是指发电机运行时，端电压 U、负载电流 I 和励磁电流 I_f 这3个基本物理量之间的函数关系（转速 n 由原动机决定，一般保持为额定转速 n_N 不变），如保持其中一个量不变，则其余两个量就构成一种特性。直流发电机的运行特性有负载特性、外特性和调整特性等。

1. 直流发电机的负载特性

直流发电机的负载特性是指负载电流 I 为常数时，端电压 U 与励磁电流 I_f 之间的关系 $U = f(I_f)$。其中电枢电流 $I_a = 0$ 时的特性称为发电机的空载特性。

（1）他励直流发电机的空载特性

空载特性是当 $n = n_N$，负载电流 $I = 0$，空载电压与励磁电流之间的关系，即

$$U_0 = E_0 = f(I_f)$$

用实验的方法求取空载特性时的，接线如图1-22所示。由原动机拖动他励发电机，励磁电路接外电源 U_f。调节励磁电路电阻 R_{pf}，使励磁电流 I_f 从零开始逐渐增加，直至电枢空载电压 $U_0 = (1.1 \sim 1.3)\ U_N$ 为止，然后逐渐减小 I_f，U_0 也随之减小，测取空载端电压 U_0 及励磁电流 I_f。改变励磁电流的方向，重复上述过程，即可得到空载特性曲线，如图1-23所示。此曲线分成上下两条线，一般取其平均值（虚线）作为空载特性曲线。由于发电机有剩磁，在励磁电流 $I_f = 0$ 时，发电机还有一个不大的电压称为剩磁电压，一般剩磁电压约为额定电压的 2% ~ 4%。空载特性曲线在励磁电流 I_f 不大时接近为一直线，在 U_N 值附近开始弯曲，当 I_f 继续增大时，曲线变得越来越平坦。空载特性的形状与磁化曲线相似，故把磁化特性曲线改换一下尺标，即是直流发电机的空载特性。

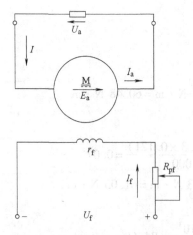

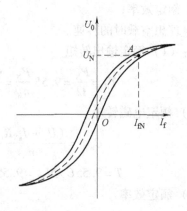

图1-22　他励直流发电机的接线图　　　　图1-23　他励直流发电机的空载特性

（2）并励直流发电机的空载自励过程

并励直流发电机的励磁电流取自发电机本身，由于它不需要外部直流电源供给励磁电流，使用很方便，所以并励发电机是一种常用的发电机。并励直流发电机的接线图如图1-24所示。当发电机被原动机驱动旋转时，发电机处于空载状态。在电压尚未建立之前，励磁电流 $I_f = 0$，故电机内部必须有剩磁，这是自励的先决条件。电枢绕组切割剩磁磁通，产生一个不大的剩磁电动势，加到励磁绕组上后开始有励磁电流。如果励磁电流建立的磁通势与剩磁磁场的方向相同，则气隙磁场得到加强，电枢绕组中的电动势增加，励磁电流也相应增加，这样电压就能建立起来，因此，电枢绕组和励磁绕组两端的接法必须正确，以使最初的励磁磁通势的方向和剩磁的方向相同，这是并励发电机自励的第二个条件。

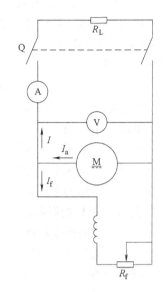

图1-24　并励直流发电机的接线图

满足以上两个条件才能够自励，但要达到所需的稳定电压，还必须作进一步的分析。从发电机的磁路关系上考虑：励磁回路的总电阻必须低于发电机运行转速的临界电阻，这是自励的第3个条件。对应不同的转速，发电机有不同的空载特性，因而也有不同的临界电阻。

综上所述，并励发电机电压的建立必须同时满足以下3个条件：

1）有剩磁。如果剩磁太弱或没有时，应用其他直流电源励磁一次，以恢复剩磁。

2）励磁绕组与电枢的连接要正确，以使励磁电流产生的磁通方向与剩磁一致，否则励磁绕组接通后，电枢电压反而下降。

3）励磁回路电阻应小于发电机运行转速对应的临界电阻。

2. 直流发电机的外特性

是指励磁电流 I_f 为常数时，端电压 U 与负载电流 I 之间的关系 $U = f(I)$。

用实验方法求取并励直流发电机的外特性：合上图1-24的开关Q，调节发电机的负载电流和励磁电流，使发电机达到额定状态，即 $U = U_N$，$I = I_N$，$n = n_N$，然后保持 R_f 不变，逐步增大负载电阻，使负载电流减小，直至 $I = 0$。在每一个负载下，同时测取端电压 U 和负载电流 I，即可得到发电机的外特性，如图1-25中的曲线1所示。由图可知，并励发电机的外特性是一条下垂的曲线，即随着负载电流的增大，端电压明显出现下降。从电动势方程式 $U = E_a - I_a R_a$ 和 $E_a = C_e \Phi n$ 可知，端电压下降的因素主要有以下3个（以负载的增加为例）：

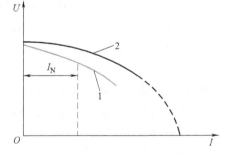

图1-25　直流发电机的外特性
1—并励发电机　2—他励发电机

1）负载增加，使电枢反应的去磁作用引起的气隙合成磁通减小，从而使相应的感应电动势下降。

2）电枢回路电阻压降增大。

3）U 下降，励磁电流减小，引起气隙磁通和感应电动势进一步减小。

发电机的端电压随负载而变化的程度可用电压调整率来衡量，并励发电机的电压调整率是指 $n = n_N$，$R_f = R_{fN}$ 时，发电机从额定负载过渡到空载时的端电压变化数值与额定电压比值的百分值，即

$$\Delta U = \left[\ (U_0 - U_N)\ /U_N \times 100\%\ \right]$$

一般并励发电机的 ΔU_N 约为 15% ~ 20%，外特性较软。他励发电机的外特性较硬，电压调整率为 5% ~ 10%，如图 1-25 的曲线 2 所示。当负载电流在 0 ~ I_N 范围内变化时，端电压很少变化，因此可把他励发电机看做是一个相当理想的电压源。

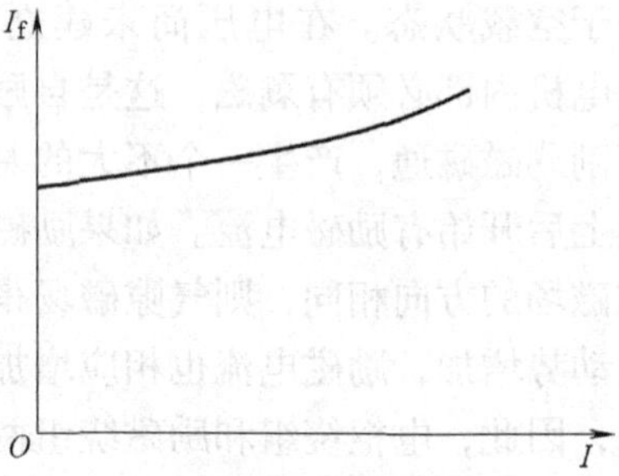

3. 直流发电机的调整特性

直流发电机的调整特性是指端电压 U 为常数时，励磁电流 I_f 与负载电流 I 之间的关系 $I_f = f\ (I)$，如图 1-26 所示。调整特性是一条上升的曲线，当负载电流增大

图 1-26　直流发电机的调整特性

时，必须增加励磁电流去补偿电枢反应的去磁作用和内阻压降，才能保持端电压不变。

1.6　小结

直流电机的结构可分为定子与转子两大部分。定子的主要作用是建立磁场和机械支撑，转子的作用是感应电势、产生电磁转矩以实现能量转换。

直流电机是根据电磁感应原理实现机械能与直流电能相互转换的旋转电机。电机的能量转换是可逆的。同一台电机既可作为发电机运行也可作为电动机运行。如果从轴上输入机械能，则 $E_a > U$，I_a 与 E_a 同方向，T 是制动转矩，电机处于发电状态；如果从电枢绕组输入直流电能，则 $E_a < U$，I_a 与 E_a 反方向，T 是拖动转矩，电机处于电动状态。

电枢绕组是电机中实现能量转换的关键部件，其连接方式有叠绕组、波绕组和混合型绕组。单叠绕组和单波绕组是电枢绕组的两种最基本的绕组形式。电枢绕组是由许多线圈通过串联的方式构成的闭合回路，通过电刷又分成若干条并联支路。单叠绕组的并联支路对数等于主磁极对数，$a = p$；单波绕组并联支路对数 $a = 1$。电枢电势等于支路电势；电枢电流等于各支路电流之和。导体中的电势、电流都是交变量，但经过电刷与换向器的换向作用，由电刷端输入或输出的电势和电流都是直流量。直流电机的换向非常关键，换向不良会使电刷和换向器之间产生火花，严重时会损坏换向器与电刷，使电机不能正常工作。为改善换向，常装设换向极和补偿绕组。

磁场是传递能量的媒介。电机空载时，气隙磁场是由主磁极的励磁绕组通以直流电流建立的。主极磁场除产生主磁通外，还产生漏磁通。电机带负载后，电枢绕组中有电枢电流通过，电枢电流建立的磁场称为电枢磁场。电机带负载后的气隙磁场是电枢磁场和主磁场的合成磁场。电枢磁场对主磁场的影响称为电枢反应。电枢反应使主磁场的分布发生畸变。

电枢绕组切割气隙磁场产生感应电势 E_a，$E_a = C_e \Phi n$；电枢电流与气隙磁场的相互作用产生电磁转矩 T，$T = C_T \Phi I_a$。

直流电机的基本方程式包含电动势平衡方程式、功率平衡方程式和转矩平衡方程式，这

些方程式既反映了直流电机内部的电磁过程，又表达了电动机内外的机电能量转换。

直流发电机将输入的机械能转换成直流电能，根据其平衡方程式可以求出直流发电机的运行特性，其中最主要的是外特性。并励发电机的外特性是下垂的直线，即输出电压随负载电流的增大而减小。

发电机的运行特性一般是指发电机运行时，端电压 U、负载电流 I 和励磁电流 I_f 这 3 个基本物理量之间的函数关系（转速 n 由原动机决定，一般保持为额定转速 n_N 不变），如保持其中一个量不变，其余两个量就构成一种特性。直流发电机的运行特性有负载特性、外特性和调整特性。

他励直流电动机的工作特性是指，当外加电压为额定值（即 $U = U_N$），励磁电流为额定值（即 $I_f = I_{fN}$），电枢回路附加电阻为零时，电动机的转速 n、电磁转矩 T、效率 η 与电枢电流 I_a 之间的关系。

1.7 习题

1. 直流电机由哪些主要部件构成？各部分的主要作用是什么？
2. 在直流电机中，为什么要用电刷和换向器，它们起什么作用？
3. 为什么直流电机能发出直流电？如果没有换向器，直流电机能不能发出直流电流？
4. 什么是主磁通？什么是漏磁通？漏磁通大小与哪些因素有关？
5. 直流电机有哪几种励磁方式？在各种不同励磁方式的电机里，电机的输入、输出电流与电枢电流和励磁电流有什么关系？
6. 已知某直流电动机铭牌数据如下，额定功率 $P_N = 75$ kW，额定电压 $U_N = 220$ V，额定转速 $n = 1\,500$ r/min，额定效率 $\eta_N = 88.5\%$，试求该电动机的额定电流。
7. 试计算下列各绕组的节距 y_1，y_2，y，y_k，绘制绕组展开图，安放主极及电刷，并求并联支路对数。
   （1）右行短距单叠绕组：$2p = 4$，$Z = S = 22$；
   （2）右行整距单波绕组：$2p = 4$，$Z = S = 20$；
   （3）左行单波绕组，$2p = 4$，$Z = S = 19$；
   （4）左行单波绕组，$2p = 4$，$Z = S = 21$。
8. 直流发电机数据 $2p = 6$，总导体数 $N = 780$，并联支路数 $2a = 6$，运行角速度 $\omega = 40\pi \cdot$ rad/s，每极磁通为 $0.039\,2$ Wb，试计算：
   （1）发电机感应电势；
   （2）速度为 900 r/min，磁通不变时发电机的感应电势；
   （3）磁通为 $0.043\,5$ Wb，$n = 900$ r/min 时发电机的感应电势；
   （4）若每一线圈电流的允许值为 50A，在本题（3）情况下运行时，求发电机的电磁功率。
9. 一台并励直流电动机，$U = 220$ V，$I_N = 80$ A，电枢回路总电阻 $R_a = 0.036\Omega$，励磁回路总电阻 $R_f = 110\ \Omega$，附加损耗 $p_s = 0.01P_N$，$\eta_N = 0.85$。试求：
   （1）额定输入功率 P_1；
   （2）额定输出功率 P_2；

（3）总损耗 $\sum p$；

（4）电枢铜损耗 p_{Cua}；

（5）励磁损耗 p_f；

（6）附加损耗 p_s；

（7）机械损耗和铁心损耗之和 p_0。

10. 如何判断直流电机运行于发电机状态还是电动机状态？它们的 T、n、E、U、I_a 的方向有何不同？能量转换关系如何？

11. 已知一台他励直流电机接在 220 V 电网上运行，$a=1$，$p=2$，$N=372$，$n=1\,500$ r/min，$\Phi=1.1\times10^{-2}$Wb，$R_a=0.208\Omega$，$p_{Fe}=362$W，$p_m=204$ W。求：

（1）此电机为发电机运行还是电动机运行？

（2）电磁转矩、输入功率和效率各是多少？

第 2 章　直流电动机的电力拖动

本章要点

- 他励直流电动机的机械特性和生产机械的负载特性
- 他励直流电动机的启动、反转、制动、调速
- 串励及复励直流电动机的电力拖动

电力拖动系统是用电动机带动负载完成一定工艺要求的系统，其组成已在绪论中介绍，如图 0-2 所示。按照电动机种类的不同，电力拖动可分为直流电动机的电力拖动和交流电动机的电力拖动两类。

2.1　直流电动机的起动、调速、反转

他励直流电动机的起动、调速、反转电路如图 2-1 所示。

1. 直流电动机的起动

1）按图 2-1 接线，检查电动机和测功机之间是否用联轴器联结好，电动机励磁回路接线是否牢靠，仪表的量程、极性是否正确。

2）将电动机电枢调节电阻 R_1 调至最大，励磁调节电阻 R_f 调至最小。

3）先接通励磁电源 U_2，再接通可调直流稳压电源 U_1，此时，电动机开始旋转。将电动机的旋转方向、电枢电流值和励磁电流值记录在表 2-1 中。

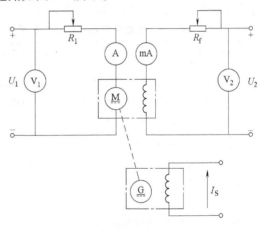

图 2-1　他励直流电动机的起动、调速、反转电路图

表 2-1　他励直流电动机旋转方向的观察和起动电流的测量

电动机旋转方向	电枢电流 I_a/A	励磁电流 I_f/A

4）保持电源电压 U_1 不变，逐渐减小电阻 R_1 的值，直至最小，将电枢电流值和励磁电流值记录在表 2-2 中。

表 2-2　他励直流电动机不同电阻值时电流的测量

电阻值	$3/4R_1$		$2/4R_1$		$1/4R_1$		0	
电流类型	电枢电流 I_a/A	励磁电流 I_f/A	电枢电流 I_a/A	励磁电流 I_f/A	电枢电流 I_a/A	励磁电流 I_f/A	电枢电流 I_a/A	励磁电流 I_f/A
测量值								

5）调节电压 U_1，使其达到电枢额定电压 U_N（注意转速不要超过额定转速的 1.2 倍）。

2. 调节他励电动机的转速

保持电源电压为额定电压 U_N，分别改变串入电动机电枢回路的调节电阻 R_1 和励磁回路的调节电阻 R_f，观察转速变化情况。

1）将 R_f 调至最小，改变串入电动机电枢回路的调节电阻 R_1，测量相应的转速 n，填入表 2-3 中，并绘制 R_1-n 曲线。

表 2-3　改变串入电动机电枢回路的调节电阻 R_1 时的转速测量

R_1/Ω	R_{1m}	$3/4R_{1m}$	$1/2R_{1m}$	$1/4R_{1m}$	0
$n/\mathrm{r/min}$					

2）将 R_1 调至最小，改变励磁回路的调节电阻 R_f，测量相应的转速 n，填入表 2-4 中，并绘制 $R_f - n$ 曲线。

表 2-4　改变励磁回路的调节电阻 R_f 时的转速测量

R_f/Ω	R_{fm}	$3/4R_{fm}$	$1/2R_{fm}$	$1/4R_{fm}$	0
$n/\mathrm{r/min}$					

3. 改变电动机的转向

将电枢回路调节电阻 R_1 调至最大值，调节转矩到零，断开 U_1，再断开 U_2，使他励电动机停机，然后将电枢或励磁回路的两端接线对调后，再按前述方法起动电动机，观察电动机的转向及转速表的读数。将电动机的旋转方向、电枢电流值和励磁电流值记录在表 2-5 中。

表 2-5　他励直流电动机接线对调后的旋转方向和起动电流的测量

电动机旋转方向	电枢电流 I_a/A	励磁电流 I_f/A

通过本节的实训，读者可对直流电机电力起动和运转特性形成一个直观认识的同时，会产生一系列的疑问即电动机起动时，起动电阻 R_1 和磁场调节电阻 R_f 应调到什么位置？为什么？增大电枢回路的调节电阻，电机的转速如何变化？增大励磁回路的调节电阻，转速又如何变化？用什么方法可以改变直流电动机的转向？为什么要求直流并励电动机励磁回路的接线要牢靠？本章将在后面通过对电力拖动系统的分析，逐步为读者解答这些疑问。

2.2　电力拖动系统的特性

2.2.1　电力拖动系统的运动方程

在生产中，电动机作为原动机带动生产机械工作，在电动机与生产机械的工作机构之间可以直接传动，也可以通过传动机构来传递功率和转矩。其中，直接传动的拖动系统称为单轴旋转系统，是各种结构形式的电力系统中最基本的一种。下面分析其运动方程式。

1. 运动方程式

电动机拖动单轴旋转系统的旋转运动方程式为

$$T - T_L = J \frac{\mathrm{d}\Omega}{\mathrm{d}t} \tag{2-1}$$

式中 T——电动机产生的电磁转矩，单位为 N·m；

　　T_L——负载转矩，单位为 N·m；

　　J——旋转物体的转动惯量，单位为 kg·m²；

　　Ω——机械角速度，单位为 rad/s；

　　$J\dfrac{\mathrm{d}\Omega}{\mathrm{d}t}$——系统的惯性转矩，单位为 N·m。

在实际工程计算中，一般不用转动惯量而用飞轮矩，不用角速度而用旋转速度。因此，转动惯量 J 表示为

$$J = m\rho^2 = \frac{GD^2}{4g} \tag{2-2}$$

式中 G——旋转部分所受的重力，单位为 N；

　　ρ 与 D——惯性半径与直径，单位为 m；

　　g——重力加速度，$g = 9.85\mathrm{m/s^2}$；

　　GD^2——飞轮矩，单位为 N·m²，是反映物体旋转惯性的量。

角速度和旋转速度 n 的关系为

$$\Omega = 2\pi n/60 \tag{2-3}$$

式中 n——转速（r/min）。

将式（2-2）、式（2-3）代入式（2-1）中，得工程计算中运动方程的形式为

$$T - T_L = \frac{GD^2}{375}\frac{\mathrm{d}n}{\mathrm{d}t} \tag{2-4}$$

由上式可知：

1）当 $T = T_L$ 时，转速变化率 $\mathrm{d}n/\mathrm{d}t = 0$，电力拖动系统处于稳定运行状态，电动机静止或做恒转速运动。

2）当 $T > T_L$ 时，转速变化率 $\mathrm{d}n/\mathrm{d}t > 0$，电力拖动系统加速运行。

3）当 $T < T_L$ 时，转速变化率 $\mathrm{d}n/\mathrm{d}t < 0$，电力拖动系统减速运行。

2. 运动方程式中转矩正、负号确定的规则

在运动方程式中，转矩正、负号的确定与转速 n 的正、负号相关，确定规则如下：

1）取转速 n 大于零的方向为正方向，当电磁转矩 T 的方向与转速 n 的正方向相同时，T 取正号，反之取负号。

2）负载转矩 T_L 的方向与转速 n 的正方向相反时，T_L 取正号，反之取负号。

3）惯性转矩（$(GD^2/375)$ $(\mathrm{d}n/\mathrm{d}t)$）的大小及正负号由电磁转矩 T 和负载转矩 T_L 的代数和确定。

其实，在传统的电力拖动系统中，电动机的转速常常较高，而生产机械的工作速度较低，因此，生产机械大多与电动机通过传动装置相连，即在电动机和工作机械之间要通过多轴传动，所以生产实际中有较多的多轴电力拖动系统。在分析多轴电力拖动系统时，需将其折算为等效的单轴拖动系统。

2.2.2　他励直流电动机的机械特性

电力拖动系统的运动方程式包括系统转速 n 与电动机的电磁转矩 T 和生产机械的负载转

矩 T_L 之间的关系，分别称为电动机的机械特性和生产机械的负载特性。本节将介绍电动机的机械特性，下节将介绍生产机械的负载特性。

直流电动机的机械特性是电动机在电枢电压、励磁电流、电枢回路电阻为恒值的条件下，即电动机处于稳态运行时，电动机的转速与电磁转矩之间的关系，即 $n = f(T)$。

1. 机械特性方程式

他励直流电动机的接线图如图 2-2 所示。由图可知，电枢回路电动势平衡方程式 $U = E_a + I_a R$，又 $E_a = C_e \Phi n$、$T = C_T \Phi I_a$。所以他励直流电动机的机械特性方程式为

$$n = \frac{U}{C_e \Phi} - \frac{R}{C_e C_T \Phi^2} T = n_0 - \beta T = n_0 - \Delta n \tag{2-5}$$

式中　R——电枢电阻和电枢外串电阻的总电阻，$R = R_a + R_{pa}$；

　　　R_{pa}——电枢回路外串电阻；

　　　n_0——$T = 0$ 时的转速，称为理想空载转速。由于电动机因摩擦等原因存在一定的空载转矩 $T_0 \neq 0$，故实际空载转速 n_0' 略小于 n_0；

　　　β——机械特性的斜率，β 值越大，机械特性越软；

　　　Δn——转速降。

可见，由于 C_e、C_T 是由电动机结构决定的常数，当 U、R、Φ 的数值不变时，转速 n 与电磁转矩 T 为线性关系。他励直流电动机的机械特性如图 2-3 所示。

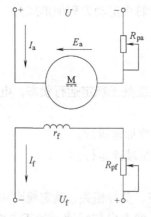

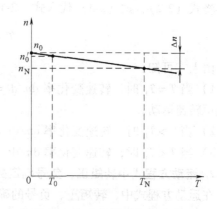

图 2-2　他励直流电动机接线图　　　　图 2-3　他励直流电动机的机械特性

2. 机械特性的分类

他励直流电动机的机械特性分为固有机械特性和人为机械特性。

（1）固有机械特性

当电动机中的电源电压、磁通为额定值，电枢回路未接附加电阻（即 $U = U_N$、$\Phi = \Phi_N$、$R_{pa} = 0$）时的机械特性称为固有机械特性，也称自然特性。由以上条件得到固有机械特性方程式

$$n = \frac{U_N}{C_e \Phi_N} - \frac{R_a}{C_e C_T \Phi_N^2} T \tag{2-6}$$

由于电枢电阻 R_a 较小，Φ_N 数值大，所以特性曲线斜率 β 小，固有机械特性曲线为硬特性。

（2）人为机械特性

人为地改变电源电压、磁通和电枢回路外串电阻等一个或几个参数的特性称为人为机械特性。

1）电枢外串电阻时的人为机械特性。保持电源电压和磁通为额定值，当他励直流电动机的电枢回路中串入电阻 R_{pa} 时，电枢回路总电阻 $R = R_a + R_{pa}$，此时的人为机械特性方程式为

$$n = \frac{U_N}{C_e \Phi_N} - \frac{R_a + R_{pa}}{C_e C_T \Phi_N^2} T \tag{2-7}$$

从式（2-7）可知，理想空载转速 n_0 不变，机械特性的斜率 β 随着外串电阻 R_{pa} 的增大而增大，机械特性的硬度减小，特性曲线变软，如图2-4所示。由图可知，电枢回路串入不同电阻时，电动机的转速会发生变化，因此可通过电枢回路串电阻进行调速。

2）改变电源电压时的人为机械特性。当磁通为额定值，电枢回路不串联电阻（$R_{pa} = 0$）时，改变电枢外加电压的人为机械特性方程式为

$$n = \frac{U}{C_e \Phi_N} - \frac{R_a}{C_e C_T \Phi_N^2} T \tag{2-8}$$

由式（2-8）可知，降低电枢电压后，理想空载转速 n_0 与电压 U 成正比下降，特性曲线的斜率 β 保持不变。因此，在降低电枢电压的情况下，人为特性是一组平行线，如图2-5所示。

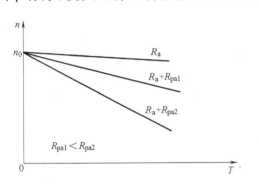

图2-4　他励直流电动机电枢电路
串电阻的人为机械特性

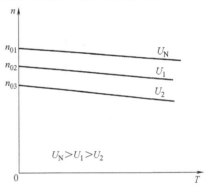

图2-5　他励直流电动机降低电枢
电压时的人为机械特性

3）减弱磁通时的人为机械特性。当电枢电压为额定值，电枢回路不串接电阻时，改变磁通的人为机械特性方程式为

$$n = \frac{U_N}{C_e \Phi} - \frac{R_a}{C_e C_T \Phi^2} T \tag{2-9}$$

由式（2-9）可知，理想空载转速 n_0 与磁通成反比，磁通 Φ 减弱，n_0 增大；斜率 β 与磁通 Φ^2 成反比，磁通 Φ 减弱会使斜率增大。弱磁人为机械特性曲线如图2-6所示。

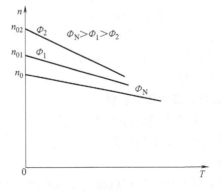

图2-6　他励直流电动机的弱磁人为机械特性

2.2.3 生产机械的负载特性

生产机械的负载特性也称为负载转矩特性，简称负载特性，是电动机的转速 n 与负载转矩 T_L 之间的关系，即 $n = f(T_L)$，即负载的机械特性。

生产机械的负载特性大致可分为恒转矩负载特性、恒功率负载特性和泵与风机类负载特性 3 类。

1. 恒转矩负载特性

恒转矩负载特性是指生产机械的负载转矩 T_L 与转速 n 无关的特性，即 T_L = 常数。根据负载转矩的方向是否与转向有关，恒转矩负载特性又可以分为反抗性恒转矩负载和位能性恒转矩负载两类。

（1）反抗性恒转矩负载

该类负载转矩 T_L 的大小恒定不变，方向总是与转速的方向相反，即其性质总是起反抗运动的阻转矩性质，特性曲线为一、三象限内的直线，如图 2-7 所示。例如金属的压延，机床的平移机构等。

（2）位能性恒转矩负载

该类负载转矩 T_L 不仅大小恒定不变，方向也恒定不变，特性曲线为一、四象限内的直线，如图 2-8 所示。例如重物的提升与下放等。

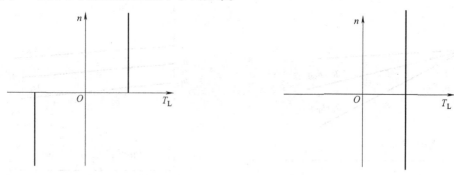

图 2-7　反抗性恒转矩的负载特性　　　　图 2-8　位能性恒转矩的负载特性

2. 恒功率负载特性

恒功率负载是指负载转矩与转速的乘积为一常数，即负载转矩 T_L 与转速 n 成反比，特性曲线为一条反比例曲线，如图 2-9 所示。例如机床粗加工时，切削量大，负载转矩 T_L 大，用低速档；精加工时，切削量小，负载转矩 T_L 小，用高速档。

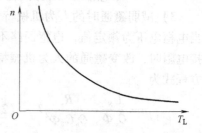

图 2-9　恒功率的负载特性曲线

3. 泵与风机类负载特性

泵与风机类负载的特点是：负载的转矩 T_L 与转速 n 的平方成正比，负载特性为一条抛物线，如图 2-10 中的曲线 1 所示。

在实际生产中，生产机械的负载特性可能是由某种特性为主并综合其他特性构成的。如实际通风机，除了主要是风机负载特性外，由于其轴承上还有一定的摩擦转矩 T_{L0}，因此实际通风机的负载特性如图 2-10 中的曲线 2 所示。

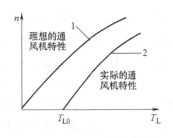

图 2-10 泵与风机类负载特性

2.2.4 电力拖动系统的稳定运行条件

电力拖动系统的稳定运行，就是系统因外界因素的干扰离开了平衡状态，而在外界因素消失后，仍能恢复到原来的平衡状态，或在新的条件下达到新的平衡状态。

由电力拖动系统的运动方程式 (2-1) 可知，只有 $T = T_L$ 且作用方向相反时，$J(\mathrm{d}\Omega/\mathrm{d}t) = 0$，系统才能在某一速度实现恒速旋转，即电动机的机械特性与负载转矩特性有交点。除此之外，要使系统稳定运行，还需要两个特性恰当配合。因此，电力拖动系统稳定运行的充分必要条件是

$$\begin{cases} T = T_L \\ \dfrac{\mathrm{d}T}{\mathrm{d}n} < \dfrac{\mathrm{d}T_L}{\mathrm{d}n} \end{cases} \quad (2\text{-}10)$$

根据该条件，可以分析图 2-11a、b 中的电力拖动系统是否能稳定运行。两图中电动机的机械特性和负载的转矩特性都交于 A 点，负载特性均为恒转矩负载，则 $\mathrm{d}T_L/\mathrm{d}n = 0$。在图 2-12a 中，当电源电压波动由 $U_1 \rightarrow U_2$ 时，由于转速不能突变，系统运行点从 A 点到 C 点，在 C 点处由于 $T < T_L$，系统将减速直至到达 B 点，在新的平衡点 B 稳定运行；如果电源电压波动消失，则系统运行点从 B 点到 D 点，在 D 点处由于 $T > T_L$，系统将加速直至到达 A 点，即回到原来的平衡点 A。由于图中电动机的机械特性是下降的，在 A 点前后的 $\mathrm{d}T/\mathrm{d}n < 0$，因而系统满足式 $\dfrac{\mathrm{d}T}{\mathrm{d}n} < \dfrac{\mathrm{d}T_L}{\mathrm{d}n}$，该系统能稳定运行。

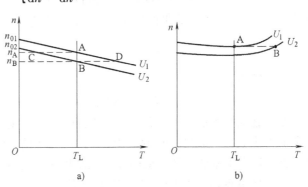

图 2-11 电力拖动系统的稳定运行条件
a) 稳定运行 b) 不能稳定运行

图 2-11b 中，当电源电压波动由 $U_1 \rightarrow U_2$ 时，系统从 A 点运行到 B 点，在 A 点处由于 $T > T_L$，系统将加速。随着 n 的增大，T 也在增大，无法达到新的平衡点，最后导致电机过热而毁坏。由于图中电动机的机械特性在 A 点后是上翘的，即在 A 点的 $\mathrm{d}T/\mathrm{d}n > 0$，因而系统不满足式 $\dfrac{\mathrm{d}T}{\mathrm{d}n} < \dfrac{\mathrm{d}T_L}{\mathrm{d}n}$，该系统不能稳定运行。

2.3 他励直流电动机的起动和反转

2.3.1 他励直流电动机的起动电路

直流电动机的起动，是指直流电动机接通电源后，转子由转速为 $n = 0$ 升到稳定转速 n_L

的全过程。电动机在起动过程中，电枢电流 I_a、电磁转矩 T、转速 n 都随时间变化，是一个过渡过程。开始起动的瞬间转速为零，此时的电枢电流称为起动电流，用 I_{st} 表示；对应的电磁转矩称为起动转矩，用 T_{st} 表示。

直流电动机起动时，必须满足以下要求：①起动电流不能过大，否则会大大缩短电动机的使用寿命；②起动全过程中电动机的起动转矩要足够大，至少 $T_{st} > T_L$，电动机才能正常起动；③起动设备需操作简单，运行可靠。

2.3.2 他励直流电动机的起动方法

他励直流电动机的起动方法分为全压起动、减压起动、电枢回路串电阻起动3种。

1. 全压起动

全压起动又称为直接起动，即在直流电动机的电枢上直接接上额定电压后起动，其电路如图2-12所示。

通电瞬间，由于机械惯性大，电枢转速为零，电枢绕组感应电动势 $E_a = 0$，由电动势平衡方程式 $U = E_a + I_a R_a$ 可知

$$I_{st} = I_a = \frac{U_N}{R_a} \tag{2-11}$$

起动转矩为

$$T_{st} = C_T \Phi I_{st} \tag{2-12}$$

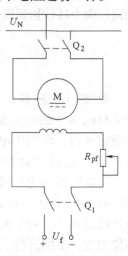

图 2-12 他励直流电动机的全压起动电路图

全压起动操作很简便，但是由于电枢电阻 R_a 很小，所以起动电流 I_{st} 太大，一般可达到额定电流的 $10 \sim 20$ 倍，容易引起电刷、换向器产生剧烈火花，从而缩短电动机的使用寿命。过大的电流还会使电网电压急剧下降，影响其他设备的正常工作。同时，过大的冲击转矩会损坏电枢绕组和传动机构。因此，全电压起动只限于额定功率几百瓦以下的小容量直流电动机。为了限制起动电流，他励直流电动机通常使用减压起动。

2. 减压起动

当直流电源电压可调时，可采用减压起动。为减小起动电流，减压起动在起动前先降低电动机电枢两端的电源电压，电动机起动后，随着转速 n 的上升，电动势 E_a 也逐渐增大，I_a 相应减小，起动转矩也就随之减小。要保证获得足够的起动转矩（即 $T_{st} > T_L$），起动时通常把电流限制在 $(1.5 \sim 2)$ 倍的 I_N 范围内，因此起动电压为

$$U_{st} = I_{st} R_a = (1.5 \sim 2) I_N R_a \tag{2-13}$$

随后电压 U 要不断升高，使起动电流和起动转矩保持在一定的数值上，直到升至额定电压 U_N 后，电动机进入稳定运行状态。起动过程的机械特性如图2-13所示。图中 W 表示稳定运行时的平衡点。

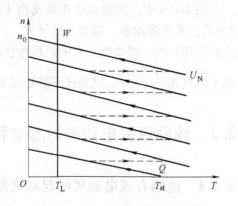

图 2-13 减压起动的机械特性图

3. 电枢回路串电阻起动

电枢回路串电阻起动是在起动时，保持电源电压的值不变，通过在电枢回路中串入起动电阻来限

制起动电流，并随着转速的上升逐级将起动电阻短接切除的起动方式。

图 2-14a 为他励直流电动机串二级电阻起动电路图，其中 R_1、R_2 为各级串入的起动电阻。下面，通过图 2-14b 他励直流电动机串二级电阻起动的机械特性来介绍其起动过程。

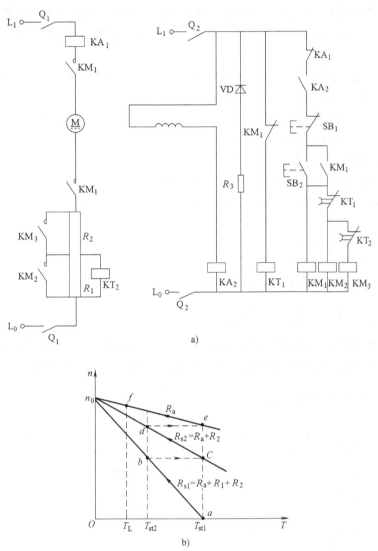

a)

b)

图 2-14　他励直流电动机串二级电阻起动

a）串二级电阻起动电路　b）串二级电阻起动机械特性

起动时，合上电源开关 Q_1 和 Q_2，按下起动按钮 SB_2，这时 KM_1 通电吸合，主触头闭合使电动机 M 串 R_1 和 R_2 起动，同时 KT_1 断电释放，开始延时。由于起动电阻 R_1 上有压降，使 KT_2 通电吸合，使其动断触点断开。起动电流为 $I_{st1} = U_N/R_{s1}$（R_{s1} 为电枢回路起动总电阻，$R_{s1} = R_a + R_1 + R_2$），对应于 I_{st1} 的起动转矩为 T_{st1}，由于起动转矩 $T_{st1} > T_L$，电动机从 a 点开始加速起动，转速沿曲线 ab 上升，电枢电动势随之增大，而电枢电流和电磁转矩随之减小。到 b 点，起动转矩减小至 T_{st2}。当 KT_1 延时到其延时闭合的动断触点闭合时，接通 KM_2 线圈回路，接触器 KM_2 闭合，切除第一级起动电阻 R_1，电枢回路起动总电阻降为 R_{s2}，

这里 $R_{s2} = R_a + R_2$。由于机械惯性的影响，电阻切换瞬间电动机转速和反电动势不能突变，电枢回路总电阻减小将使起动电流和起动转矩突增，电动机运行点从 b 点跃变到 c 点，由于 $T > T_L$，从 c 点继续加速到 d 点。由于 KT_2 线圈被短接，经过一定延时，其延时闭合的动断触点闭合，接通接触器 KM_3 的线圈回路，接触器 KM_3 闭合，切除第二级电阻 R_2，电动机从 d 点跃变到 e 点，从 e 点继续加速到稳定点 f。此时，电动机轴上转矩平衡，开始稳定运行，起动过程结束。

为了保证起动过程中既有足够大的起动转矩又要限制电流不能过大，起动过程中通常取 $T_{st1} = (1.5 \sim 2.0) T_{st2}$，$T_{st2} = (1.1 \sim 1.3) T_L$。

【例 2-1】 一台他励直流电动机，$P_N = 10\ 000W$，$U_N = 220V$，$n_N = 1\ 500r/min$，$I_N = 53.8A$，$R_a = 0.286\Omega$，计算：

1）采用全压启动时的起动电流。

2）采用减压启动时的起动电压（要求电流不超过100A）。

3）采用电枢回路串电阻起动，则起动开始时应串入多大的电阻？（要求电流不超过100A）。

解：(1) $I_{st} = \dfrac{U_N}{R_a} = \dfrac{220}{0.286}A = 769.2A$

(2) $U_{st} = I_{st}R_a = (100 \times 0.286)V = 28.6V$

(3) $R_{st} = \dfrac{U_N}{I_{st}} - R_a = \left(\dfrac{220}{100} - 0.286\right)\Omega = 1.914\Omega$

从例题中可以看出，额定电压下起动电流很大，因此全压起动只适用于容量很小的直流电动机；使用电枢回路串电阻起动时，串入较小的电阻也能起到很明显的限流作用。

2.3.3 他励直流电动机的反转

他励直流电动机要反转，可以利用改变电磁转矩的方向来实现，而电磁转矩的方向由磁通方向和电枢电流的方向决定，因此，只要该改变磁通和电枢电流中的一个参数的方向，就可以实现他励直流电动机的反转。通常实施方法有以下两种。

1. 改变励磁电流方向

电枢电压的极性保持不变，励磁绕组反接，导致励磁电流反向，磁通 Φ 随之改变，从而使电磁转矩方向改变，实现电动机反转。

2. 改变电枢电压极性

励磁绕组两端的电压极性保持不变，将电枢绕组反接，电枢电流 I_a 方向改变，从而电磁转矩方向改变，实现电动机反转。

2.4 他励直流电动机的制动

一般情况下，电动机运行时其电磁转矩与转速方向一致，这种运行状态称作电动运行状态，此时的电磁转矩称为驱动转矩。通过某种方法产生一个与拖动系统转向相反的转矩以阻止系统运行，这种运行状态称为制动运行状态（简称制动），此时的电磁转矩称为制动转矩。制动通常用于需要电动机很快减速或停车以及紧急停车等情况下，此外对于像起重机等位能性负载的工作机械，为了获得稳定的下放速度，电动机也必须运行在制动状态。制动方法常用的有能耗制动、反接制动和回馈制动 3 种。

1. 能耗制动

图 2-15a 为能耗制动的控制电路图。当接触器 KM_1 触点闭合，而 KM_2 断开时，直流电动机工作在电动状态。此时电枢电流 I_a、电枢电动势 E_a、转速 n 及电磁转矩 T 的方向如图所示。制动时，接触器 KM_1 触点断开，KM_2 迅速闭合，此时直流电动机电枢从电网上切除，电枢两端串入了制动电阻 R_{bk}。由于制动开始的瞬间，保持磁通的大小和方向不变，转速 n 不能突变，因此，直流电动机感应电动势 E_a 的大小与方向都不发生变化，且 $U = 0$，那么电枢电流为

$$I_a = -E_a \big/ (R_a + R_{bk}) \tag{2-14}$$

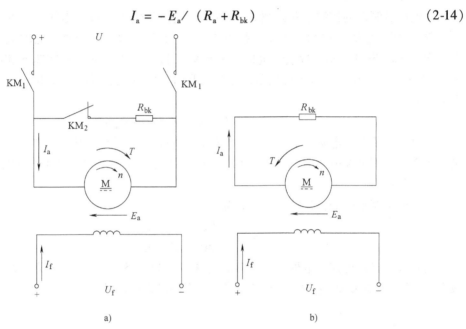

图 2-15　能耗制动的控制电路图

a）能耗制动控制电路图　b）能耗制动时的电路图

此时电流的方向改变，电磁转矩 T 也与电动状态时的转矩方向相反，变为制动转矩，对电动机起制动作用，于是电动机进入制动状态，如图 2-15b 所示。这时电动机把拖动系统的动能转变为电能并且消耗在电枢回路的电阻 $(R_a + R_{bk})$ 上，直到电动机停止转动为止，因此称为能耗制动。

能耗制动时的机械特性方程式为

$$n = -\frac{R_a + R_{bk}}{C_e C_T \Phi_N^2} T \tag{2-15}$$

由式（2-15）可知，能耗制动的机械特性为一条过原点的直线，如图 2-16 中的直线 2。

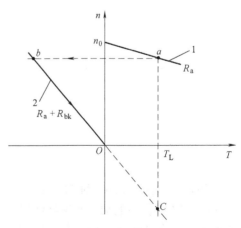

图 2-16　能耗制动的机械特性

图中，若电动机拖动反抗性负载，则工作点到达 O 点时，电动机便停转。若电动机拖动位能性负载，则到达 O 点后，电动机将反转并加速，继续沿 O—C 方向移动，直至到达 C 点作稳定的制动状态运行。

能耗制动的优点是：控制线路较简单，制动减速较平稳可靠；当转速减至零时，制动转矩也减小到零，便于实现准确停车。其缺点是：随着转速的下降，电动势减小，制动电流和制动转矩也随之减小，制动效果变差。

2. 反接制动

反接制动可分为电枢反接制动和倒拉反接制动两种方式。

（1）电枢反接制动

电枢反接制动的控制电路如图 2-17 所示。它是将电枢反接在电源上，并在电枢回路中串入制动电阻 R_{bk} 的一种制动方式。接触器 KM_1 闭合，KM_2 断开时，电动机运行在电动状态。现将 KM_1 断开，KM_2 闭合，此时电枢电源反接。由于电动机的转速 n 和电枢感应电动势 E_a 无法突变，在电枢电源反接后，电枢回路内，U 与 E_a 顺向串联，电压 U 变为负值，电枢电流为

$$I_a = \left(-U - E_a \right) / \left(R_a + R_{bk} \right) \tag{2-16}$$

此时电流反向，电磁转矩也反向，与转速方向相反，从而产生很强的制动作用，使转速迅速下降。由于电枢电路的电压为 $U + E_a \approx 2U$，故必须在反接的同时在电枢电路串联制动电阻 R_{bk} 以限制电流。

电枢反接制动时的机械特性方程式为

$$n = -\frac{U_N}{C_e \Phi_N} - \frac{R_a + R_{bk}}{C_e C_T \Phi_N^2} T \tag{2-17}$$

由式（2-17）可知，电枢反接制动的机械特性为一条过 $-n_0$ 的直线，如图 2-18 中的直线 2。电枢反接制动适用于要求迅速反转、较强烈制动的场合。

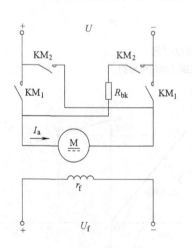

图 2-17　电枢反接制动的控制电路

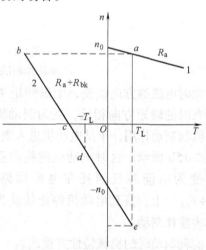

图 2-18　电枢反接制动机械特性

在图 2-18 中，当电动机转速降低到 $n = 0$ 时，如果要求停车，则必须马上切断电源。如果要求电动机反向运行，若电动机拖动反抗性恒转矩负载，当 $n = 0$ 时，$|T| > |T_L|$，电动机将反向起动，沿特性曲线到 d 点，电动机稳定运行在反向电动状态。如果拖动的是位能

性恒转矩负载，电动机反向转速将继续升高并沿特性曲线到 e 点，在反向回馈制动状态下稳定运行。

（2）倒拉反接制动

倒拉反接制动的控制电路如图 2-19 所示，机械特性如图 2-20 所示。将接触器 KM 触点闭合，电动机运行在电动状态 a 点。接触器 KM 触点断开，电枢电路串入电阻 R_{bk}，将得到一条斜率较大的人为机械特性曲线 b—d。这时转速由于惯性不发生跳变，电动机的工作点从 a 点跳至 b 点，由于电枢电流减小，电磁转矩 $T < T_L$，电动机开始减速，直到转速为零时到达 c 点。此时仍有 $T < T_L$，在负载重物的作用下，电动机被倒拉而反转运行，即下放重物，电磁转矩的方向与转速方向相反，电动机稳定在制动运行状态。

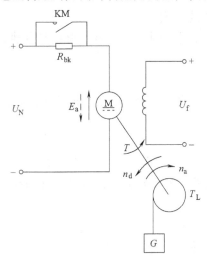

图 2-19　倒拉反接制动的控制电路图

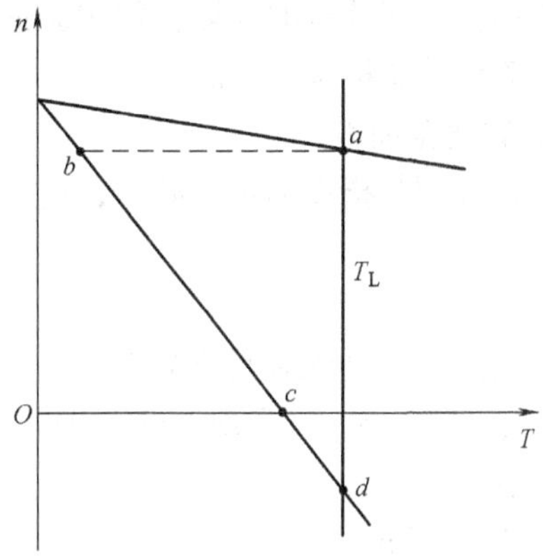

图 2-20　倒拉反接制动的机械特性

可见，倒拉反接制动只适合位能性负载，一般用于要求强烈制动或要求迅速反转的场合，通常只在小功率直流电动机上采用。

反接制动的优点是：制动转矩较恒定，制动较强烈，效果很好。其缺点是：需要从电网中吸收大量电能。其中，电枢反接制动转速为零时，如不及时切断电源，会自行反向加速。

3. 回馈制动

运行在电动状态下的电动机，当拖动电力机车下坡或拖动起重装置下放重物时，会出现电动机转速 n 高于理想空载转速 n_0 的情况，此时电枢电动势 $|E_a|$ 大于电枢电压 $|U|$，电枢电流 I_a 的方向与电动运行状态相反，因而电磁转矩 T 也与电动运行状态时相反，由拖动转矩变成制动转矩。从能量传递方向看，电机处于发电状态，电动机向电源回馈电能，故称为回馈制动。

回馈制动的条件是 $n > n_0$ 且 $|E_a| > |U|$，其机械特性如图 2-21 所示。图中 A 点、B 点即为回馈制动状态下的稳定运行点。

回馈制动的优点是：由于有功率回馈到电网，因而

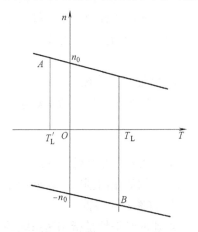

图 2-21　回馈制动的机械特性

与能耗制动和反接制动相比，回馈制动是比较经济的。

2.5 他励直流电动机的调速

2.5.1 他励直流电动机的调速指标

调速，是指为满足不同生产工艺的要求，在所拖动的负载不变的前提下，人为地改变系统参数以调整电动机的转速。电力拖动系统的调速可以采用机械调速、电气调速或机电结合的方式进行。机械调速是指通过改变传动机构的速度来实现调速的方式；电气调速是指通过改变电动机的有关电气参数以改变拖动系统转速的调速方式。

电动机调速性能的好坏，常用调速范围、静差率、平滑性、经济性、调速时电动机的容许输出等调速指标来衡量。

1. 调速范围 D

调速范围是指在额定负载下，电动机可能运行达到的最高转速 n_{max} 与最低转速 n_{min} 之比

$$D = \frac{n_{max}}{n_{min}} \tag{2-18}$$

不同的生产机械对调速范围的要求不同，例如车床 $D = 20 \sim 100$，造纸机 $D = 3 \sim 20$ 等。提高 n_{max} 和降低 n_{min} 可实现调速范围的扩大，但是这两个参数分别受到机械强度和相对稳定性的限制。

2. 静差率 δ

静差率是指负载转矩变化时，转速随之变化的程度。一般表示为

$$\delta\% = \frac{\Delta n}{n_0} \times 100\% = \frac{n_0 - n_N}{n_0} \times 100\% \tag{2-19}$$

式（2-19）表示当电动机运行在某一机械特性上时，理想空载到额定负载所出现的转速降与理想空载转速之比。实际工程中通常用静差率来衡量一个电力拖动系统的相对稳定性。

在 n_0 相同的情况下，电动机的机械特性越硬，静差率越小。若 n_0 不同，两条平行的机械特性硬度相同，但静差率不同。

在调速的过程中，要求静差率要小于一定的值，以保证系统的相对稳定性。不同的生产工艺对静差率有不同的要求，一般要求 $\delta\% < （30\% \sim 50\%）$，精密机床要求 $\delta\% < （1\% \sim 5\%）$。

3. 调速的平滑性

调速的平滑性用平滑系数 φ 表示

$$\varphi = \frac{n_i}{n_{i-1}} \tag{2-20}$$

上式表示两个相邻调速级之比。其中 φ 越接近于 1，平滑性越好。当 $\varphi = 1$ 时，称为无级调速，例如龙门刨床。若调速不连续，级数有限，则称为有级调速。

4. 调速的经济性

调速的经济性是指调速系统的性价比，要考虑设备的投资和电能的消耗以及调速的效率等各个方面。

5. 调速时电动机的容许输出

容许输出是指在调速过程中，电动机所能输出的最大功率和最大转矩。电动机运行时的实际输出功率与转矩是由电动机拖动的实际负载的大小所决定的，所以调速方法必须要满足负载的要求。

2.5.2　他励直流电动机的调速方法

由机械特性方程式 $n = \dfrac{U}{C_e\varPhi} - \dfrac{R}{C_e C_T \varPhi^2}T$ 可以看出，改变电枢回路总电阻 R、电枢电压 U 和主磁通 $\varPhi$ 都能够改变转速 n。因此调速的方法可以分为电枢回路串电阻调速、降低电源电压调速和弱磁调速 3 种。

1. 电枢回路串电阻调速

电枢回路串电阻调速，是指保持电源电压及主磁通为额定值不变，在电枢回路中串联附加电阻 R_{pa} 时，使电动机稳定运行于较低转速的一种调速方法。

当电枢电路中串入不同的电阻 R_{pa} 时，将具有不同的人为机械特性，如图 2-22 所示。串入的电阻越大，曲线的斜率越大，机械特性越软。

下面以串入 R_{pa1} 为例，说明其调速过程。在电枢未串入电阻 R_{pa1} 时，电动机稳定运行于固有机械特性中的 a 点上。在电枢回路中串入电阻 R_{pa1} 后，机械特性变为直线 b—c，由于转速 n 不能突变，因此由 a 点平行跳至 b 点。随着电枢电流的减小，电磁转矩也减小，即 $T < T_L$，此时电动机开始减速。随着转速 n 的减小，电枢电动势减小，随之电流逐渐增大，电磁转矩也开始增大，即工作点沿 b—c 方向移动，直到 $T = T_L$，达到新的平衡，电动机在 c 点低速稳定运行。

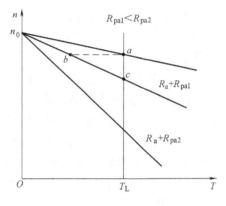

图 2-22　电枢回路串电阻调速的机械特性

电枢串电阻调速的优点是：调速方法简单，适用于小容量的电动机的调速。其缺点是：由于受静差率 δ 的限制，为保证拖动系统的相对稳定性，其调速范围不大，平滑性不高，电枢电流大，因此调速过程中能耗大，经济性差。

2. 降压调速

降压调速是指保持额定磁通和电枢电阻不变时，降低电枢电源电压，使理想空载转速 n_0 下降，从而导致转速 n 下降的一种调速方法。

由改变电枢电压的人为机械特性方程式 (2-9) 可知，降压调速的机械特性如图 2-23 所示。假设电动机稳定运行于 a 点，当电源电压 U_1 降低为 U_2 时，在变动的瞬间，由于转速 n 不能突变，感应电动势也不变，电动机由 a 点跳变到 b 点。此时 $T < T_L$，因此转速 n 下降，感应电动势 E_a 下降，电枢电流 I_a 增大，电磁转矩 T 逐渐上升，直到 $T = T_L$，电动机稳定于 c 点低速运行。当

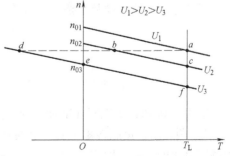

图 2-23　他励直流电动机降压调速的机械特性

电压 U_1 降低到 U_3 时，其调速原理一样，电动机由 a 点跳变到 d 点，成为回馈制动。此后转速下降到 e 点，电动机回到电动状态，然后一直降速至 f 点，电动机低速稳定运行。

降压调速的优点是：机械特性硬度不变，调速性能稳定，调速范围广泛；调速平滑性好，可以实现无级调速；损耗小，经济性好；总的来说降压调速的性能较好，广泛应用于实际工业控制系统中。缺点是：降压调速的调压电源设备比较复杂。

3. 弱磁调速

弱磁调速是指保持额定电压和电枢电阻不变时，通过降低他励直流电动机的励磁电流 I_f，使主磁通降低，导致理想空载转速和转速降都增加，在一定负载下，使转速 n 上升的一种调速方法。

由改变磁通的人为机械特性方程式(2-9)可知，弱磁调速的机械特性如图 2-24 所示。假设电动机稳定运行于 a 点，当主磁通从 Φ_1 降低为 Φ_2 时，由于惯性，转速 n 不能发生跳变，电动机由 a 点跳变到 b 点。此时 $T > T_L$，电动机加速，随着转速 n 上升，感应电动势 E_a 上升，电枢电流 I_a 下降，电磁转矩 T 下降，直到 $T = T_L$，电动机稳定于 c 点以较高速运行。

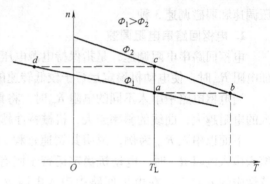

图 2-24　他励直流电动机弱磁调速的机械特性

弱磁调速的优点是：平滑性较好，可以实现无级调速；控制设备小，能耗小，经济性好。缺点是：机械特性比较软，调速范围受电动机最高转速的限制比较小，$D = 1 \sim 2$。

【**例 2-2**】　一台他励直流电动机，$R_N = 100\text{kW}$，$I_a = 511\text{A}$，$U_N = 220\text{V}$，$n_N = 1\,500\text{r/min}$，电枢电路总电阻 $R_a = 0.04\Omega$，电动机拖动额定恒转矩负载运行。

1）用电枢电路串电阻调速，转速降低为 500r/min，应串入多大的电阻？

2）如果用降压调速，电压降低为额定电压的一半，那么稳定后转速为多少？

解：1）调速前，感应电动势为额定电动势。

$$E_{aN} = U_N - I_N R_a = (220 - 511 \times 0.04)\text{V} = 199.56\text{V}$$

因磁通不变，所以电枢电动势和转速成正比，则调速后电枢电动势为

$$E_a = \frac{n}{n_N} E_{aN} = \frac{500}{1\,500} \times 199.56\text{V} = 66.52\text{V}$$

又知电枢电路电动势平衡方程式为

$$U_N = E_a + I_a(R_a + R_{pa})$$

即

$$R_{pa} = \frac{U_N - E_a}{I_a} - R_a = \left(\frac{220 - 66.52}{511} - 0.04\right)\Omega = 0.26\Omega$$

应串入 0.26Ω 的电阻才能使转速下降到 $n_N = 500\text{r/min}$。

2）调速后，负载转矩不变，磁通不变，所以电枢电流也不变，即 $I = I_N$，电枢电压降低为额定电压的一半，即 $U = 0.5U_N = 110\text{V}$。

由电枢电路电动势平衡方程式 $U = E_a + I_a R_a$ 可知，调速后电动势为

$$E_a = U - I_N R_a = (110 - 511 \times 0.04)\text{V} = 89.56\text{V}$$

因电枢电动势与转速成正比，调速后的转速为

$$n = \frac{E_a}{E_{aN}}n_N = \frac{89.56}{199.56} \times 1\,500\text{r/min} = 673\text{r/min}$$

2.6　串励及复励直流电动机的电力拖动

2.6.1　串励直流电动机的特性

首先观察图 2-25 所示的串励直流电动机的接线，可见串励直流电动机的励磁绕组与电枢电路串联，则励磁电流与电枢电流相等，即 $I_f = I_a$。因此，串励直流电动机的特性与他励直流电动机有着很大的不同。

1. 串励直流电动机的机械特性

串励直流电动机的电动势平衡方程式为

$$U = E_a + I_a(R_a + r_f + R_{pa})$$

机械特性方程式为

$$n = \frac{U - I_a(R_a + r_f + R_{pa})}{C_e\Phi} = \frac{U - I_aR}{C_e\Phi} = \frac{U}{C_e\Phi} - \frac{R}{C_eC_T\Phi^2}T \tag{2-21}$$

式中　$R = R_a + r_f + R_{pa}$。

当负载较小，电枢电流 I_a 增大，同时在铁心未饱和时，磁通 Φ 也随电流的增加而增加，由式（2-21）可知，转速 n 会快速下降。之后，随着电机铁心的逐渐饱和，磁通 Φ 不再继续增加，其值几乎为常数。

由此可知，轻载时串励电动机的机械特性是一条非线性的软特性曲线，如图 2-26 所示。转速 n 随着负载转矩增大而快速下降，随着磁通达到饱和，下倾的曲线逐渐平缓。当电枢电流 I_a 为零时，剩磁很小，空载转速 $n_0 = U/C_e\Phi$ 很大，易出现"飞车"现象。因此，在实际生产中，一定要避免串励电动机空载启动或空载运行。

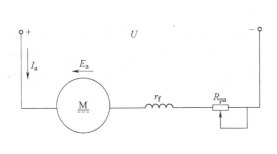

图 2-25　串励直流电动机的接线图

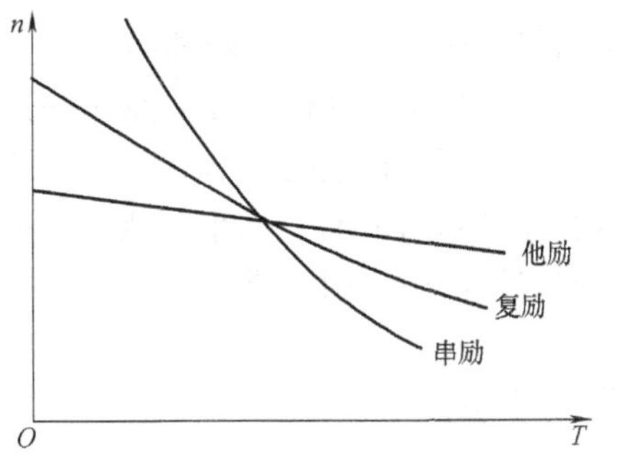

图 2-26　串励、复励直流电动机的机械特性

2. 串励直流电动机的电力拖动

（1）起动

在铁心未饱和时，串励直流电动机的磁通 Φ 和电枢电流 I_a 成正比，又有 $T = C_e\Phi I_a$，所以电磁转矩 T 和 I_a^2 成正比，而他励直流电动机和并励直流电动机的 T 和 I_a 成正比。因此，

在启动电流和额定电流之比相同的情况下，串励电动机的启动转矩倍数更大，其启动性能更好。通常工程中会在串励电动机启动时接入启动电阻来限制启动电流。

（2）调速

串励直流电动机的调速方法与他励直流电动机大致相同，可通过在电枢电路中串入电阻、改变磁通、改变电源电压等方法来调速。

（3）制动

串励直流电动机的制动方法有反接制动和能耗制动两种。之所以没有回馈制动，是因为串励电动机的理想空载转速趋于无穷大，实际转速无法超过。

（4）反转

使串励直流电动机改变转向的方法有电枢绕组反接和励磁绕组反接两种。

2.6.2 复励直流电动机的特性

复励直流电动机有两个励磁绕组，即与电枢绕组并联的并励绕组和与电枢绕组串联的串励绕组，其结构如图 2-27 所示。若两个绕组的磁通势方向相同，则称为积复励；方向相反，则称为差复励。

复励电动机的主极磁通是由两个励磁绕组的合成磁通势所产生的。当电枢电流 I_a 为零时，串励绕组的磁通势为零，主极磁通由并励绕组磁通势产生，并为一恒定值。因此，复励电动机 $I_a = 0$ 时的理想空载转速 n_0 的值不会过大。

当负载增加时，I_a 增大，由于串励绕组磁通势的增大，积复励电动机的主极磁通相应增大，致使电动机的转速比他（并）励电动机有显著下降，它的机械特性不像他（并）励电动机那么硬；因为随着负载的增大只有串励磁通势相应增加，并励绕组的磁通势基本保持不变，所以它的特性又不像串励电动机的特性那么软。可见，积复励电动机的机械特性介于并励和串励电动机机械特性之间，如图 2-27 所示。

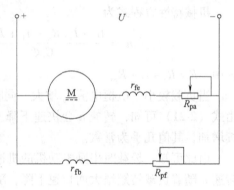

图 2-27　复励直流电动机的接线图

积复励直流电动机综合了他（并）励、串励直流电动机的优点，当负载增加时，因串励绕组的作用，转速比并励电动机下降得多些；当负载减轻时，因并励绕组的作用，电机不会因转速过高而出现"飞车"现象，并且其启动转矩较大，启动时加速较快，因此积复励电动机在生产中应用广泛。

2.7　小结

电力拖动系统是用电动机带动负载完成一定工艺要求的系统，电力拖动系统一般由控制设备、电动机、传动机构、生产机械和电源 5 部分组成。其运行状态与机械特性和负载转矩特性相关。

电力拖动系统稳定运行的充分必要条件是，在 $T = T_L$ 处，$dT/dn < dT_L/dn$。

直流电动机的机械特性是电动机在电枢电压、励磁电流和电枢回路电阻为恒值的条件下，即电动机处于稳态运行时，电动机的转速与电磁转矩之间的关系，即 $n = f(T)$。分为固有机械特性和人为机械特性。通过串电枢电阻、改变电源电压、减弱磁通的方式可得到不同的人为机械特性。

生产机械的负载特性有恒转矩负载特性（反抗性恒转矩负载、位能性恒转矩负载）、恒功率负载特性和通风机型负载特性3类。

他励直流电动机起动时必须具备足够大的起动转矩 T_{st}，并要求起动电流尽可能小。起动方式有全压起动、减压起动和电枢回路串电阻起动。若直接全压起动，则起动电流过大，容易损坏电动机，一般不采用此方式，因此全压起动只限用于额定功率几百瓦以下的小容量直流电动机。

常用的电气制动方法有能耗制动、反接制动（包括电枢反接制动和倒拉反接制动）和回馈制动3种。能耗制动经济、安全、简单，常用于反抗性负载电气制动停车或重物下放等场合；电枢反接制动应用于频繁正、反转的电力拖动系统，而倒拉反接制动只应用于起重设备以较低的稳定转速下放重物的场合；回馈制动简单可靠，适用于要求位能负载稳定高速下放的场合。

当负载一定时，改变电动机的电枢电压、电枢电阻或减弱磁通，都可以调速。降压调速相对稳定性好，平滑性也好，适用于调速要求较高的场合；串电阻调速相对稳定性差但平滑性较好，适用于对调速性能要求不高的场合；弱磁调速相对稳定性较好，平滑性也好，适用于恒功率负载的场合。

2.8 习题

1. 什么是电力拖动系统？由哪几个部分组成？各起什么作用？
2. 如何判断电力拖动系统的运行状态是稳态运行还是动态运行？
3. 电力拖动系统运行的充分必要条件是什么？
4. 什么是固有机械特性和人为机械特性？人为机械特性可分为哪几类？
5. 能耗制动有什么特点？如何实现？
6. 直流电动机为什么一般不采用直接起动？
7. 一台他励直流电动机，铭牌数据如下：$P_N = 18kW$，$U_N = 220V$，$I_N = 94A$，$n_N = 1000r/min$，试求在额定负载下：

（1）降速至800r/min稳定运行，需外串多大电阻？

（2）采用降压方法，电源电压应降至多少伏？

8. 一台他励直流电动机，$P_N = 17kW$，$U_N = 110V$，$I_N = 185A$，$n_N = 1\ 000r/min$，$R_a = 0.065\Omega$。该电机最大允许电流 $I_{max} = 1.8I_N$，电动机拖动负载 $T_L = 0.8T_N$ 电动运行，试求：

（1）若采用能耗制动停车，则电枢回路应串入多大电阻？

（2）若采用反接制动停车，则电枢回路应串入多大电阻？

9. 一台他励直流电动机，$P_N = 5.5kW$，$U_N = 220V$，$I_N = 30.3A$，$n_N = 1\ 000r/min$，$R_a = 0.847\Omega$，假设负载转矩 $T_L = 0.8T_N$，忽略空载转矩 T_0，问：

（1）采用能耗制动方式、倒拉反接制动方式，以 $n_N = 400r/min$ 速度下放重物时，应串

入多大的制动电阻 R_{bk}？

（2）采用反向回馈制动方式下放重物时，电枢回路不串电阻，电动机转速为多少？

10. 一直流电动机：$U_N = 220V$，$I_N = 40A$，$n_N = 1\,000r/min$，$R_a = 0.5\Omega$。当电压降为 $U = 180V$，负载转矩 $T_L = T_N$ 时。试计算：

（1）若电动机为他励直流电动机，则转速 n 和电枢电流 I_a 为多少？

（2）若电动机为并励直流电动机，则转速 n 和电枢电流 I_a 为多少？

11. 他励直流电动机的额定数据如下：$P_N = 22kW$，$U_N = 220V$，$I_N = 115A$，$n_N = 1\,500r/min$，$R_a = 0.1\Omega$。若电动机带动恒转矩负载 $T_L = T_N$ 运行时，要求把转速降低到 $n = 1\,000r/min$，不计电动机的空载转矩。

（1）采用电枢串电阻调速时，应串入多大的电阻？

（2）采用降压调速时，需将电源电压降低到多少伏？

模块 2　变压器的应用

第 3 章　变　压　器

本章要点

- 变压器的基本结构、分类和运行原理
- 变压器的参数测定、运行特性及变压器分析计算方法
- 三相变压器磁路、联结组别以及并联运行分析
- 自耦变压器、仪用互感器、电焊变压器工作原理及结构特点

变压器是一种利用电磁感应原理制成的静止电器，将一种电压等级的交流电能转换成同频率的另一种电压等级的交流电能。它具有电压变换、电流变换和阻抗变换的功能，在电力系统、电子技术和自动控制等诸多领域中获得了广泛应用。

在电力系统中使用的电力变压器，用于电力系统升压、降压和配电。发电机输出的电压，不能直接进行远距离输电，否则输电线的电能消耗将很大；而是使用升压变压器把电压升高到输电电压再输送，（例如 110kV、220kV 或 500kV 等），以降低输送电流，减小线路上功率损耗，同时减少线路用铜量，节省投资费用。一般来说，输电距离越远，输送功率越大，则要求的输电电压越高。在供用电系统中需要大量的降压变压器，将输电线路输送的高电压变换成各种不同等级的较低电压，以满足各类负荷的需要。因此变压器对电力系统有着极其重要的意义。

在电子电路中，变压器除了将电网电压变换为所需的电压大小外，还可用做耦合电路和实现阻抗变换等。另外，还有一些特殊和专用的变压器，虽然用途不同，但其基本结构与工作原理都是基本相同的。

3.1　变压器概述

1. 各种变压器的外形观察与铭牌解读

（1）观察变压器的外观

1）电力变压器。图 3-1 所示为干式电力变压器，图 3-2 所示为油浸式电力变压器。

2）特殊变压器。图 3-3 所示为自耦变压器，图 3-4 所示为电压互感器，图 3-5 所示为电流互感器。

（2）解读变压器的铭牌

图 3-1　干式电力变压器

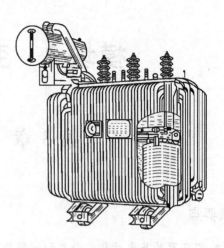

图 3-2　三相油浸式电力变压器

图 3-3　自耦变压器

图 3-4　电压互感器

图 3-5　电流互感器

　　阅读变压器铭牌中的各项参数，了解其铭牌参数的含义，将铭牌数据记录在表 3-1 中（可根据电机的实际铭牌内容另加记录项）。变压器的铭牌所标写的各项参数是变压器运行时必须满足的运行条件，在铭牌参数允许的范围外运行变压器，将使变压器不能正常工作或烧毁变压器。

2. 电力变压器的拆装及内部结构观察

（1）电力变压器拆卸

首先断电，进行机身放电，拆下一、二次外接线。清扫变压器外部，检查油箱、散热器、储油柜、防爆筒、瓷套管等有无渗漏现象。然后放出变压器油，当油面放至接近铁心、铁轭顶面时，即可拆除储油柜、防爆筒、瓦斯断电器。拆除箱盖上的连接螺栓，用起重设备将箱盖连同变压器铁心绕组一起吊出箱壳。

表 3-1　变压器的铭牌数据

产品型号			额定频率		阻抗电压		开关位置	分接电压
额定容量			冷却方式		器身重		Ⅰ	
额定电压	高压		使用条件		油重量		Ⅱ	
	低压							
额定电流	高压		连接组别		总重量		Ⅲ	
	低压							

（2）电力变压器的结构观察

当电力变压器的外壳拆开后，即可观察到变压器的组成：铁心、绕组、油箱、冷却装置、绝缘套管和保护装置等。观察变压器的内部结构，将变压器各构成部件名称记录在表 3-2 中。

表 3-2　变压器组成各部件名称

（3）变压器装配

将变压器拆卸并观察其内部结构后，便可进行装配。变压器装配的步骤是：用干燥的热油冲洗变压器器身，把变压器中的残油完全放出，并擦干箱底；将变压器心吊入箱壳，安装附属部件；密封好油箱，再将变压器油注入变压器，进行油箱密封试验。

3. 变压器参数测试

（1）空载实验

1）在三相调压交流电源断电的条件下，按图 3-6 接线。

2）选好所用电表量程。将左侧调压器调到输出电压为零的位置，合上交流电源总开关，接通三相交流电源。调节三相调压器旋钮，使变压器空载电压 $U_0 = 1.2U_N$，然后逐次降低电源电压，在 $1.2 \sim 0.2U_N$ 的范围内，测取变压器的 U_0、I_0、p_0、U_{AX}。

3）测取数据时，必须测 $U = U_N$ 点，并在该点附近测较密的点，共测取数据多组。

4）为了计算变压器的变比，在 U_N 以下取点测取原、副边电压数据，并将测试数据记录于表 3-3 中。

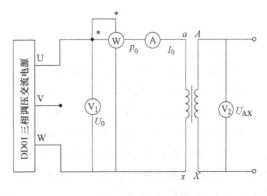

图 3-6　空载实验接线图

55

表 3-3 变压器空载实验参数

序号	实 验 数 据			
	U_0/V	I_0/A	p_0/W	U_{AX}/V
1				
2				
3				
4				

（2）短路实验

1）在三相调压交流电源断电的条件下，按图 3-7 所示接线。将变压器的高压线圈接电源，低压线圈直接短路。

2）选好所有电表量程，将交流调压器旋钮调到输出电压为零的位置。

3）接通交流电源，逐次缓慢增加输入电压，直到短路电流等于 $1.1I_N$ 为止，在 $(0.2 \sim 1.2) I_N$ 范围内测取变压器的 U_k、I_k、p_k。

4）测取数据时，必须测 $I_k = I_N$ 点，共测取数据多组，并将测试数据记录于表 3-4 中。

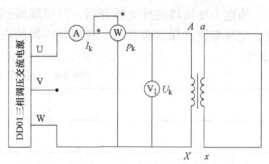

图 3-7 短路实验接线图

表 3-4 变压器短路实验参数

序号	实 验 数 据		
	U_k/V	I_k/A	p_k/W
1			
2			
3			
4			

（3）根据空载试验和短路试验的参数，计算变压器变比

（4）绘出空载特性曲线和计算励磁参数

（5）绘出短路特性曲线 $U_k = f(I_k)$，$p_k = f(I_k)$

在本节的实训中，通过实训现象观察和单相变压器的空载及短路实验，介绍了变压器的结构、变压器的描述参数及运行情况，但对变压器的原理、变压器的负载运行情况以及三相变压器的运行等并未述及。本章后面几节将按单相变压器和三相变压器，分别对其结构、原理和运行情况进行详细的阐述。

3.2 变压器的结构和工作原理

3.2.1 变压器的基本结构及分类

1. 变压器的基本结构

在电力系统中，以油浸自冷式双绕组变压器应用最为广泛，因此，除特别说明外，本章将主要介绍这种变压器的结构和运行。

在上节实训中，通过观察会发现，电力变压器的主要部件是由铁心和绕组构成的器身。为了解决散热问题，电力变压器的铁心和绕组浸入盛满变压器油的密闭油箱中，各绕组对外线路的连接由绝缘套管引出。为了使变压器安全可靠地运行，还设有储油柜、安全气道、气体继电器、分接开关和保护装置等，如图3-8所示。

（1）铁心

铁心是变压器的支撑骨架，又是它的主磁路。铁心由铁心柱和铁轭两部分组成，铁心柱上套装绕组，铁轭是连接两个铁心柱的部分，其作用是使整个磁路闭合。为了提高磁路的导磁性能和减少铁心中的磁滞和涡流损耗，铁心常采用0.35mm厚、表面涂有绝缘漆的硅钢片叠装而成。

铁心的结构型式有心式和壳式两种。心式铁心结构的变压器，其铁心被绕组包围着。心式变压器结构简单，用铁量较少，国产的大型变压器铁心主要采用心式结构。壳式铁心结构的变压

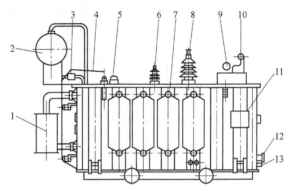

图3-8　电力变压器结构示意图
1—净油器　2—储油柜　3—气体继电器　4—接地线　5—压力释放器　6—低压导管　7—板式散热器　8—高压导管
9—分接开关　10—开关箱储油柜　11—温度计
12—注油管　13—取样嘴

器，其铁心包围线圈绕组。壳式变压器的机械强度好，但制造复杂、铁心材料消耗多，多用于小容量和一些特殊用途的变压器，如图3-9所示。

铁心的装配，一般均采用交迭式叠装，使上、下层的接缝错开，减小接缝间隙以减小励磁电流。当采用冷轧硅钢片时，由于冷轧硅钢片顺碾压方向的导磁系数高、损耗小，故用斜切钢片的叠装方法，如图3-10所示。叠装好的铁心其铁轭用槽钢（或焊接夹）及螺杆固定。铁心柱的截面在小容量变压器中常采用方形或矩形，大型变压器为充分利用线圈内圆空间而常采用阶梯形截面，如图3-11所示。

铁轭的截面有矩形及阶梯形，其截面通常比铁心柱大5%～10%，以减少空载电流和损耗。

（2）绕组

绕组是变压器的电路部分，它一般用绝缘铜线或铝线绕制而成，也有用铝箔或铜箔绕制的。与电源相接的绕组称一次绕组，与负载相接的绕组称二次绕组；也可按绕组所接工作电压的高低分为高压绕组和低压绕组。

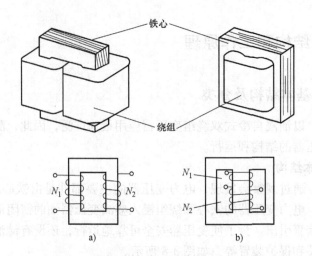

图 3-9　变压器铁心与绕组的结构示意图

a）心式　b）壳式

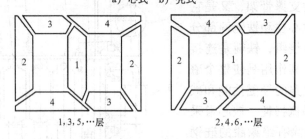

1, 3, 5, …层　　　　　　　　2, 4, 6, …层

图 3-10　铁心的斜切钢片叠装法

根据高、低压绕组在铁心柱上排列方式的不同，变压器的绕组可分为同心式和交叠式两种绕组。同心式绕组的高、低压绕组同心地套在铁心柱上，为了便于绝缘，通常低压绕组靠近铁心，高压绕组放在外面，中间用绝缘纸筒隔开，如图 3-12 所示。这种绕组结构简单，制造方便，国产电力变压器均采用此种线圈。交叠式绕组的高低压绕组交替地套在铁心柱上。这种绕组都做成饼式，

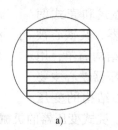 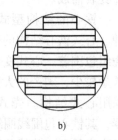

图 3-11　铁心柱截面

a）矩形截面　b）阶梯型截面

高、低压绕组之间的间隙较多，绝缘比较复杂，但这种绕组漏电抗小，引线方便，机械强度好，主要用在电炉和电焊等特种变压器中，如图 3-13 所示。

（3）主要附件

1）油箱。油浸式变压器的外壳就是油箱，它起着机械支撑、冷却散热和保护的作用。油浸变压器的器身浸在充满变压器油的油箱里。变压器油既是绝缘介质，又是冷却介质，它通过受热后的对流，将铁心和绕组的热量带到箱壁及冷却装置，再散发到周围空气中。油箱的结构与变压器的容量、发热情况密切相关。变压器的容量越大，发热问题就越严重。

2）绝缘套管。绝缘套管是将变压器绕组的高、低压引线引到箱外与电网相接的绝缘装置，它由外部的瓷套和中间的导电杆组成。绝缘套管大多数装于箱盖上，套管下端伸进油箱

与绕组引线相连，套管上端露出箱外，与外电路连接。

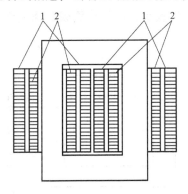

图 3-12　变压器同心绕组
1—高压绕组　2—低压绕组

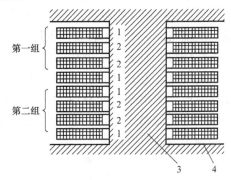

图 3-13　变压器交叠式绕组
1—低压绕组　2—高压绕组　3—铁心　4—铁轭

3）分接开关。分接开关用来改变一次绕组的匝数，调节输出电压，使输出电压控制在允许的变化范围内，分接开关一般装在一次侧（高压侧）。通常输出电压的调节范围是额定电压的 +5%。

4）储油柜。储油柜又称油枕，水平地安装在变压器油箱盖上，用弯曲连管与油箱连通。当变压器油箱里油因热胀冷缩而升降时，储油柜内油面也随着升降，从而保证油箱不被挤破，同时避免当油面下降时空气进入油箱。储油柜的作用是保证变压器油箱内充满油，降低变压器油受潮和老化的速度。

5）安全气道。安全气道又称防爆筒，它装于油箱顶部。它是一个长钢圆筒，上端口装有一定厚度的密封玻璃板，下端口与油箱连通。它的作用是当变压器内部因发生故障引起压力骤增时，让油气流冲破玻璃板喷出，以免造成箱壁爆裂。

2. 变压器的分类

根据变压器应用的目的和工作条件有多种分类方法。

（1）按用途分类

变压器可以分为电力变压器和特种变压器两类。电力变压器主要应用于电力系统，又可分为升压变压器、降压变压器、配电变压器、厂用变压器等。特种变压器主要应用于特殊要求和用途，如仪用变压器、电炉变压器、电焊变压器和整流变压器等。

（2）按绕组数目分类

变压器可分为单绕组变压器、双绕组变压器和三绕组变压器 3 类。

（3）按相数分类

变压器可分为单相变压器、三相变压器和多相变压器 3 类。

（4）按冷却介质和冷却方式分类

变压器可分为干式变压器、油浸变压器（包括油浸自冷式、油浸风冷式和强迫油循环式）和充气式冷却变压器 3 类。

3.2.2　变压器的基本工作原理

变压器是在一个闭合铁心上套有两个绕组的电器，其原理如图 3-14 所示。这两个绕组具有不同的匝数且互相绝缘，两绕组间只有磁的耦合而没有电的联系。其中，接于电源侧的绕组称为原绕组或一次绕组，一次绕组各量用下标"1"表示；用于接负载的绕组称为副绕组或二次绕组，二次绕组各量用下标"2"表示。

若将绕组 1 加上交流激励电压 u_1，绕组中便有交流电流 i_1 流过，在铁心中产生与激励电压同频率的交变磁通 Φ，通过铁心形成闭合的磁路，分别在两个绕组中感应出同频率的电动势 e_1 和 e_2。

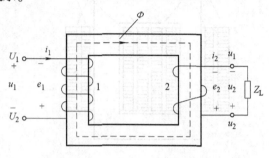

图 3-14 变压器工作原理示意图

$$e_1 = -N_1 \frac{d\Phi}{dt}$$

$$\qquad\qquad (3\text{-}1)$$

$$e_2 = -N_2 \frac{d\Phi}{dt}$$

式中　N_1——一次绕组匝数；

　　　　N_2——二次绕组匝数。

由式（3-1）可知，一次、二次绕组感应电动势的大小正比于各自绕组的匝数，而绕组的感应电动势又近似于各自的电压。因此，只要改变一次或二次绕组的匝数比，就能达到改变电压的目的，这就是变压器的变压原理。根据电磁感应原理可知，变压器只能用于交流电变压，而不能用于直流电，当一次侧输入稳恒的直流电时，二次侧电压电流为零。变压器改变交流电的电压和电流，而频率不变。

3.2.3　变压器的铭牌数据

每台变压器上都装有一铭牌，在铭牌上标明了变压器型号、额定值、器身重量、制造编号和制造厂家等有关技术数据。只有理解铭牌数据的含义，才能正确使用变压器。图 3-15 所示为某三相变压器的铭牌内容。

1. 变压器型号及系列

（1）型号

变压器的型号表示一台变压器的系列形式和产品规格，包括变压器结构特点、额定容量、电压等级、冷却方式等内容。变压器的型号用字母和数字表示，其各位字母或数字的含义如图 3-16 所示。

例如：SL-500/10 为三相油浸自冷双绕组铝线、额定容量 500kVA、高压绕组额定电压 10kV 级电力变压器。SFPL-63 000/110 表示三相强迫油循环风冷式双绕组铝线、额定容量 63 000kVA、高压绕组额定电压 110kV 级的电力变压器。

（2）变压器主要系列

目前我国生产的变压器系列产品有 SJL1（三相油浸自冷式铝线电力变压器）、SFPL1（三相强油风冷铝线变压器）、SFPSL1（三相强油风冷三铝线电力变压器）等。目前国内自行设计并大量生产的产品系列有 SL7（三相油浸自冷式铝线电力变压器）、S7（三相油浸自冷式铜线电力变压器）、SCL1（三相环氧树脂浇注干式变压器）以及 SF7、SZ7、SZL7 等系列。

2. 变压器的额定值

| FAT0 | | 电力变压器 | | | | |

| 型号 | S9-500/10 |

| 产品代号 | IFAT0、710、022 |

| 标准代号 | GB1094.1—5—1995 |

| 额定容量 | 500kvA |

开关位置		电压/V		电流/A	
		高压	低压	高压	低压
I	+5%	10 500			
II	额定	10 000	400	28.27	721.7
III	−5%	9 500			

三相 50Hz

冷却方式 ONAN

使用条件 户外式　　器身重 1115kg　　阻抗电压 4.4%

联接组别 Y,yn0　　油创重 311kg　　出厂序号 200201061

××变压器厂　　总质量 1779kg　　2002年1月

图 3-15　电力变压器的铭牌数据

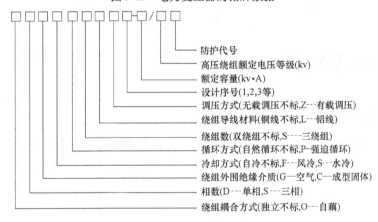

防护代号
高压绕组额定电压等级(kv)
额定容量(kv·A)
设计序号(1,2,3等)
调压方式(无载调压不标,Z---有载调压)
绕组导线材料(铜线不标,L---铝线)
绕组数(双绕组不标,S---三绕组)
循环方式(自然循环不标,P-强迫循环)
冷却方式(自冷不标,F---风冷,S---水冷)
绕组外围绝缘介质(G---空气,C---成型固体)
相数(D---单相,S---三相)
绕组耦合方式(独立不标,O---自耦)

图 3-16　电力变压器型号含义说明

额定值是制造厂根据设计或试验数据，对变压器的正常运行状态所做的规定值。变压器在额定情况下运行，其技术经济指标较好，并可长期可靠的工作。额定值主要有：

（1）额定容量 S_N

额定容量 S_N 指在额定使用条件下变压器所能输出的视在功率，单位为 VA 或 kVA。三相变压器额定容量为三相容量之和。由于变压器效率很高，双绕组变压器原、副边的额定容量可认为相等。

（2）额定电压 U_{1N}/U_{2N}

额定电压指变压器长时间运行时所能承受的工作电压，单位为 V 或 kV。一次侧额定电压 U_{1N} 是指根据绝缘强度规定加到一次侧的工作电压；二次侧额定电压 U_{2N} 是指变压器一次侧加额定电压，分接开关位于额定分接头时，二次侧空载时的二次端电压。在三相变压器中，额定电压指的是线电压。

（3）额定电流 I_{1N}/I_{2N}

额定电流指变压器在额定容量下，允许长期通过的电流，单位为 A。三相变压器的额定电流指的是线电流。

变压器的额定容量、电压、电流之间的关系如下所述。

单相变压器

$$S_N = U_{1N}I_{1N} = U_{2N}I_{2N} \tag{3-2}$$

三相变压器

$$S_N = \sqrt{3}U_{1N}I_{1N} = \sqrt{3}U_{2N}I_{2N} \tag{3-3}$$

此外，还有效率、温升等额定值。除额定值外，铭牌上还标有变压器的相数、联结组别、阻抗电压（或短路阻抗相对值或标称值）、接线图等。

【例 3-1】 一台三相油浸自冷式铝线变压器，$S_N = 220\text{kVA}$，$U_{1N}/U_{2N} = 10/0.4\text{kV}$，Y，y 接线，求变压器一、二次额定电流。

解：

$$I_{1N} = \frac{S_N}{\sqrt{3}U_{1N}} = \frac{200 \times 10^3}{\sqrt{3} \times 10 \times 10^3}\text{A} = 11.55\text{A}$$

$$I_{2N} = \frac{S_N}{\sqrt{3}U_{2N}} = \frac{200 \times 10^3}{\sqrt{3} \times 0.4 \times 10^3}\text{A} = 288.68\text{A}$$

3.3 单相变压器的运行分析

3.3.1 单相变压器的空载运行

变压器的空载运行是指变压器一次绕组接在额定电压、额定频率的交流电源上，而二次绕组开路时的运行状态，如图 3-17 所示，一次、二次绕组的匝数分别为 N_1 和 N_2。

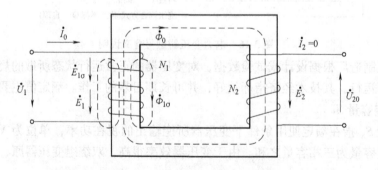

图 3-17 单相变压器空载运行示意图

1. 空载运行时的物理状况

由图 3-17 可见，当一次绕组接入交流电源 $\dot{U}_1$ 后，绕组内便有一交变电流 $\dot{I}_0$ 产生，此电流称为空载电流，也就是激励电流。空载电流 $\dot{I}_0$ 在一次绕组中产生空载磁通势 $\dot{F} = N_1\dot{I}_0$，它将产生两部分的交变磁通：一部分是主磁通，通过铁心形成闭合的磁路，同时穿过一次绕组和二次绕组，用 $\dot{\Phi}_0$ 表示；另一部分称为一次漏磁通，它只穿过一次绕组而不流经铁心，从非磁性介质（空气或油）穿过而形成闭合磁通，用 $\dot{\Phi}_{1\sigma}$ 表示。根据电磁感应原理，主磁通 $\dot{\Phi}_0$ 将在一、二次绕组中感应主电动势 $\dot{E}_1$ 和 $\dot{E}_2$；漏磁通 $\dot{\Phi}_{1\sigma}$ 在一次绕组中感应一次漏磁电动势 $\dot{E}_{1\sigma}$。此外空载电流 $\dot{I}_0$ 还将在一次绕组中产生电阻压降 $r_1 \dot{I}_0$。

由于路径不同，主磁通和漏磁通有很大差异。

1）在性质上，主磁通磁路由铁磁材料组成，具有饱和特性，$\dot{\Phi}_0$ 与 $\dot{I}_0$ 呈非线性关系；而漏磁通磁路由非铁磁材料组成，磁路不饱和，$\dot{\Phi}_{1\sigma}$ 与 $\dot{I}_0$ 呈线性关系。

2）在数量上，铁心的磁导率较大，磁阻小，所以总磁通的绝大部分通过铁心而闭合构成主磁通，故主磁通远大于漏磁通，一般主磁通可占总磁通的99%以上。

3）在作用上，主磁通在二次绕组中感应电动势，起了传递能量的媒介作用；而漏磁通仅在一次绕组中感应漏磁电动势，只起漏抗压降的作用。

2. 感应电动势和漏磁电动势

（1）主磁通感应的电动势

设主磁通按正弦规律变化，即 $\Phi_0 = \Phi_m \sin\omega t$，按照图 3-17 中参考方向的规定，一、二次绕组感应电动势瞬时值为

$$e_1 = -N_1 \frac{\mathrm{d}\Phi_0}{\mathrm{d}t} = -N_1 \omega \Phi_m \cos\omega t = 2\pi f N_1 \Phi_m \sin(\omega t - 90°)$$
$$= E_{1m} \sin(\omega t - 90°) \tag{3-4}$$

$$e_2 = -N_2 \frac{\mathrm{d}\Phi_0}{\mathrm{d}t} = -N_2 \omega \Phi_m \cos\omega t = 2\pi f N_2 \Phi_m \sin(\omega t - 90°)$$
$$= E_{2m} \sin(\omega t - 90°) \tag{3-5}$$

其对应的有效值分别为

$$E_1 = \frac{E_{1m}}{\sqrt{2}} = \frac{\omega N_1 \Phi_m}{\sqrt{2}} = \frac{2\pi f N_1 \Phi_m}{\sqrt{2}} = 4.44 f N_1 \Phi_m \tag{3-6}$$

$$E_2 = \frac{E_{2m}}{\sqrt{2}} = \frac{\omega N_2 \Phi_m}{\sqrt{2}} = \frac{2\pi f N_2 \Phi_m}{\sqrt{2}} = 4.44 f N_2 \Phi_m \tag{3-7}$$

其对应的相量表达式为

$$\dot{E}_1 = -\mathrm{j}4.44 f N_1 \dot{\Phi}_m \tag{3-8}$$

$$\dot{E}_2 = -\mathrm{j}4.44 f N_2 \dot{\Phi}_m \tag{3-9}$$

由此可见，一、二次感应电动势的大小与电源频率、绕组匝数及主磁通最大值成正比，且在相位上滞后主磁通90°。

（2）漏磁通感应的电动势

根据前面的分析，同理可得

$$E_{1\sigma} = 4.44 f N_1 \Phi_{1\sigma m} \tag{3-10}$$

$$\dot{E}_{1\sigma} = -\mathrm{j}4.44 f N_1 \dot{\Phi}_{1\sigma m} \tag{3-11}$$

3. 空载时的电动势方程式和变比

（1）电动势平衡方程式

根据图 3-17，由基尔霍夫第二定律，可得一次侧和二次侧电动势的平衡方程

$$\begin{cases} \dot{U}_1 = -\dot{E}_1 - \dot{E}_{1\sigma} + \dot{I}_0 r_1 = -\dot{E}_1 + j\dot{I}_0 X_1 + \dot{I}_0 r_1 = -\dot{E}_1 + \dot{I}_0 Z_1 \\ \dot{U}_{20} = \dot{E}_2 \end{cases} \tag{3-12}$$

式中 r_1——一次绕组的电阻；

X_1——一次绕组的漏电抗；

Z_1——一次绕组的漏阻抗，$Z_1 = r_1 + jX_1$。

变压器空载运行时，由于 $\dot{I}_0$ 和 Z_1 均很小，故漏阻抗压降常忽略不计，上式可变成

$$\begin{cases} \dot{U}_1 = -\dot{E}_1 \\ \dot{U}_{20} = \dot{E}_2 \end{cases} \tag{3-13}$$

（2）变比

变压器变比 k 定义为一、二次绕组电动势之比

$$k = \frac{E_1}{E_2} = \frac{N_1}{N_2} \approx \frac{U_1}{U_2} \tag{3-14}$$

变比 k 是变压器的一个重要参数。对于单相变压器，变比为两侧绕组匝数比或空载时两侧电压之比；对于三相变压器，变比指一、二次侧相电动势之比，也就是一、二次侧额定相电压之比。

4. 空载时的等效电路和相量图

（1）空载时的等效电路

在变压器运行时，有电路问题、磁路问题以及它们之间相互耦合的问题，其关系较复杂。为使分析简化，将变压器中的电和磁之间的关系用一个纯电路来等效表示，称为等效电路，如图 3-18 所示。

根据图示有

$$\dot{U}_1 = \dot{I}_0(r_1 + jX_1 + r_m + jX_m) \tag{3-15}$$

式中 r_m——励磁电阻，是对应于铁心损耗的等效电阻；

X_m——励磁电抗，是对应于主磁通的电抗。

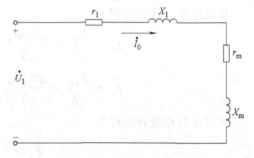

图 3-18 变压器空载的等效电路

（2）空载时相量图

为了直观地表示变压器空载运行时各电磁量的大小和相位关系，在同一张图上将各电磁量用相量的形式表示出来，称之为变压器的相量图，如图 3-19 所示。

$\dot{U}_1$ 与 $\dot{I}_0$ 之间的夹角 φ_0 即为变压器空载运行时的功率因数角，由图可见，$\varphi_0 \approx 90°$，即变压器空载运行时的功率因数很低，一般 $\cos\varphi_0$ 在 $0.1 \sim 0.2$ 之间。

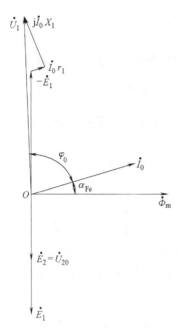

图 3-19　变压器空载相量图

3.3.2　单相变压器的负载运行

1. 负载运行时的物理状况

变压器的一次侧接在额定电压和额定频率的交流电源上、二次侧接上负载 Z_L 的运行状态，称为变压器的负载运行，如图 3-20 所示。

当变压器二次绕组接上负荷后，便有电流 $\dot{I}_2$ 流过，它将建立二次侧磁通势 $\dot{F}_2 = N_2 \dot{I}_2$，它作用于主磁路铁心上。由于电源电压 $\dot{U}_m$ 为一常值，相应地主磁通 $\dot{\Phi}_m$ 应保持不变，产生主磁通的磁通势也应保持不变。因此，当二次磁通势力图改变铁心中产生主磁通的磁通势时，一次绕组中将产生一个附加电流 $\dot{I}_{1L}$，附加电流 $\dot{I}_{1L}$

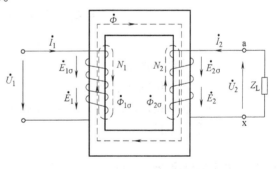

图 3-20　变压器负载运行示意图

产生磁通势为 $N_1 \dot{I}_{1L}$，恰好与二次磁通势 $N_2 \dot{I}_2$ 相抵消。此时一次电流就由 $\dot{I}_0$ 变成了 $\dot{I}_1 = \dot{I}_0 + \dot{I}_{1L}$，而作用在铁心中的总磁通势即为 $N_1 \dot{I}_1 + N_2 \dot{I}_2$，它产生负载时的主磁通。变压器负载运行时，除由合成磁通势 $\dot{F}_1 + \dot{F}_2$ 产生的主磁通在一、二次绕组中感应交变电动势 $\dot{E}_1$ 和 $\dot{E}_2$ 外，$\dot{F}_1$ 和 $\dot{F}_2$ 还分别产生只交链于各自绕组的漏磁通 $\dot{\Phi}_{1\sigma}$ 和 $\Phi_{2\sigma}$，并分别在一、二次绕组中感应漏磁电动势 $\dot{E}_{1\sigma}$ 和 $\dot{E}_{2\sigma}$。

2. 负载运行时的基本方程式

（1）磁通势平衡方程式

负载时产生主磁通的合成磁通势和空载时产生主磁通的励磁磁通势基本相等，即

$$N_1\dot{I}_1 + N_2\dot{I}_2 = N_1\dot{I}_0 \tag{3-16}$$

变压器负载运行时，由于 $\dot{I}_0$ 很小，为了分析问题方便起见，常将 $\dot{I}_0$ 忽略，有

$$\dot{I}_1 \approx -\frac{N_2}{N_1}\dot{I}_2 = -\frac{\dot{I}_2}{k}$$

考虑数值关系时，有

$$\frac{I_1}{I_2} \approx \frac{1}{k} = \frac{N_2}{N_1} \tag{3-17}$$

上式表明，一、二次侧电流的大小近似与绕组匝数成反比。高压绕组匝数多，电流小；低压绕组匝数少，电流大。可见两侧绕组匝数不同，不仅能变电压，同时也能变电流。

（2）电动势平衡方程式

由前述分析可知，负载电流 $\dot{I}_2$ 通过二次绕组时会产生漏磁通 $\dot{\Phi}_{2\sigma}$，相应地产生漏磁电动势 $\dot{E}_{2\sigma}$，类似 $\dot{E}_{1\sigma}$ 的计算，有

$$\dot{E}_{2\sigma} = -jX_2\dot{I}_2 \tag{3-18}$$

根据基尔霍夫第二定律，负载时的一次、二次绕组的电动势平衡式为

$$\dot{U}_1 = -\dot{E}_1 + \dot{I}_1 r_1 + j\dot{I}_1 X_1 = -\dot{E}_1 + \dot{I}_1 Z_1$$

$$\dot{U}_2 = \dot{E}_2 - \dot{I}_2 r_2 - j\dot{I}_2 X_2 = \dot{E}_2 - \dot{I}_2 Z_2 \tag{3-19}$$

$$\dot{U}_2 = \dot{I}_2 Z_L$$

式中　r_2——二次绕组的电阻；

　　　X_2——二次绕组的漏电抗；

　　　Z_2——二次绕组的漏阻抗，$Z_2 = r_2 + jX_2$；

　　　Z_L——负载阻抗。

3.4　变压器参数的测定

从以上分析可知，可以利用基本方程式、等效电路或相量图分析变压器的运行性能，但必须知道变压器的参数，包括变压器绕组的电阻、漏电抗、励磁阻抗等。对成品变压器，一般可通过空载试验和短路试验测量计算得出以上参数。

3.4.1　变压器的空载试验

变压器的空载试验是在变压器空载运行时测量其空载电流 I_0、空载电压 U_0 以及空载损耗 p_0，并计算变比 k、励磁参数 r_m、X_m、Z_m。变压器空载试验电路如图 3-21 所示。

空载试验时，调压器接工频的正弦交流电源，调节其输出电压（变压器低压侧外加电

源电压 U_2），由零逐渐升至低压侧的额定电压 U_{2N}，分别测出它所对应的 U_1、I_0 及 p_0 值。根据测量结果，可以计算励磁参数及变比。

励磁阻抗

$$Z_m \approx Z_0 = \frac{U_{20}}{I_0} \qquad (3\text{-}20)$$

励磁电阻

$$r_m = \frac{p_{Fe}}{I_0^2} \approx \frac{p_0}{I_0^2} \qquad (3\text{-}21)$$

励磁电抗

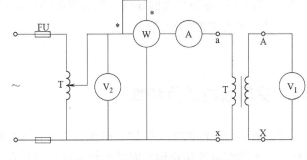

图 3-21 变压器的空载试验接线图

$$X_m = \sqrt{Z_m^2 - r_m^2}$$

变比

$$k \approx \frac{U_1}{U_{20}} \qquad (3\text{-}22)$$

3.4.2 变压器的短路试验

变压器短路试验是在二次绕组短路的条件下进行的，短路试验的接线如图 3-22 所示。

短路试验时，用调压器调节输出电压 U_k 由零值逐渐升高，使短路电流 I_k 由零升至 I_{1N}（变压器高压侧额定电流），分别测出它所对应的 I_k、U_k 和 p_k 的值。试验时，同时记录试验室的室温 $\theta{}^{\circ}C$。由所测数据可求得短路参数

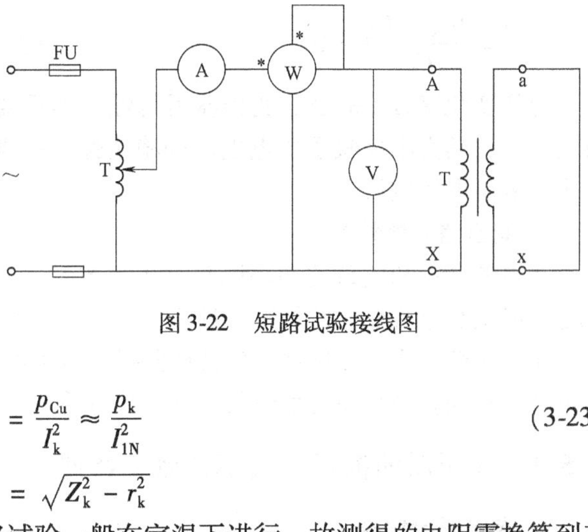

图 3-22　短路试验接线图

$$Z_k = \frac{U_k}{I_k} = \frac{U_k}{I_{1N}}$$

$$r_k = \frac{p_{Cu}}{I_k^2} \approx \frac{p_k}{I_{1N}^2} \qquad (3\text{-}23)$$

$$X_k = \sqrt{Z_k^2 - r_k^2}$$

由于线圈电阻随温度而变化，而短路试验一般在室温下进行，故测得的电阻需换算到基准工作温度时的数值。按国家标准规定，油浸变压器的短路电阻应换算到 75℃时的数值。

对于铜线变压器

$$r_{k75{}^{\circ}C} = \frac{235 + 75}{235 + \theta} r_k \qquad (3\text{-}24)$$

对于铝线变压器

$$r_{k75{}^{\circ}C} = \frac{228 + 75}{228 + \theta} r_k \qquad (3\text{-}25)$$

式中　　θ——试验时的室温，单位为℃；

235、228——分别代表铜导线、铝导线的温度系数。

此时，在75℃时的短路阻抗为

$$Z_{k75℃} = \sqrt{r_{k75℃}^2 + X_k^2}$$

3.5 变压器的运行特性

变压器运行性能的主要指标有电压变化率和效率特性。电压变化率是变压器供电的质量指标，效率特性是变压器运行时的经济指标。变压器的输出电压随负载电流变化的关系即为外特性，效率随负载变化的关系即为效率特性。

3.5.1 变压器的电压变化率与外特性

1. 电压变化率

电压变化率是指变压器一次侧施以额定频率的额定电压，且负载功率因数一定时，从二次空载电压 U_{20} 与带负载后在某一功率因数下二次电压 U_2 之差与二次额定电压 U_{2N} 的比值，用 ΔU 表示，即

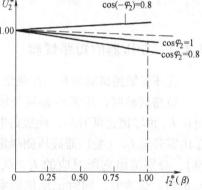

$$\Delta U = \frac{U_{20} - U_2}{U_{2N}} \times 100\% = \frac{U_{2N} - U_2}{U_{2N}} \times 100\%$$

$$= \frac{U_{1N} - U_1'}{U_{1N}} \times 100\% \qquad (3-26)$$

电压变化率 ΔU 是表征变压器运行性能的重要指标之一，它的大小反映了供电电压的稳定性，一定程度上反映了电能质量。

图 3-23　变压器的外特性曲线

2. 变压器的外特性

当电源电压和负载的功率因数等于常数时，二次端电压随负载电流变化的规律，即 $U_2 = f(I_2)$ 曲线称为变压器的外特性（曲线）。图 3-23 表示不同负载性质时变压器的外特性曲线。由图可知，变压器二次电压的大小不仅与负载电流的大小有关，而且还与负载的功率因数有关。

3.5.2 变压器的损耗、效率和效率特性

1. 变压器的损耗

变压器在传递能量过程中会产生损耗，其损耗包括铁损耗和一次绕组、二次绕组的铜损耗两部分。

（1）铁损耗

由于铁心中的磁通是交变的，所以在铁心中要产生磁滞损耗和涡流损耗，统称为铁心损失，即铁损耗 p_{Fe}。它决定于铁心中磁通密度的大小、磁通交变的频率和硅钢片的质量。变压器的铁损耗与一次侧外加电源电压的大小有关，而与负载大小无关。当电源电压一定时，其铁损耗也就基本不变了，故铁损耗又称之为"不变损耗"。

（2）铜损耗

变压器的铜损耗主要是电流在原、副绕组直流电阻上的损耗，另外还有因集肤效应引起导线等效截面变小而增加的损耗以及漏磁场在结构部件中引起的涡流损耗等。

变压器铜损耗的大小与负载电流的平方成正比，即与负载大小有关，所以把铜损耗称为"可变损耗"。

可见，变压器总损耗为

$$\sum p = p_{Fe} + p_{Cu} \tag{3-27}$$

2. 变压器的效率及效率特性

变压器效率是指变压器的输出功率 P_2 与输入功率 P_1 之比，用百分数表示，即

$$\eta = \frac{P_2}{P_1} \times 100\% \tag{3-28}$$

变压器效率的大小反映了变压器运行的经济性能的好坏，是表征变压器运行性能的重要指标之一。

由式（3-28）可知，变压器的效率可用直接负载法通过测量输出功率 P_2 和输入功率 P_1 来确定。但工程上常用间接法来计算变压器的效率，即通过空载试验和短路试验，求出变压器的铁损耗 p_{Fe} 和铜损耗 p_{Cu}，然后按下式计算效率

$$\eta = \left(1 - \frac{\sum p}{P_1}\right) \times 100\% = \left(1 - \frac{p_{Fe} + p_{Cu}}{P_2 + p_{Fe} + p_{Cu}}\right) \times 100\% \tag{3-29}$$

变压器由于无机械损耗，故其效率比电机高，一般中、小型电力变压器效率在 95% 以上，大型电力变压器效率可达 99% 以上。

3.6 三相变压器

现代电力系统均采用三相制供电，因而三相变压器的应用极为广泛。从运行原理来看，三相变压器在对称负载下运行时，各相电压和电流大小相等，相位上彼此相差 120°，因而可取一相进行分析。就其一相来说，和单相变压器没有什么区别。因此单相变压器的基本方程式、等效电路、相量图以及运行特性的分析方法及其结论等完全适用于三相变压器。但三相变压器也有其自身的特点，如三相变压器的磁路系统，三相变压器绕组的极性和连接组，三相变压器的并联运行等。

3.6.1 三相变压器的磁路系统

1. 三相变压器组的磁路

由 3 台单相变压器组成的三相变压器称为三相变压器组，其相应的磁路称为组式磁路。每相的主磁通 Φ 各沿自己的磁路闭合，彼此不相关联。三相组式变压器的磁路系统如图 3-24 所示。

2. 三相心式变压器的磁路

把 3 个铁心柱连在一起的变压器称为三相心式变压器，三相心式变压器每相有一个铁心柱，3 个铁心柱用铁轭连接起来，构成三相铁心，如图 3-25 所示。三相心式变压器可以看成是由三相组式变压器演变而来的，如果把 3 台单相变压器的铁心合并成图 3-25a 的形式，在外施对称三相电压时，三相主磁通是对称的，中间铁心柱的磁通为 $\dot{\Phi}_A + \dot{\Phi}_B + \dot{\Phi}_C = 0$，即中

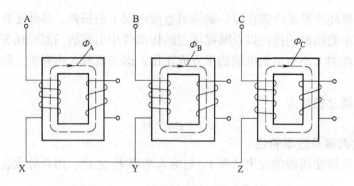

图 3-24　三相组式变压器的磁路系统

间铁心柱无磁通通过，因此可将中间铁心柱省去，如图 3-25b 所示。为制造方便和降低成本，把 B 相铁轭缩短，并把 3 个铁心柱置于同一平面，便得到三相心式变压器的铁心结构，如图 3-25c 所示。

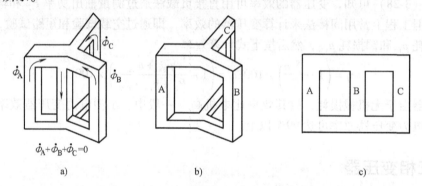

图 3-25　三相心式变压器的铁心演化
a) 有中间铁心柱　　b) 无中间铁心柱　　c) 常用型

3.6.2　三相变压器的电路系统——联结组别

1. 三相绕组的联结法

为了在使用变压器时能正确联结而不至发生错误，变压器绕组的每个出线端都给予一个标志，其绕组首、末端的标志如表 3-5 所示。

表 3-5　绕组的首端和末端的标志

绕组名称	单相变压器		三相变压器		中性点
	首端	末端	首端	末端	
高压绕组	A	X	A、B、C	X、Y、Z	N
低压绕组	a	x	a、b、c	x、y、z	n
中压绕组	Am	Xm	Am、Bm、Cm	Xm、Ym、Zm	Nm

在三相变压器中，绕组主要采用星形和三角形两种联结方法。把三相绕组的 3 个末端 X、Y、Z（或 x、y、z）联结在一起，而把它们的首端 A、B、C（或 a、b、c）引出，便是星形联结，用字母 Y 或 y 表示，若有中点引出，则用 YN 或 yn 表示，如图 3-26a、b 所示。把一相绕组的末端和另一相绕组的首端连在一起，顺次连接成一闭合回路，然后从首端 A、B、C（或 a、b、c）引出，如图 3-26c、d 所示，便是三角形联结，用字母 D 或 d 表示。

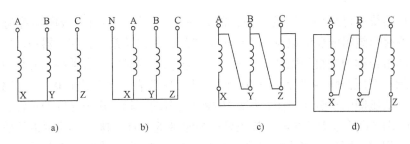

图 3-26　三相绕组的星形、三角形联结方法

a）星形联接　b）星形联接中点引出　c）三角形逆联　d）三角形顺联

2. 单相变压器的联结组别

（1）变压器的同极性端

变压器在任一瞬间，高压绕组和低压绕组必有两个端点的电位相同，即同时为正（高电位）或同时为负（低电位），这两个极性相同的端子称为同极性端，用符号"●"或"＊"表示，如图 3-27 所示，这取决于绕组的绕向。当一次、二次绕组的绕向相同时，同极性端在两个绕组的对应端；当一次、二次绕组的绕向相反时，同极性端在两个绕组的非对应端。

（2）单相变压器的联结组

为了形象地表示高、低压绕组电动势之间的相位关系，采用所谓"钟时序数表示法"，即把高压绕组电动势相量 $\dot{E}_A$ 作为时钟的长针，并固定指在"12"上，低压绕组电动势相量 $\dot{E}_a$ 作为时钟的短针，其所指的数字即为单相变压器联结组的组别号，图 3-28a 可写成 I I 0，

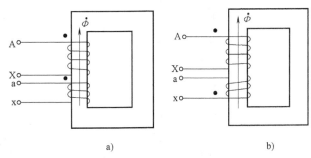

图 3-27　变压器绕组的同极性端

a）绕组绕向相同　b）绕组绕向不同

图 3-28b 可写成 I I 6，其中 I I 表示高、低压绕组均为单相绕组，0 表示两绕组的电动势同相，6 表示反相。我国国家标准规定，单相变压器以 I I 0 作为标准联结组。

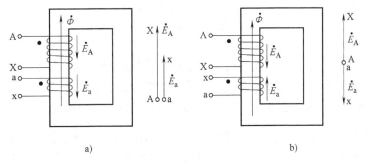

图 3-28　单相变压器的联接组

a）I I 0 联接组　b）I I 6 联接组

3. 三相变压器的联结组别

（1）联结组

由于变压器绕组可采用不同的联结，因此一、二次绕组的对应线电动势间将产生相位移，为了简明表示绕组的联结以及对应线电动势间的相位关系，将变压器一、二次绕组的联结分成不同的组合称为绕组的联结组，而一、二次绕组的对应线电动势间的相位关系用联结组标号来表示。变压器联结组标号采用所谓"钟时序数表示法"进行确定，其具体方法是：分别做出高、低压侧电动势相量图，把高压绕组线电动势相量作为时钟的长针，并固定指在"12"上，其对应的低压绕组线电动势相量作为时钟的短针，这时短针所指的数字即为三相变压器联结组别的组别号，将该数字乘以30°，就是二次绕组线电动势滞后于一次绕组相应线电动势的相位角。

（2）Yy0 联结

在三相变压器联结中，高、低压绕组都按星形联结，且同极性端子都在首端，图 3-29a 标出高、低压侧绕组的线电动势的正方向，图 3-29b 为高压绕组的电动势相量图，相量图中的 A 点被放在钟面的"12"处，这时由于高、低压侧绕组对应的相电动势为同相位，可平行做出低压绕组的电动势相量图，a 点处于"钟面"的"0"位，所以联接组的标号为"0"，即为 Yy0 联结组。图 3-29c 为其简明画法。

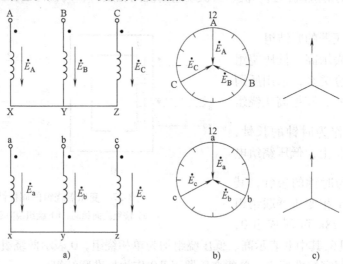

图 3-29　Yy0 联结组

a）联结组　b）相量图　c）简明表示

（3）Yd11 联结组

在三相变压器联结中，高压绕组按星形联结，低压侧绕组按三角形联结，且同极性端子都在首端，图 3-30a 标出高、低压侧绕组的线电动势的正方向。图 3-30b 为高压绕组的电动势相量图，相量图中的 A 点被放在"钟面"的"12"处，这时由于高、低压侧绕组对应的相电动势为同相位，可平行做出低压绕组的电动势相量图，即 $\dot{E}_a$ 平行于 $\dot{E}_A$ 注意低压侧是三角形联结，a 点处于钟面的"11"位，所以联接组的标号为"11"，即为 Yd11 联结组。图 3-30c 为其简明画法。

（4）Dy1 联结

在三相变压器联结中，高压绕组按三角形联结，低压侧绕组按星形联结，且同极性端子都在首端，图 3-31a 标出高、低压侧绕组的线电动势的正方向。图 3-31b 为高压绕组的电动

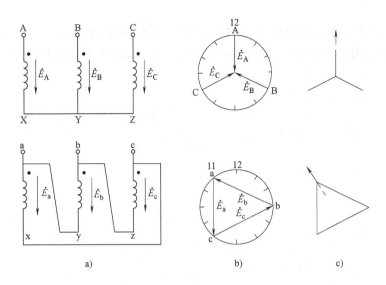

图 3-30　Yd11 联结组

a）联结组　b）相量图　c）简明表示

势相量图（封闭三角形），相量图中的 A 点被放在"钟面"的"12"处，这时由于高、低压侧绕组对应的相电动势为同相位，可平行做出低压绕组的电动势相量图，a 点处于"钟面"的"1"位，所以联接组的标号为"1"，即为 Dy1 联结组。图 3-31c 为其简明画法。

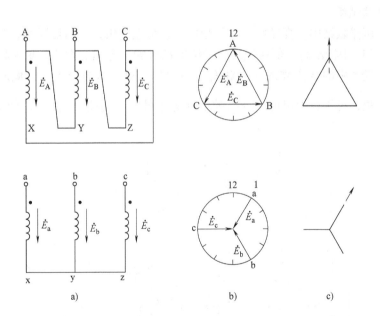

图 3-31　Dy1 联结组

a）联结组　b）相量图　c）简明表示

（5）Dd0 联结

三相变压器联结中，高、低压绕组都按三角形联结，且同极性端子都在首端，图 3-32a 中标出高、低压侧绕组的线电动势的正方向。图 3-32b 为高压绕组的电动势相量图（封闭三角形），相量图中的 A 点被放在钟面的"12"处，这时由于高、低压侧绕组对应的相电动势同相位，可平行作出低压绕组的电动势相量图，即 $\dot{E}_a$ 平行于 $\dot{E}_A$，a 点处于钟面的 "0"
位，所以联接组的标号为 "0"，即为 Dd0 联结组。图 3-32c 为其简明画法。

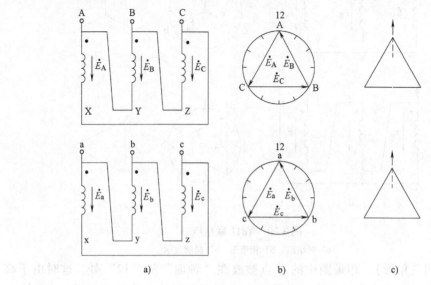

图 3-32　Dd0 联结组

a) 联结组　b) 相量图　c) 简明表示

（6）Yd1 联结组

在三相变压器联结中，高压绕组按星形联结，低压绕组按三角形联结，且同极性端子都
在首端，图 3-33a 中标出高、低压侧绕组的线电动势的正方向。图 3-33b 为高压绕组的电动
势相量图，相量图中的 A 点被放在 "钟面" 的 "12" 处，这时由于高、低压侧绕组对应的
相电动势同相位，可平行做出低压绕组的电动势相量图（封闭三角形），即 $\dot{E}_a$ 平行于 $\dot{E}_A$，

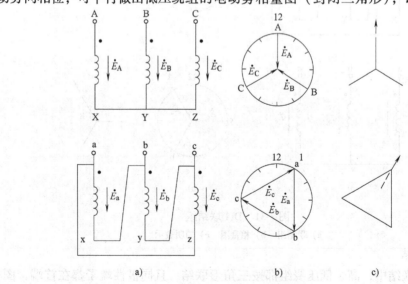

图 3-33　Yd1 联结组

a) 联结组　b) 相量图　c) 简明表示

74

a 点处于钟面的"1"位，所以联接组的标号为"1"，即为 Yd1 联结组。图 3-33c 为其简明画法。

综上所述，高、低压侧绕组联结相同（Yy 和 Dd）时，其联结组标号为 0、2、4、6、8、10 等 6 个偶数；高、低压侧绕组联结不相同（Yd 和 Dy）时，其联结组标号为 1、3、5、7、9、11 等 6 个奇数。

变压器联结组别的种类很多，为便于制造和并联运行，国家标准规定 Yyn0、Yd11、YNd11、YNy0 和 Yy0 等 5 种作为三相双绕组电力变压器的标准联结组。其中以前 3 种最为常用。Yyn0 联结组的二次绕组可引出中性线，成为三相四线制，用做配电变压器时可兼供动力和照明负载。Yd11 联结组用于低压侧电压超过 400V 的线路中。YNd11 联结组主要用于高压输电线路中，可使电力系统的高压侧接地。单相变压器只采用 II 0 联结组。

3.6.3　三相变压器并联运行

变压器并联运行是指几台变压器的一、二次绕组分别连接到一、二次侧的公共母线上，共同向负载供电的运行方式，如图 3-34 所示。在现代电力网中，常采用变压器并联运行方式。

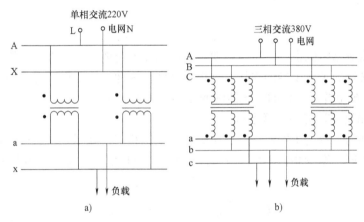

图 3-34　三相变压器的并联运行

a）单相变压器并联　b）三相变压器并联

变压器并联运行有许多优点：① 提高供电的可靠性。并联运行时，若遇某台变压器故障或检修，则另几台可继续供电；② 提高供电的经济性。并联运行时，可根据负载变化的情况，随时调整投入变压器的台数，以提高运行效率；③ 负荷逐渐增加的变电所，可分批增装变压器，以减少初装时的一次投资。

1. 并联运行的理想条件

变压器并联运行的理想情况是：① 空载时并联运行的各变压器绕组之间无环流；② 带负载后，各变压器的负载系数相等，即各变压器所分担的负载电流按各自容量大小成正比例分配；③ 带负载后，各变压器所分担的电流应与总的负载电流同相位。若要达到上述理想情况，则并联运行的变压器需满足如下条件：

1）各变压器一、二次侧的额定电压应分别相等，即变比相同；

2）各变压器的联结组必须相同；

3）各变压器的短路阻抗（或短路电压）的相对值要相等。

4）各变压器的电压相序必须相同。

变压器实际并联运行时，同时满足以上 3 个条件不太现实，因此除第 2 条必须严格保证外，其余两条允许稍有差异。

2. 并联条件不满足时的运行分析

（1）变比不等时的并联运行

设两台变压器 I 和 II 的变比不等，即 $k_I \neq k_{II}$。若它们原边接同一电源，原边电压相等，则副边空载电压必然不等，其电位差：$\Delta \dot{U}_{20} = \left(\dfrac{1}{k_I} - \dfrac{1}{k_{II}}\right)\dot{U}_1$。因此，在空载时就存在一环形电流 I_C，称为空载环流，它只在两个二次绕组中流通，电路如图 3-35 所示。

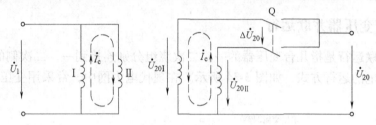

图 3-35　变压器并联运行时的环流

由于变压器短路阻抗很小，所以即使很小的电压差也能产生较大的环流。这既占用了变压器的容量，又增加了变压器的损耗，是很不利的。因此，为了保证空载环流不超过额定电流的 5%，通常规定并联运行的变压器的变比偏差不大于 5%。

（2）联结组别不同时的并联运行

联结组不同的几台变压器，一、二次侧额定电压相同，如果并联运行，则二次侧线电压之间的相位就不同，至少相差 30°，例如，Yy0 与 Yd11 并联，如图 3-36 所示，此时二次侧线电压差为

$$\Delta U = |\dot{U}_{UV1} - \dot{U}_{UV11}| = 0.518 U_{UV1} \tag{3-30}$$

由于变压器的短路阻抗很小，这么大的 ΔU 将产生几倍于额定电流的空载环流，会烧毁绕组。所以绝对不允许联结组别不同的变压器并联运行。

（3）短路阻抗不等时的并联运行

两台变压器变比 $k_I = k_{II}$，联结组别相同，但短路阻抗不等，其并联运行的等效电路如图 3-37 所示。

由图可知

$$\dot{I}_I Z_{kI} = \dot{I}_{II} Z_{kII}$$

$$S_I : S_{II} = I_I : I_{II} = \frac{1}{|Z_{kI}|} : \frac{1}{|Z_{kII}|}$$

由此可见，各台变压器所分担的负载大小与其短路阻抗成反比，使得短路阻抗大的变压器分担的负载小，而短路阻抗小的变压器分担的负载大。当短路阻抗小的变压器满载时，短路阻抗大的变压器欠载，变

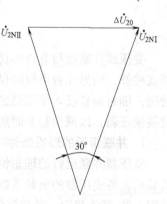

图 3-36　联结组标号不同时的电压差

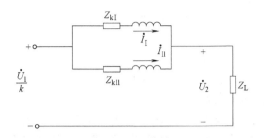

图 3-37　短路阻抗不等时并联运行的等效电路

压器的容量不能得到充分利用；当短路阻抗大的变压器满载时，短路阻抗小的变压器必然过载，长时间过载运行是不被允许的。因此变压器并联运行时，要求短路阻抗值相等，以充分利用变压器的容量。一般说来，要求并联运行变压器的最大容量和最小容量之比不超过3∶1。

3.7　其他用途的变压器

3.7.1　自耦变压器

1. 用途与结构特点

一次和二次共用一个绕组的变压器称为自耦变压器。如果将双绕组变压器的一、二次绕组串联起来作为新的一次侧，而二次绕组仍作为二次侧与负载阻抗 Z_L 相连接，就得到一台降压自耦变压器，如图 3-38 所示。AX 为高压绕组；ax 为低压绕组（又称公共绕组）；Aa 为串联绕组。显然，自耦变压器一、二次绕组之间不但有磁的联系，而且还有电的联系。

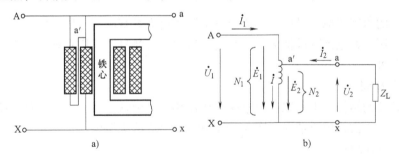

图 3-38　降压自耦变压器的结构图与接线图

a）自耦变压器的结构图　b）自耦变压器的接线图

2. 电压、电流及容量关系

自耦变压器也是利用电磁感应原理工作的。当一次绕组 U_1、U_2 两端加交变电压 $\dot{U}_1$ 时，铁心中产生交变磁通，并分别在一、二次绕组中产生感应电动势，若忽略漏阻抗压降，则有

$$U_1 \approx E_1 = 4.44fN_1\Phi_{\mathrm{m}}$$
$$U_2 \approx E_2 = 4.44fN_2\Phi_{\mathrm{m}}$$

自耦变压器的变比为

$$k = \frac{N_1}{N_2} = \frac{E_1}{E_2} = \frac{U_1}{U_2} \tag{3-31}$$

变压器负载运行时，若忽略励磁电流，则有

$$\dot{I}_1 = -\frac{N_2}{N_1}\dot{I}_2 = -\dot{I}_2/k \qquad (3-32)$$

在数值上有

$$I = I_2 - I_1$$

自耦变压器工作时，其输出容量为

$$S_2 = U_2 I_2 = U_2(I + I_1) = U_2 I + U_2 I_1$$

上式说明，自耦变压器的输出功率由两部分组成，一部分 $U_2 I$ 为电磁功率，是通过电磁感应作用从一次传递到负载中去的，与双绕组变压器的传递方式相同。另一部分 $U_2 I_1$ 为传导功率，它是直接由电源经串联绕组传导到负载中去的，不需要增加绕组容量，也正因为如此，自耦变压器的绕组容量才小于其额定容量。

3. 自耦变压器的主要特点

在同样的额定容量下，自耦变压器的结构尺寸小，节省了有效材料（硅钢片和铜线）和结构材料（钢材），从而降低了成本。而有效材料的减少使得铜损耗和铁损耗也相应减少，提高了使用效率。由于自耦变压器的尺寸小，重量减轻，便于运输和安装，占地面积也小。

自耦变压器的缺点是，短路电流较大。运行时一、二次侧都需装设避雷器，以防高压侧产生过电压时，引起低压绕组绝缘的损坏。为防止高压侧发生单相接地时，引起低压侧非接地相对于地电压升得较高，造成对地的绝缘击穿现象的发生，必须将自耦变压器的中性点可靠接地。

3.7.2 仪用互感器

出于安全的角度考虑，操作者不便于直接测量电力系统的高电压、大电流。通常用仪用互感器将高电压、大电流变成低电压、小电流后再进行测量。仪用互感器分为电流互感器和电压互感器两种。

1. 电流互感器

电流互感器的结构、工作原理与单相变压器相似，由铁心和一、二次绕组组成，它的一次绕组匝数少，二次绕组匝数多。图 3-39 是电流互感器的原理图。

根据变压器原理可得

$$I_2 = \frac{N_1}{N_2}I_1 = \frac{I_1}{K} \qquad (3-33)$$

由上式可知，把电流互感器的二次侧电流值乘上变压器变比就得到一次侧被测的电流数值。实际中的电流互感器的电流表按一次侧的电流值标出，即从电流表上直接读出被测电流值。一般电流互感器的二次侧额定电流设计为 5A。

按照测量误差的大小，电流互感器的准确度分为 0.2、0.5、1.0、3.0、10.0 5 个等级。比如，电流互感器等级为 0.5 级时，表示在额定电流时误差最大不超过 $\pm 0.5\%$。

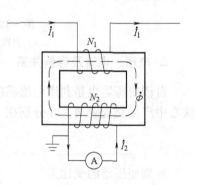

图 3-39　电流互感器的原理图

使用电流互感器时，要注意以下两点：

1）绝对不许二次侧开路。当二次开路时，电流互感器处于空载运行状态，此时一次侧被测线路电流全部为励磁电流，使铁心中磁通密度明显增大。一方面铁损耗会急剧增加，铁心过热甚至烧坏绕组；另一方面将使二次侧感应出很高电压，不但使绝缘击穿，而且危及工作人员和其他设备的安全。因此，电流互感器二次侧才允许加装熔断器。

2）为了使用安全，必须使电流互感器的二次绕组可靠接地，以防止绝缘击穿后，电力系统的高电压传到低压侧，危及操作人员及二次设备的安全。

2. 电压互感器

电压互感器实质上就是一个降压变压器，一次绕组匝数 N_1 多，二次绕组匝数 N_2 少。一次侧直接并联在被测的高压电路上，二次侧接电压表或功率表的电压线圈。图 3-40 是电压互感器的原理图。

根据变压器原理可得

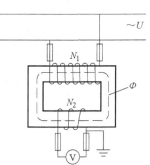

$$\frac{U_1}{U_2} \approx \frac{E_1}{E_2} = \frac{N_1}{N_2} = k \quad 或 \quad U_2 = \frac{U_1}{k} \qquad (3\text{-}34)$$

由此可知，把电压互感器的二次电压数值乘上常数 k 就得到一次被测电压的数值。实际中的电压互感器的电压表按一次侧的电压值标出，即从电压表上直接读出被测电压值。一般电压互感器的二次侧额定电压为 100V。

实际的电压互感器，一、二次漏阻抗上都有压降，因此必然存在误差。根据误差的大小，电压互感器分为 0.5、1.0、3.0 共 3 个等级。

图 3-40　电压互感器的原理图

使用电压互感器时，要注意以下两点：

1）使用时，电压互感器的二次侧不允许短路。电压互感器在正常运行时接近空载，如二次侧短路，则会产生很大的短路电流，绕组将因过热而烧毁。

2）为安全起见，电压互感器的二次绕组连同铁心一起，必须被可靠接地。

3）电压互感器的一次和二次都应加装熔断器。

3.7.3　电焊变压器

在生产实际中，交流电弧焊接受到广泛应用。而交流电弧焊接的电源通常是电焊变压器，实际上它是一种特殊的降压变压器。为了保证电焊的质量和电弧燃烧的稳定性，对电焊变压器有以下几点要求：

1）电焊变压器应具有 60~75V 的空载电压，以保证容易起弧，但考虑操作者的安全，电压一般不允许超过 85V。

2）电焊变压器负载时应有迅速下降的外特性，如图 3-41 所示，以满足电弧特性的要求。

3）为满足焊接不同工件的需要，要求能够调节焊接电流的大小。

4）短路电流不应太大，也不应太小。短路电流太大，会使焊条过热、金属颗粒飞溅，工件易烧穿；短路电流太小，引弧条件差，使电源处于短路时间过长。

为了满足上述要求，电焊变压器必须具备较大的漏抗，而且可以调节。为此，电焊变压器的一、二次绕组一般分装在两个铁心柱上，以使绕组的漏抗比较大。漏抗的调节方法很多，常用的有磁分路法和串联可变电抗法两种。下面以磁分路为例来分析其原理，磁分路法如图3-42所示，在一、二次绕组铁心柱中间，加装一个可移动的铁心，提供了一个磁分路。当磁分路铁心移出时，一、二次绕组的漏抗减小，电焊变压器的工作电流增大。当磁分路铁心移入时，一、二次绕组间通过磁分路的漏磁通增多，总的漏抗增大，焊接时二次侧电压迅速下降，工作电流变小。从而通过调节磁分路的磁阻，即可调节漏抗大小和工作电流的大小，以满足焊件和焊条的不同要求。在二次绕组中还常备有分接头，以便调节空载时的起弧电压大小。

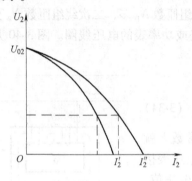

图3-41　电焊变压器的外特性

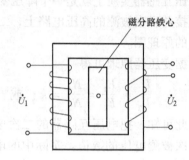

图3-42　磁分路电焊变压器铁心及绕组

3.8　小结

变压器是一种传递交流电能的静止电气设备，它利用一、二次绕组匝数的不同，通过电磁感应作用，改变交流电的电压、电流数值，但频率不变。

在分析变压器内部电磁关系时，通常将磁通分成主磁通和漏磁通两部分，前者以铁心作为闭合磁路，在一、二次绕组中均感应电动势，起着传递能量的媒介作用；而漏磁通主要以非铁磁性材料闭合，只起电抗压降的作用。

分析变压器内部电磁关系有基本方程式、等效电路和相量图3种方法。基本方程式是一种数学表达式，它概述了电动势和磁通势平衡两个基本电磁关系，负载变化对一次侧的影响是通过二次磁通势 F_2 来实现的。等效电路从基本方程式出发用电路形式来模拟实际变压器，而相量图是基本方程式的一种图形表示法，三者是完全一致的。在定量计算中常用等效电路的方法求解，而相量图能直观地反映各物理量的大小和相位关系，故常用于定性分析。

励磁阻抗 Z_m 和漏电抗 X_1、X_2 是变压器的重要参数。每一种电抗都对应磁场中的一种磁通，如励磁电抗对应于主磁通，漏电抗对应于漏磁通，励磁电抗受磁路饱和影响不是常量，而漏电抗基本上不受铁心饱和的影响，因此它们基本上为常数。励磁阻抗和漏阻抗参数可通过空载和短路试验的方法求出。

电压变化率 ΔU 和效率 η 是衡量变压器运行性能的两个主要指标。电压变化率 ΔU 的大小反映了变压器负载运行时二次端电压的稳定性，而效率 η 则表明变压器运行时的经济性。ΔU 和 η 的大小不仅与变压器的本身参数有关，而且还与负载的大小和性质有关。

变压器两侧电压的相位关系通常用时钟法来表示，即联结组别。影响三相变压器联结组别的因素除有绕组绕向和首末端标志外，还有三相绕组的联结方式。

变压器并联运行的条件是：①变比相等；②组别相同；③短路电压（短路阻抗）标称值相等。前两个条件保证了空载运行时变压器绕组之间不产生环流，后一个条件是保证并联运行变压器的容量得以充分利用。必须严格满足组别相同这一条件，否则会烧坏变压器。

自耦变压器的特点是一、二次绕组间不仅有磁的耦合，而且还有电的直接联系。自耦变压器具有省材料、损耗小、体积小等优点。但自耦变压器也有其缺点，如短路电流较大等。

仪用互感器是测量用的变压器，使用时应注意将其二次侧接地，绝不允许电流互感器二次侧开路和电压互感器二次侧短路。

3.9　习题

1. 变压器是怎样实现变压的？为什么能变电压，而不能变频率？
2. 变压器铁心的作用是什么？为什么要用 0.35mm 厚、表面涂有绝缘漆的硅钢片叠成？
3. 变压器一次绕组若接在直流电源上，二次侧会有稳定的直流电压吗，为什么？
4. 变压器有哪些主要部件，其功能是什么？
5. 变压器二次额定电压是怎样定义的？
6. 双绕组变压器一、二次侧的额定容量为什么按相等进行设计？
7. 一台 380/220V 的单相变压器，如不慎将 380V 加在低压绕组上，会产生什么现象？
8. 变压器空载电流的性质和作用如何？其大小与哪些因素有关？
9. 变压器空载运行时，是否要从电网中取得功率？起什么作用？为什么小负荷的用户使用大容量变压器无论对电网还是对用户都不利？
10. 一台 220/110V 的单相变压器，试分析当高压侧加 220V 电压时，空载电流 I_0 呈何波形？加 110V 时又呈何波形？若将 110V 加到低压侧，此时 I_0 又呈何波形？
11. 一台频率为 60Hz 的变压器接在 50Hz 的电源上运行，其他条件都不变，问主磁通、空载电流、铁损耗和漏抗有何变化？为什么？
12. 变压器负载时，一、二次绕组各有哪些电动势或电压降？它们产生的原因是什么？并写出电动势平衡方程式。
13. 为什么变压器的空载损耗可近似看成铁损耗？短路损耗可否近似看成铜损耗？
14. 变压器二次侧接电阻、电感和电容负载时，从一次侧输入的无功功率有何不同？为什么？
15. 变压器短路试验一般在哪一侧进行？将电源加到高压侧或低压侧所测得的短路电压、短路电压百分值、短路功率及计算出的短路阻抗是否相等？
16. 变压器外加电压一定，当负载（阻感性）电流增大，一次电流如何变化？二次电压如何变化？当二次电压偏低时，对于降压变压器该如何调节分接头？
17. 变压器负载运行时引起二次电压变化的原因是什么？二次电压变化率是如何定义的，它与哪些因素有关？当二次带什么性质负载时有可能使电压变化率为零？
18. 试说明三相组式变压器不能采用 Yyn（Y/Y0）接线，而三相小容量心式变压器却可采用的原因。
19. 三相变压器的一、二次绕组按图 3-43 联结，试画出它们的线电动势相量图，并判断其联结组别。

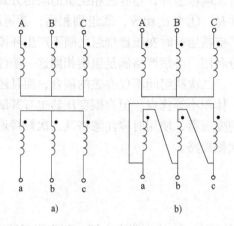

图 3-43 习题 19

20. 变压器并联运行的理想条件是什么？试分析当某一条件不满足时并联运行所产生的后果。

21. 自耦变压器的功率是如何传递的？为什么它的设计容量比额定容量小？

22. 使用电流互感器时要注意哪些事项？

23. 使用电压互感器时要注意哪些事项？

24. 有一台单相变压器，$S_N = 50\text{kVA}$，$U_{1N}/U_{2N} = 10\ 500/230\text{V}$，试求一、二次绕组的额定电流。

25. 有一台 $S_N = 5\ 000\text{kVA}$，$U_{1N}/U_{2N} = 10/6.3\text{kV}$，Yd 联结的三相变压器，试求：①变压器的额定电压和额定电流；②变压器一、二次绕组的额定电压和额定电流。

26. 有一台单相变压器，额定容量为 5kVA，高、低压绕组均由两个线圈组成，高压边每个线圈的额定电压为 1 100V，低压边每个线圈的额定电压为 110V，现将它们进行不同方式的联结。试问：可得几种不同的变比？每种联结时，高、低压边的额定电流为多少？

27. 某三相变压器容量为 500kVA，Yyn 联结，电压为 6 300/400V，现将电源电压由 6300V 改为 10 000V，如保持低压绕组匝数每相 40 匝不变，试求原来高压绕组匝数及新的高压绕组匝数。

模块 3　交流电机及其拖动

第 4 章　三相异步电动机的结构及其特性

本章要点

- 三相异步电动机的基本结构和工作原理
- 三相异步电动机的绕组
- 三相异步电动机的运行性能
- 三相异步电动机的工作特性

交流电机的定、转子磁场与直流电机的静止磁场不同，是旋转磁场。根据电机运行时转子转速与旋转磁场转速之间的关系，交流电机的分类如下：

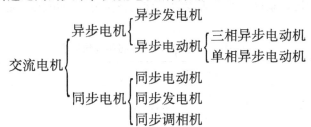

异步电机是指电机运行时的转子转速与旋转磁场的转速不相等或与电源频率之间没有严格不变的关系，且随着负载的变化而有所改变。因为异步发电机的使用范围较窄，所以异步电机一般都作为电动机使用。异步电动机又分为三相异步电动机和单相异步电动机。

三相异步电动机主要用在各种生产机械的电力拖动装置中，其结构简单、制造使用和维护方便、运行可靠、成本低、效率高，能满足各行业大多数生产机械的传动要求，因此在工农业、交通运输、国防工业等行业得以广泛应用。而且随着科技的发展，将 PLC（可编程逻辑控制器）引入到三相异步电动机的控制当中，使得三相异步电动机的应用更加广泛。此外，随着电力电子技术、微处理器以及坐标变换的矢量控制理论在异步电动机中的应用和发展，使得异步电动机的调速性能越来越接近（甚至超过）直流电动机，越来越多的由直流电动机组成的直流调速系统被由异步电动机等组成的交流系统所取代。因此，异步电动机是电力拖动系统中的一种相当重要的机电能量转换装置和执行机构。

单相异步电动机常用于家用电器和医疗器械中。

同步电机是指电机运行时的转子转速与旋转磁场的转速相等或与电源频率之间有严格不变的关系，不随负载大小而变化。同步电机分为同步电动机、同步发电机、同步调相机，但通常作为发电机运行。

4.1 三相异步电动机概述

1. 各种三相异步电动机的外形观察与铭牌解读

（1）观察三相异步电动机的外观

图 4-1 所示为笼型三相异步电动机，图 4-2 所示为绕线型三相异步电动机。

图 4-1 笼型三相异步电动机

图 4-2 绕线转子三相异步电动机

（2）解读三相异步电动机的铭牌

阅读三相异步电动机铭牌中的各项参数，了解其铭牌的内容及含义，将铭牌数据记录在表 4-1 中（可根据电机的实际铭牌内容另加记录项）。电机的铭牌所标写的各项参数，是电机运行时必须满足的运行条件。在铭牌参数允许的范围外运行电机将使电机不能正常工作或烧毁电机。

表 4-1 三相异步电动机的铭牌数据表

型号		额定功率		额定电压	
额定电流		频率		额定转速	
接法		工作方式		绝缘等级	
产品编号		重量		防护形式	

2. 三相异步电动机的运行观察

（1）运行前的准备

对新安装或久未运行的电动机，在通电之前必须先做下列检查，以验证电动机能否通电运行。

1）外观检查。要求电动机装配灵活、螺栓拧紧、轴承运行无阻、联轴器中心无偏移等。

2）绝缘电阻检查。用兆欧表测量三相异步电动机定子三相绕组间的绝缘电阻及三相异步电动机绕组与电机外壳之间的绝缘电阻。用兆欧表一头分别依次夹住接线柱下排的 3 根线头，兆欧表的另一头夹住电机铁外壳，快速摇动兆欧表，观察兆欧表读数，并判断能否达到绝缘级别。接线柱连片被取下后，用兆欧表依次测量接线柱下排的 3 根线，观察兆欧表读数，并判断三相异步电动机是否相间击穿（一般来讲兆欧表读数在 200MΩ 以上就表示该电动机绝缘性能较好）。

在电动机未接电源的情况下，测量绝缘电阻值，记录在表 4-2 中。

表 4-2　绝缘电阻值记录表

摇测对象	绝缘电阻值/Ω	摇测对象	绝缘电阻值/Ω
A 相与 B 相之间		A 相与外壳之间	
A 相与 C 相之间		B 相与外壳之间	
B 相与 C 相之间		C 相与外壳之间	

3）电源检查。一般电源电压波动超出额定值 +10% 或 −5% 时，应改善电源调节后再投入运行。

4）起动、保护措施检查。要求起动设备接线正确（直接起动的中小型异步电动机除外）；电动机所配熔丝的型号合适；电动机外壳接地良好。

在以上各项检查无误后，方可合闸起动。

（2）三相异步电动机的运行

三相异步电动机的联结方式分为星形联结和三角形联结，其联结示意图如图 4-3 所示。

将三相异步电动机接成星形或三角形方式，运行并观察其外壳有无裂痕，螺钉是否有脱落或松动，电动机有无振动等。监视时，要特别注意电动机有无冒烟和异味出现，若嗅到焦糊味或看到冒烟，则必须立即停机检查处理。

对轴承部位，要注意其温度和响声，若温度升高、响声异常，可能是轴承缺油或磨损；若对联轴器传动的电动机的中心校正不好，它就会在运行中发出响声，并伴随着发生电动机振动和联轴节螺栓胶垫的迅速磨损，这时应重新校正中心线。应注意电动机的传动带不应过松以防止打滑，但也不能过紧以防止电动机轴承过热。

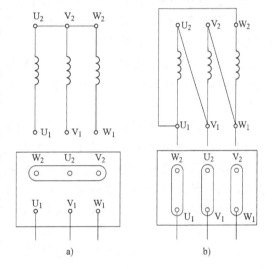

图 4-3　三相异步电动机联接示意图
a）星形联接　b）三角形联接

（3）测量三相异步电动机相间电压及电流

用万用表交流电压 500V 或 1 000V 档测量异步电动机的相间电压，其值应在额定电压的 +10% ~ −5% 范围内。

测量三相异步电动机电流时，依次将三相导线穿过钳形电流表钳口的中心位置并保持与钳口平面相垂直，对比 3 个电流读数，其读数应基本平衡，即任意一相电流值与三相电流平均值的偏差不超过 10%。若某相电流值偏差超过 10%，则该相可能存在短路。

测量相间电压、相电流值，填入表 4-3 中。

表 4-3　相间电压、相电流记录表

测量对象	电压值/V	测量对象	电流值/A
A 相与 B 相之间		A 相电流	
A 相与 C 相之间		B 相电流	
B 相与 C 相之间		C 相电流	

3. 三相异步电动机的拆装

拆装三相异步电动机的基本操作步骤：切断电源→拆卸带轮或联轴器→拆卸风扇→拆卸轴伸出端端盖→拆卸前端盖→抽出转子→拆卸轴承→重新装配→检查绝缘电阻→检查接线→通电试车。

主要零部件的拆卸安装方法如下所述。

（1）拆卸步骤

1）拆卸准备。切断电源，拆开电动机与电源联结线，并做好与电源线相对应的标记；备齐拆卸工具；熟悉被拆三相异步电动机的结构与拆卸要领。

2）拆卸联轴器或带轮。首先要在联轴器或带轮的轴伸端做好尺寸标记，再将联轴器或带轮上的定位螺钉或销子取出，装上拉具，对准电动机轴端的中心，转动丝杠，把联轴器或皮带轮慢慢拉出，如图4-4所示。在拆卸过程中，不能用手锤或坚硬的东西直接敲击联轴器或皮带轮，防止碎裂和变形，必要时应垫上木板或用紫铜棒。

3）拆除风罩和风扇。拆卸风罩螺钉后，即可取下风罩，然后松开风扇的锁螺钉或定位销子，用木槌或紫铜棒在风扇四周均匀的轻轻敲击，风扇即可松脱下来。风扇一般用铝或塑料制成，比较脆弱，因此在拆卸时切忌用手锤直接敲打。

4）拆卸轴承盖和端盖。把轴承外盖的螺栓卸下，拆开轴承外盖。为了便于装配时复位，应在端盖与机座接缝处做好标记，松开端盖紧固螺栓，然后用铜棒或用手锤垫上木

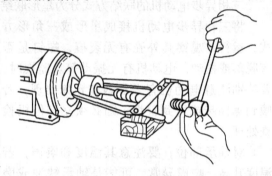

图4-4　用拉具拆卸皮带轮

板均匀敲打端盖四周，使端盖松动取下，再松开另一端的端盖螺栓，用木槌或紫铜棒轻轻敲打轴伸端，即可把转子和后端盖一起取下，往外抽转子时要注意不能碰定子绕组。

5）抽出转子。木棒沿前端盖四周移动，同时用榔头击打木棒，卸下前端盖。抽出转子时，应小心谨慎、动作缓慢，不可歪斜，以免碰擦定子绕组。

6）拆卸轴承。拆卸轴承，目前常采用拉具拆卸、铜棒拆卸、放在圆筒上拆卸、加热拆卸、轴承盖内拆卸几种方法，下面简单介绍以下3种方法。

①　拉具拆卸法。这是最方便的，而且不易损坏轴承和转轴，拆卸时应根据轴承的大小选择适宜的拉具，按图4-5的方法夹住轴承，拉具的脚爪应扣在轴承内圈上，拉具丝杠的顶尖要对准转子轴的中心孔，慢慢扳转丝杠，用力要均匀，应保持丝杠与转子在同一轴线上。

②　细铜棒敲打拆卸法。用直径18mm左右的黄铜棒，一端顶住轴承内圈，用手锤敲打另一端，敲打时要在轴承内圈四周对称轮流均匀地敲打，用力不要过猛，可慢慢向外拆下轴承，应注意不要碰伤转轴。

③　端盖内轴承的拆卸。拆卸电动机端盖内的轴承时，可让端盖缺口面向上，平放在两块铁板或一个孔径稍大于轴承外圈的铁板上，上面用一段直径略小于轴承外圈的金属棒对准轴承，用手锤轻轻敲打金属棒，将轴承敲出，如图4-6所示。

7）拆卸三相异步电动机后，将其各部件的名称记录在表4-4中。

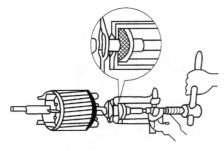

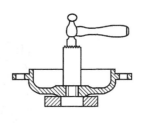

图 4-5　拉具拆卸轴承　　　　　　　　　　图 4-6　拆卸端盖内的轴承

（2）三相异步电动机的装配

1）装配步骤：清洗轴承和其他零件→装轴承→装后端盖→安装转子，不得碰擦定子线阻→安装前端盖→安装风罩、电源线→电动机检测（传动装置，绝缘电阻，各项线绕通断接触情况）。

2）装配注意事项：

① 安装前必须清洁定、转子铁心及绕组，检查气隙，风道及其他空隙有无杂物。

② 认真清洗轴承，检查是否松动，注意应将滚珠轴承润滑油加至与滚珠相平为限，润滑油过多，在运转过程中反而造成温升过高。

③ 任何紧固螺钉的拆装都必须均匀交替进行，必须全部装完所有螺钉。

④ 任何敲打，榔头都不得直接打在机件上，中间必须垫上铜板或厚木板。

⑤ 必须严格保持工作地点、零部件、工具和手的清洁，不得将污物、泥沙带进电动机内。

通过本节的实训和拆卸三相异步电动机，初步了解了三相异步电动机的结构及如何测量电动机的一些基本参数。但是三相异步电动机的结构作用是什么？工作原理又是怎样的？此外，三相异步电动机起动方式有哪些？其运行特性如何？下面，将从理论的角度对三相异步电动机的各个方面进行分析。

4.2　三相异步电动机的结构和工作原理

4.2.1　三相异步电动机的结构

在上节的实训中，通过三相异步电动机的拆卸，观察了解到三相异步电动机的内部结构由两个主要部分组成：一是静止部分，称为定子；二是转动部分，称为转子（或电枢）。静止部分和转动部分之间留有一定的间隙，称为气隙。图 4-7 是鼠笼型三相异步电动机的剖面图及零部件拆分图。

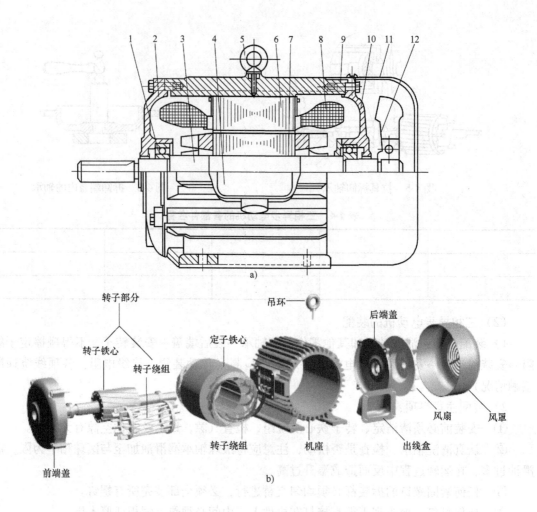

图 4-7　笼型三相异步电动机结构图

a）剖面图　b）零部件拆分图

1—轴承　2—前端盖　3—转轴　4—接线盒　5—吊攀　6—定子铁心
7—转子　8—定子绕组　9—机座　10—后端盖　11—风罩　12—风扇

1. 定子

三相异步电动机的定子主要由定子铁心、定子绕组和机座组成。

（1）定子铁心——导磁部分

定子铁心是异步电动机磁路的一部分，起固定定子绕组的作用。为了增强导磁能力和减小铁耗，定子铁心常选用 0.5mm 或 0.35mm 厚的硅钢片冲制叠压而成，片间涂上绝缘漆。定子铁心内圆均匀冲出许多形状相同的槽，用以嵌放定子绕组，如图 4-8 所示。槽的形状有半闭口槽、半开口槽和开口槽，它们分别对应放置小型、中型、大中型三相异步电动机的定子绕组。

（2）定子绕组——导电部分

定子绕组是异步电动机的电路部分，通过三相电流建立旋转磁场，并感应电动势以实现机电能量转换。小型异步电动机定子绕组通常用高强度漆包线绕制成线圈后嵌放在定子铁心槽内；大中型异步电动机则用经过绝缘处理后的铜条嵌放在定子铁心槽内。

三相异步电动机的定子绕组是一个三相对称绕组，由 3 个完全相同的绕组组成，每个绕组即一相，三相绕组在空间相差 120° 电角度。高压大容量的定子绕组常采用丫形联接，中、小容量低压异步电动机则通常把定子三相绕组的 6 根出线头都引出来，根据需要可联接成丫形或△形，如图 4-9 所示。

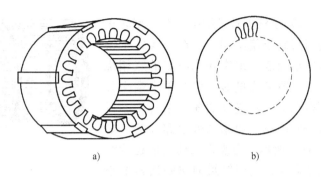

图 4-8　三相异步电动机定子铁心及冲片
a）定子铁心　b）定子冲片

（3）机座

机座是异步电动机机械结构的组成部分，其主要作用是固定和支撑定子铁心，同时也是异步电动机磁路的一部分。中小型异步电动机采用铸铁机座，大型异步电动机一般采用钢板焊接机座。

2. 转子

三相异步电动机的转子主要由转子铁心、转子绕组和转子轴 3 部分组成。它的主要作用是带动其他机械设备旋转。

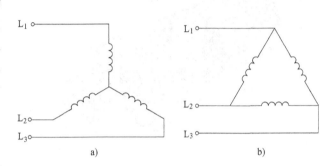

图 4-9　三相异步电动机定子绕组的联接
a）丫形联接　b）△形联接

（1）转子铁心——导磁部分

转子铁心也是异步电动机磁路的组成部分，一般固定在转轴上，其外圆上均匀地冲有许多槽，用来嵌放转子绕组，如图 4-10 所示。铁心材料用 0.5mm 或 0.35mm 厚的硅钢片冲制叠压而成，通常用冲制定子铁心冲片剩余下来的内圆部分制作。

（2）转子绕组——导电部分

转子绕组是转子的电路部分，它的作用是切割旋转磁场产生感应电动势和感应电流，感应电流产生的磁场在定子旋转的磁场作用下产生电磁转矩。根据转子绕组的结构形式，可分为笼型转子绕组和绕线型转子绕组。

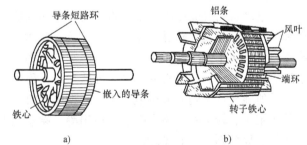

图 4-10　三相异步电动机的转子铁心
a）铜条转子　b）铸铝转子

1）笼型转子绕组。笼型转子绕组由嵌放在转子铁心每一槽中的铜条和两端的铜环（称为端环）焊接而成，称为铜条转子绕组；也可用铸铝的方式，把转子导条、端环及风扇叶片用铝液一次浇铸而成，称为铸铝转子绕组，如图 4-11 所示。铸铝转子绕组的工艺非常简单，生产效率高，一般这种绕组用于中、小型异步电动机，但由于铸铝质量不容易保证，因此，对于容量大于 100kW 的异步电动机，一般采用铜条转子绕组。

2）绕线型转子绕组。绕线型转子绕组与定子绕组相似，在绕线转子铁心的槽内嵌有绝缘导线组成的三相绕组，一般接成星形。它的 3 个端头分别接在与转轴绝缘的 3 个滑环上，再经一套电刷引出来与外电路相连，如图 4-12 所示。为改善电动机的运行性能或调速，转子绕组回路中通常要串入外接电阻。

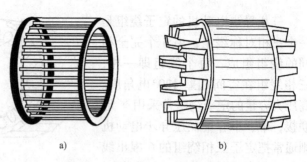

图 4-11　笼型转子绕组结构示意图
a）铜条转子绕组　b）铸铝转子绕组

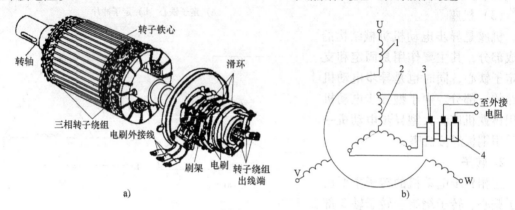

图 4-12　绕线型转子的结构和回路接线示意图
a）绕线转子结构　b）绕线转子回路接线示意图
1—定子绕组　2—转子绕组　3—电刷　4—滑环

（3）转子轴

转子轴一般用中碳钢制成，它用来固定和支撑转子铁心，并起着传递机械功率的作用。

3. 气隙及其他部分

异步电动机的气隙比同容量的直流电动机的气隙小得多，它的大小对异步电动机的运行性能和参数影响较大。励磁电流由电网供给，气隙越大，磁阻就越大，励磁电流也就越大，而励磁电流又属于无功性质，它会影响电网的功率因数；气隙过小，将引起装配困难，同时转子还有可能与定子发生机械摩擦，导致运行不稳定。因此，异步电动机的气隙大小往往为机械条件所能允许达到的最小值，中、小型电动机一般为 0.1~1mm。

除了定子、转子外，还有端盖和风扇等。端盖除了起保护作用外，还装有转轴，用以支撑转子轴。风扇则用来通风冷却。

4.2.2　三相异步电动机的铭牌数据

每一台三相异步电动机，在其机座上都有一块铭牌，铭牌上标注有型号、额定值、接线和绝缘等级等，如图 4-13 所示。

1. 型号

与其他电动机一样，一般采用汉语拼音的大写字母和阿拉伯数字表示异步电动机的型号、电动机的种类、规格和用途等。图 4-14 是铭牌上电动机型号的含义。

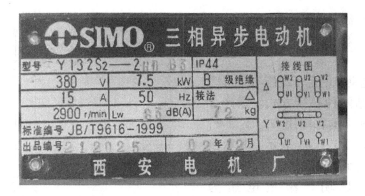

图 4-13　三相异步电动机的铭牌实物图片

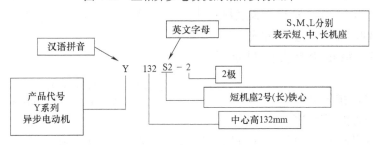

图 4-14　电动机型号含义示意图

下面举例说明其型号的含义。

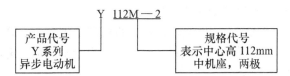

异步电动机按容量大小分类与中心高有关。中心高越大，电动机容量越大。中心高80～315mm 为小型，315～630mm 为中型，630mm 以上为大型；同样的中心高值相比较，机座长，则容量大。

2. 额定值

额定值规定了异步电动机正常运行的状态和条件，它是选用、安装和维修电动机时的依据。异步电动机铭牌上标注的主要额定值有：

1）额定功率 P_N：电动机额定运行时，轴上输出的机械功率，单位为 W 或 kW。

2）额定电压 U_N：电动机额定运行状态时，定子绕组应加的线电压，单位为 V。

3）额定电流 I_N：电动机在额定电压下运行，轴上输出额定功率，流入定子绕组的线电流，单位为 A。

4）额定频率 f_N：电动机所接的交流电源的频率。我国电力网的频率（工频）规定为50Hz。

5）额定转速 n_N：电动机在额定电压、额定频率和额定功率时的转子转速，单位为 r/min。

对三相异步电动机，额定功率与其他额定数据之间有如下关系：

$$P_N = \sqrt{3} U_N I_N \cos\varphi_N \eta_N \tag{4-1}$$

式中　$\cos\varphi_N$——额定功率因数；

　　　η_N——效率。

3. 接线

三相异步电动机的定子绕组有星形联结和三角形联结两种联结方式。国产 Y 系列电动机接线端的首端用 U_1、V_1、W_1 表示，末端用 U_2、V_2、W_2 表示，其联接方式如图 4-15 所示。

若铭牌上标明"额定电压为 220/380V、联接方式为 $\triangle/\curlyvee$"，表示当电源电压为 220V 时，用三角形方式联接；当电源电压为 380V 时，用星形方式联接。这两种情况下，每相绕组实际只承受 220V 电压。

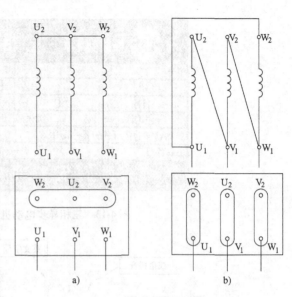

图 4-15　三相异步电动机的接线示意图

a）星形联接　b）三角形联接

4. 电动机的防护等级

电动机外壳防护等级用字母"IP"和其后面的两位数字表示。"IP"为国际防护的英文缩写，IP 后面的第一位数字表示第一种防护形式（防尘）等级，共分为 0~6 七个等级；第二个数字表示第二种防护形式（防水）等级，分 0~8 共 9 个等级。数字越大，表示防护的能力越强。例如，IP44 表明电动机能防护大于 1mm 的固体物入内，同时能防溅水入内。

【例 4-1】　一台 Y160M2-2 三相异步电动机的额定数据如下：$P_N = 25kW$，$U_N = 380V$，$\cos\varphi_N = 0.88$，$\eta_N = 90\%$，定子绕组 $\triangle$ 联接。试求：该电动机的额定电流和对应的相电流。

解：该机的额定电流为

$$I_N = \frac{P_N}{\sqrt{3}\,U_N\cos\varphi_N\eta_N} = \frac{25000}{\sqrt{3}\times380\times0.88\times0.9}A = 47.96A$$

相电流为

$$I_{N\phi} = \frac{I_N}{\sqrt{3}} = \frac{47.96}{\sqrt{3}}A \approx 28A$$

从此题看，在数值上有 $I_N \approx 2P_N$，这也是额定电压为 380V 电动机的一般规律。今后在实际应用中，可对额定电流进行粗略估算，即每千瓦按 2A 电流估算。

4.2.3　三相异步电动机的工作原理

1. 转动原理

三相异步电动机定子接三相电源后，有三相对称电流通过的三相定子绕组就在电动机的气隙中产生旋转磁场，其工作原理如图 4-16 所示。转子是静止的，转子与旋转磁场之间有相对运动，由此产生感应电动势 e 和感应电流 i，该电流再与旋转磁场相互作用而产生电磁转矩 T。电磁转矩的方向与旋转磁场同方向，转子便在该方向上旋转起来，将输入的电能变成旋转的机械能。如果电动机轴上带有机械负载（如水泵、切削机床等），则机械负载随着电动机的旋转而旋转，电动机对机械负载做功。

由以上分析可知，三相异步电动机转动的基本原理是：定子三相对称绕组中通入三相对称电流产生圆形旋转磁场；转子导体切割旋转磁场产生感应电动势和电流；转子导体在磁场中受到电磁力的作用，从而形成电磁转矩，驱使电动机转子转动。

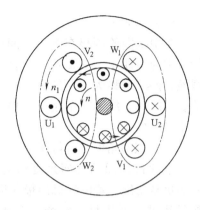

图 4-16　三相异步电动机旋转的
工作原理图

三相异步电动机转子的转速为 n，只要转速小于旋转磁场同步转速 n_1，即 $n < n_1$，转子与磁场仍有相对运动，电磁转矩 T 使转子继续旋转，稳定运行在 $T = T_L$ 情况下。若 $n = n_1$ 时，转子绕组与旋转磁场之间无相对运动，则不会感应出电动势及感应电流，也不会产生电磁转矩使转子继续转动，因此电动机转速 n 总是略低于旋转磁场 n_1，故称为异步电动机。由此可知，异步电动机运行的必要条件是保持 $(n_1 - n) > 0$。

2. 转差率

同步转速 n_1 与转子转速 n 之差 $(n_1 - n)$ 称为转差，转差与同步转速 n_1 的比值称为转差率，用 s 表示，即

$$s = \frac{n_1 - n}{n_1} \tag{4-2}$$

转差率 s 是异步电动机的一个基本物理量，它反映电动机的各种运行情况。转子未转动时，$n = 0$，$s = 1$；理想空载时，$n \approx n_1$，$s \approx 0$。即转子转速在 $0 \sim n_1$ 范围内变化时，转差率则在 $1 \sim 0$ 范围内变化。

由式（4-2）可知，负载越大，转子转速越低，转差率越大；反之，转差率越小。同时，转差率的大小也能够反映电动机的转速大小或负载大小，即异步电动机的转速为

$$n = (1 - s)n_1 \tag{4-3}$$

额定运行时，转差率一般在 $0.01 \sim 0.06$ 之间，即电动机转速 n 接近于同步转速 n_1。

4.3　三相异步电动机的交流绕组

4.3.1　三相异步电动机的电枢绕组

由前可知，三相异步电动机主要由定子和转子两大部分组成，其中定子绕组又称为交流电动机的电枢绕组，其作用是产生旋转磁场。

1. 电枢绕组的基本概念

电枢绕组展开示意图如图 4-17 所示。

（1）极距 τ

两个相邻磁极轴线之间沿定子铁心内表面的距离称为极距 τ，一般用每个极面下所占的槽数来表示。若定子的槽数为 Z，极对数为 p，则

$$\tau = \frac{Z}{2p} \tag{4-4}$$

（2）节距 y

槽中线圈的两根有效边之间所跨的槽数称为节距 y。如果 $y=\tau$，称为整距线圈；$y<\tau$，称为短距线圈；$y>\tau$，称为长距线圈。线圈的节距 y 一般等于或小于极距 τ。

（3）机械角度与电角度

电动机圆周的几何角度恒为 $360°$，称为机械角度。若电动机的极对数为 p，则每经过一对磁极，磁场就变化一周，相当于 $360°$ 电角度。因此，电动机圆周按电角度计算为 $p \times 360°$，即

$$电角度 = p \times 机械角度$$

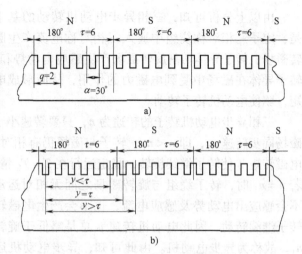

（4）槽距角 α

相邻两个槽之间的电角度称为槽距角 α。因为定子槽在定子内圆上是均匀分布的，所以若定子槽数为 Z，电动机极对数为 p，则

$$\alpha = \frac{p \times 360°}{Z} \tag{4-5}$$

图 4-17　三相异步电动机电枢绕组展开示意图

a）极距，每极每相槽数，槽距角

b）整距、短距、长距线圈

（5）每极每相槽数 q

每一个极下每相所占的槽数称为每极每相槽数 q，若绕组相数为 m，则

$$q = \frac{Z}{2pm} \tag{4-6}$$

（6）相带

为了确保三相绕组的对称性，每相绕组在每个磁极下应占有相等的区域，这个区域常用电角度表示，称为相带。由于每极所对应的电角度是 $180°$，对三相异步电动机而言，每个相带将占有 $60°$ 电角度，称为 $60°$ 相带，如图 4-18 所示。

2. 电枢绕组的分类

三相交流绕组按照槽内元件边的层数分为单层绕组和双层绕组。按单层绕组按联接方式不同可分为等元件、链式、交叉式和同心式绕组等；双层绕组可分为双层叠绕组和双层波绕组。

（1）单层绕组

单层绕组在每一个槽内只安放一个线圈边，因此三相绕组的总线圈数等于槽数的一半。单层绕组分为链式绕组、交叉式绕组和同心式绕组。

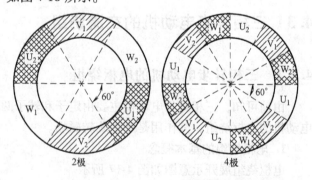

图 4-18　$60°$ 相带的三相绕组示意图

1）单层链式绕组。单层链式绕组由形状、几何尺寸和节距都相同的线圈连接而成，就整体外形来看，形如长链，故称为链式绕组，图 4-19 所示为三相单层链式绕组的展开图。

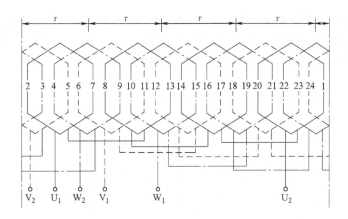

图 4-19　三相单层链式绕组的展开图

2）单层交叉式绕组。交叉式绕组是由线圈个数和节距都不相等的两种线圈组构成的，同一线圈组中各线圈的形状、几何尺寸和节距均相等，各线圈组的端部都相互交叉，图 4-20 所示为三相单层交叉式绕组的展开图。

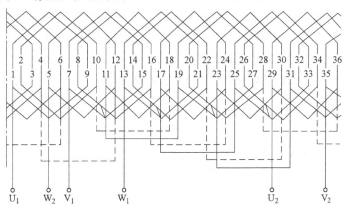

图 4-20　三相单层交叉式绕组的展开图

3）单层同心式绕组。同心式绕组由几个几何尺寸和节距不等的线圈连成同心形状的线圈组所构成，图 4-21 所示为三相单层同心式绕组的展开图。

综上分析，单层绕组的线圈节距在不同形式的绕组中是不同的，但从电动势计算角度来看，每相绕组中的线圈电动势均属于两个相差 180° 电角度的相带内线圈边电动势的相量和，因此它仍是整距绕组。

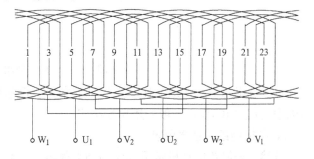

图 4-21　三相单层同心式绕组的展开图

（2）双层绕组

双层绕组每个槽内导体分作上、下两层，线圈的一个边在一个槽的上层，另一个边在另一个槽的下层，因此总的线圈数等于槽数。采用双层绕组的目的，是为了选择合适的短距，从而改善电磁的性能。双层绕组按线圈形状和端部联结的方式不同分为双层叠绕组和双层波绕组，双层绕组相带的划分与单层绕组相同。

1）双层叠绕组。双层叠绕组在每极每相槽数为整数时，最大的并联支路数等于线圈组数；在每极每相槽数为分数时，最大的并联支路数为 $2p/d$（$2p$ 为线圈组数，d 为真分数中的分母）。图 4-22 所示是一个三相双层短距叠绕组的展开图。

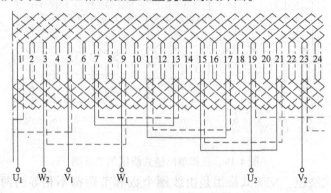

图 4-22　三相双层短距叠绕组的展开图

2）双层波绕组。三相双层波绕组的每相由两个回路组成，其中一个回路由 N 极下的极相组串联而成，另一回路由 S 极下的极相组串联而成，如图 4-23 所示。两个回路通过过渡铜条按反串法相连，从同一端看，两个回路波形的绕向相反。由于极数不同，三相绕组首末端的位置也不同。当极数不是 3 的倍数时，三相首端（或尾端）可在圆周上相隔 120° 机械角对称分布；当极数为 3 或 3 的倍数（即 6 极或 12 极）时，三相首端或末端无法对称分布。

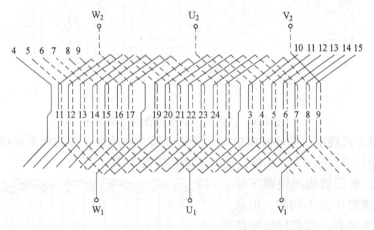

图 4-23　三相双层波绕组的展开图

单层绕组与双层绕组相比，电气性能稍差，但槽利用率高，制造工时少，因此小容量电动机中（$P_N \leqslant 10\text{kW}$）一般采用单层绕组。

3. 电枢绕组的基本要求

虽然三相异步电动机定子绕组的种类很多，但对各种电动机的基本要求是相同的。从设计制造和运行性能两个方面考虑，对电枢绕组的基本要求如下：

1）每相绕组的阻抗要求相等，即每相绕组的匝数、形状都是相同的。

2）在导体数目一定的情况下，力求获得最大的电动势和磁通势。

3）电动势和磁通势的谐波分量应尽可能的小，其波形力求接近正弦波。

4）端部连线尽可能短，节省用铜量。

5）绕组的绝缘和机械强度可靠，散热条件好。

6）工艺简单，便于制造、安装和检修。

4.3.2 交流绕组的感应电动势

电动机工作时，在定子、转子之间有一旋转的气隙磁场，旋转磁场的基波分量在气隙空间按正弦规律分布，此磁场以同步转速 n_1 旋转，同时切割定子、转子绕组，从而在定子绕组中感应电动势。下面，按照交流绕组的基本构成，先介绍一根导体的感应电动势，再介绍线圈及线圈组的感应电动势，最后介绍绕组的感应电动势。

1. 导体的感应电动势

根据电磁感应定律，当磁场在空间中为正弦分布并以恒定的速度 v 旋转时，其感应电动势的最大值为

$$E_{c1m} = B_{1m} l v \qquad (4\text{-}7)$$

式中　E_{c1m}——感应电动势的最大值；

　　　B_{1m}——正弦分布的气隙磁通密度的最大值；

　　　l——导体的有效长度；

　　　v——导体与旋转磁场的相对线速度，$v = \dfrac{2p\tau n_1}{60}$。

导体电动势的有效值为

$$E_{c1} = \frac{E_{c1m}}{\sqrt{2}} = \frac{B_{1m} l v}{\sqrt{2}} = \frac{B_{1m} l}{\sqrt{2}} \frac{2p\tau}{60} n_1 = \sqrt{2} f B_{1m} l \tau \qquad (4\text{-}8)$$

式中　τ——极距；

　　　f——频率，$f = \dfrac{p n_1}{60}$。

因为磁通密度为正弦分布，所以每级平均磁通量 $\varPhi_1 = \dfrac{2}{\pi} B_{1m} l \tau$，即

$$B_{1m} = \frac{\pi}{2} \varPhi_1 \frac{1}{l\tau} \qquad (4\text{-}9)$$

因此，感应电动势的有效值为

$$E_{c1} = \frac{\pi}{\sqrt{2}} f \varPhi_1 = 2.22 f \varPhi_1 \qquad (4\text{-}10)$$

2. 线圈的感应电动势

一匝线圈由两根导体联结而成，根据线圈节距与电动机极距的大小关系，可以分为整距线圈（$y = \tau$）和短距线圈（$y < \tau$）。下面分别介绍这两种线圈的感应电动势。

（1）整距线圈的感应电动势

设线圈由 N_c 个相同的线匝组成，每匝线圈都有两个有效边。对于整距线圈，如果一个有效边在 N 极中心的下面，则另一个有效边就刚好处在 S 极中心的下面，此时两条有效边内的电动势瞬时值大小相等而方向相反。整距线圈的展开图及矢量图如图 4-24 所示。

则每个线匝的电动势为

$$\dot{E}_{y11} = \dot{E}_{c1} - \dot{E}'_{c1} = 2\dot{E}_{c1} \tag{4-11}$$

其有效值为

$$\dot{E}_{y11} = 2E_{c1} = 4.44f\,\Phi_1 \tag{4-12}$$

在每一个线圈内，每一线匝的电动势在大小和相位上都是相同的，因此整距线圈的电动势的有效值为

$$E_{y1} = 4.44fN_c\Phi_1 \tag{4-13}$$

（2）短距线圈的感应电动势

对于短距线圈，其节距 $y < \tau$，它们的相位差不是 $180°$，而是相差 β 角度，$\beta = \dfrac{\tau - y_1}{\tau} \times 180°$。短距线圈的展开图及矢量图如图 4-25 所示。

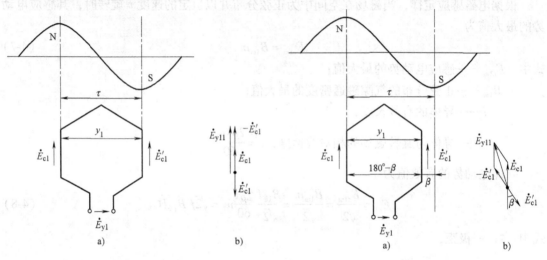

图 4-24　整距线圈的感应电动势　　　　　图 4-25　短距线圈的感应电动势
　　a）展开图　b）矢量图　　　　　　　　　a）展开图　b）矢量图

由于 $y_1 < \tau$，因此，此线匝的电动势为

$$\dot{E}_{y11} = \dot{E}_{c1} - \dot{E}'_{c1} \tag{4-14}$$

有效值为

$$E_{y11} = 2E_{c1}\cos\frac{\beta}{2} = 2E_{c1}k_{y1} \tag{4-15}$$

式中　k_{y1}——短距因数，$k_{y1} = \cos\dfrac{\beta}{2}$。

设每个线圈匝数为 N_c，可得出短距线圈的电动势为

$$E_{y1} = 4.44f\,N_c\Phi_1 k_{y1} \tag{4-16}$$

由此可得

$$k_{y1} = \frac{E_{y1}}{4.44f\,N_c\Phi_1} = \frac{E_{y1}(y < \tau)}{E_{y1}(y = \tau)} \tag{4-17}$$

由上式可知，$k_{y1} < 1$，即采用短距线圈后分布绕组的电动势将小于整距集中绕组的电动势。虽然基波电动势减小了，但分布短距绕组电动势的波形却更接近于正弦波。

3. 线圈组的感应电动势

不论是单层绕组还是双层绕组，每相绕组总是由若干个线圈组成的，而每一线圈组都由 q 个线圈串联而成，每一个线圈的电动势大小相等，并且这些串联线圈被分别安置在相邻的槽中，在空间依次相隔 α 槽距角，由此构成的绕组即为分布绕组，如图 4-26a 所示。其矢量图如图 4-26b 所示。

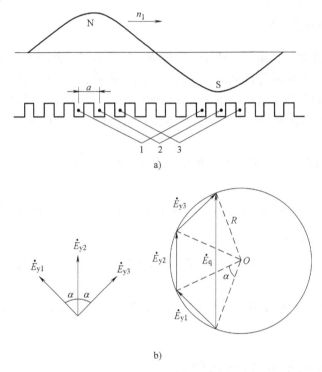

图 4-26 分布绕组的感应电动势

a）展开图 b）矢量图

若考虑线圈短距和分布的影响，线圈组的基波电动势计算公式为

$$E_{q1} = 4.44f N_c q \Phi_1 k_{y1} k_{q1} = 4.44f N_c q \Phi_1 k_{\omega1} \qquad (4\text{-}18)$$

式中　k_{q1}——分布因数，$k_{q1} = \dfrac{\sin \dfrac{q\alpha}{2}}{q\sin \dfrac{\alpha}{2}}$；

$k_{\omega1}$——绕组因数，$k_{\omega1} = k_{y1} k_{q1}$。

4. 绕组的感应电动势

每相绕组的电动势等于每一条并联支路的电动势。一般情况下，每条支路中所串联的几个线圈组的电动势都是大小相等、相位相同的，因此可以直接相加。式（4-18）中的 qN_c 是线圈组 q 个串联线圈的总匝数，如果每相绕组的总串联匝数为 N_1，则每相绕组的感应电动势为

$$E = 4.44f N_1 \Phi_1 k_{\omega1} \qquad (4\text{-}19)$$

单层绕组

$$N_1 = \frac{pqN_c}{a} \qquad (4\text{-}20)$$

双层绕组

$$N_1 = \frac{2pqN_c}{a} \tag{4-21}$$

式中　p——级对数；

　　a——绕组的并联支路数。

4.3.3　交流绕组磁通势

交流电动机工作时，在定子、转子之间形成一旋转磁场，此磁场是由定子绕组中通入对称三相交流电所形成的磁通势建立的，它既是空间的函数，又是时间的函数。

当三相绕组的每相定子绕组中流过正弦交流电流时，每相定子绕组都产生脉动磁场。把3个单相绕组所产生的磁通势逐点相加，便得到三相绕组的合成磁通势。三相绕组旋转磁通势具有以下特性：

1）当对称三相正弦交流电流通入对称三相绕组时，其基波合成磁通势为一幅值恒定不变的圆形旋转磁通势。

2）该圆形旋转磁通势的转速为电流频率所对应的同步转速，即 $n_1 = \frac{60f}{p}$（r/min），旋转的方向取决于电流的相序。当三相绕组通入正序电流时，电流出现正的最大值的顺序为 $U \rightarrow V \rightarrow W$，则旋转磁场的方向也为 $U \rightarrow V \rightarrow W$，即旋转磁场的方向由电流超前相转向电流滞后相。

3）三相电流中任一相电流的瞬时值达到最大值时，三相基波合成磁通势的幅值恰好转到该相绕组的轴线上。

4.4　三相异步电动机的运行性能

三相异步电动机的定子和转子电路之间没有直接电的联系，只有磁的耦合，它是依靠电磁感应作用将能量从定子传递到转子的。与变压器类似，三相异步电动机的定子绕组相当于变压器的一次绕组，转子绕组相当于变压器的二次绕组。因此，可用电压方程式、等效电路和相量图3种方法对三相异步电动机的运行进行分析。

4.4.1　三相异步电动机的空载运行

三相异步电动机定子绕组接在对称的三相电源上，转子轴上不带机械负载时的运行称为空载运行。

1. 主、漏磁通的分布

为了便于分析，根据磁通路径和性质不同，三相异步电动机的磁通分为主磁通和漏磁通两类。

（1）主磁通 Φ_0

当三相异步电动机定子绕组通入三相对称电流时，将产生励磁磁通势，该磁通势产生的磁通绝大部分穿过气隙并同时交链于定、转子绕组，这部分磁通就称为主磁通，用 Φ_0 表示。主磁通的磁路由定子铁心、转子铁心和气隙组成，其路径为定子铁心→气隙→转子铁心

→气隙→定子铁心。受磁路饱和的影响，为非线性磁路，如图 4-27 所示。主磁通同时交链定转子绕组，并在其中分别产生感应电动势，而转子绕组在转子电动势的作用下产生电流，转子电流与定子磁场相互作用产生电磁转矩，从而实现异步电动机的机电能量转换。因此，主磁通起转换能量的媒介作用。

（2）漏磁通 Φ_σ

除主磁通以外的磁通称为漏磁通，它包括定子绕组的槽部漏磁通、端部漏磁通和由高次谐波磁通势所产生的高次谐波磁通，如图 4-27 所示。由于漏磁通沿磁阻很大的空气形成闭合回路，所以它比主磁通小很多。漏磁通仅在定子绕组上产生漏电动势，因此漏磁通不参与能量转换，不能起能量转换的作用，只起电抗压降的作用。

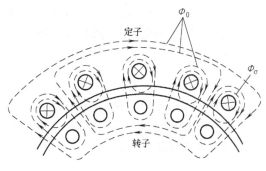

图 4-27　主磁通与槽部漏磁通示意图

2. 空载电流和空载磁通势

异步电动机空载运行时的定子电流称为空载电流，用 $\dot{I}_0$ 表示。当异步电动机空载运行时，定子三相绕组有空载电流 $\dot{I}_0$ 通过。三相空载电流将产生一个励磁磁通势，称为空载磁通势，用 $\dot{F}_0$ 表示，其基波幅值为

$$F_0 = \frac{m_1}{2} \times 0.9 \times \frac{N_1 k_{\omega 1}}{p} I_0 \tag{4-22}$$

与变压器一样，三相异步电动机空载电流 $\dot{I}_0$ 由两部分组成：一部分用来产生主磁通 Φ_0 的无功分量 $\dot{I}_{0r}$，另一部分用来供给铁心损耗的有功分量 $\dot{I}_{0a}$，即

$$\dot{I}_0 = \dot{I}_{0r} + \dot{I}_{0a} \tag{4-23}$$

由于 $\dot{I}_{0r} \gg \dot{I}_{0a}$，所以 $\dot{I}_0$ 基本为一无功性质电流，即 $\dot{I}_0 \approx \dot{I}_{0r}$。

三相异步电动机空载运行时，由于轴上不带机械负载，转子转速很高，接近同步转速，所以 $n \approx n_1$，转差率 s 很小。此时定、转子间相对速度几乎为零，于是有转子部分：$\dot{E}_2 \approx 0$，$\dot{I}_2 \approx 0$，$F \approx 0$。

3. 感应电动势

主磁通在定子绕组上感应的电动势为

$$\dot{E}_1 = 4.44 f_1 N_1 k_{\omega 1} \dot{\Phi}_0 \tag{4-24}$$

漏磁通在定子绕组中的感应电动势可用漏抗压降的形式表示为

$$\dot{E}_{1\sigma} = -j \dot{I}_0 X_1 \tag{4-25}$$

4. 电压平衡方程与等效电路

设定子绕组上每相所加的端电压为 $\dot{U}_1$，相电流为 $\dot{I}_0$，主磁通 Φ_0 在定子绕组中感应的

每相电动势为 $\dot{E}_1$，定子漏磁通在每相绕组中感应的电动势为 $\dot{E}_{1\sigma}$，定子绕组的每相电阻为 R_1，类似于变压器空载时的一次侧。根据基尔霍夫电压定律，可列出空载时定子每相电压方程式为

$$\dot{U}_1 = -\dot{E}_1 - \dot{E}_{1\sigma} + \dot{I}_0 R_1 = -\dot{E}_1 + \dot{I}_0 R_1 + j\dot{I}_0 X_1 = -\dot{E}_1 + Z_1 \dot{I}_0 \qquad (4\text{-}26)$$

式中　Z_1——定子漏阻抗，与漏磁通相对应。

同样也有

$$\dot{E}_1 = -\dot{I}_0(R_m + jX_m) = -\dot{I}_0 Z_m \qquad (4\text{-}27)$$

式中　R_m——励磁电阻，是反映铁损耗的等效电阻；

　　　X_m——励磁电抗，与主磁通 Φ_0 相对应。

于是电压方程式可写为

$$\dot{U}_1 = -\dot{E}_1 + (R_1 + jX_1)\dot{I}_0$$

$$= (R_m + jX_m)\dot{I}_0 + (R_1 + jX_1)\dot{I}_0$$

$$= Z_m \dot{I}_0 + Z_1 \dot{I}_0 \qquad (4\text{-}28)$$

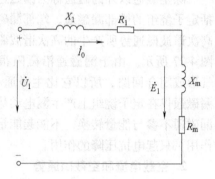

图 4-28　三相异步电动机空载时的等效电路

根据上式可以画出三相异步电动机空载时等效电路，如图 4-28 所示。

4.4.2　三相异步电动机的负载运行

负载运行时，电动机将以低于同步转速 n_1 的速度 n 旋转，其转向仍与气隙旋转磁场的转向相同。因此，气隙旋转磁场切割转子绕组时的相对速度是 $n_1 - n$，即 sn_1，从而产生感应电动势，其频率为

$$f_2 = \frac{p(n_1 - n)}{60} = \frac{n_1 - n}{n_1} \times \frac{pn_1}{60} = sf_1 \qquad (4\text{-}29)$$

转子不转时：$n = 0$，$s = 1$，$f_2 = f_1$；理想空载时：$n \approx n_1$，$s \approx 0$，$f_2 \approx 0$。

1. 转子旋转磁通势

转子绕组流过三相或多相对称电流时，将产生转子旋转磁通势，即

$$\dot{F}_2 = \frac{m_2}{2} \times 0.9 \times \frac{N_2 k_{\omega 2}}{p} \dot{I}_2 \qquad (4\text{-}30)$$

式中　m_2——转子绕组的相数；

　　　N_2——转子绕组的每相串联匝数；

　　　$k_{\omega 2}$——转子绕组的基波绕组因数。

若定子旋转磁场的转向为顺时针方向，则由于 $n < n_1$，所以感应而形成的转子电动势或电流的相序也必然按顺时针方向排列。同时，转子合成磁通势 $\dot{F}_2$ 的转向与定子磁通势 $\dot{F}_1$ 的转向相同，也为顺时针方向。于是转子磁通势 $\dot{F}_2$ 在空间（即相对于定子）的旋转速度为

$$sn_1 + n = (n_1 - n) + n = n_1 \qquad (4\text{-}31)$$

可见，无论转子转速怎样变化，定、转子磁通势总是以同速、同向在空间旋转，两者在

空间上总是保持相对静止。只有这样，才能产生恒定的平均电磁转矩，从而实现机电能量的转换。

2. 磁通势平衡方程式

由于定子磁通势 $\dot{F}_1$ 和转子磁通势 $\dot{F}_2$ 在空间上相对静止，所以可合并为一个合成磁通势 $\dot{F}_f$，即

$$\dot{F}_f = \dot{F}_1 + \dot{F}_2 \qquad (4\text{-}32)$$

式中　$\dot{F}_f$——励磁磁通势。

当外加电压和频率不变时，主磁通近似为一常量，因此有

$$\dot{F}_0 = \dot{F}_f = \dot{F}_1 + \dot{F}_2$$

$$\dot{F}_1 = \dot{F}_0 + (-\dot{F}_2) \qquad (4\text{-}33)$$

当定子电流从空载时的 I_0 增加到 I_1 时，定子磁通势 $\dot{F}_1$ 有两个分量：一个是励磁分量 F_0，用来产生主磁通；另一个是负载分量，用来抵消转子磁通势 F_2 的去磁作用，以保证主磁通基本不变。

因此，异步电动机通过磁通势的平衡关系，使电路上无直接联系的定、转子电流有了关联。当负载转矩增加时，转速降低，转子电流增大，电磁转矩增大到与负载转矩平衡，同时定子电流增大，经过这一系列的自动调整后，进入新的平衡状态。

3. 电动势平衡方程式

由上述分析可知，从空载运行到负载运行，当定子电流由 I_0 变为 I_1 时，定子电路的电动势平衡方程式为

$$\dot{U}_1 = -\dot{E}_1 + \dot{I}_1 R_1 + j\dot{I}_1 X_1 = -\dot{E}_1 + \dot{I}_1(R_1 + jX_1) = -\dot{E}_1 + \dot{I}_1 Z_1$$

$$\dot{E}_1 = 4.44 f_1 N_1 \dot{\Phi}_0 k_{\omega 1} \qquad (4\text{-}34)$$

负载运行时，转子电动势 E_2 的频率为 $f_2 = sf_1$，它的感应电动势大小为

$$\dot{E}_{2s} = 4.44 f_2 N_2 \dot{\Phi}_0 k_{\omega 2} \qquad (4\text{-}35)$$

转子不转时的频率 $f_2 = f_1$，其感应电动势为

$$\dot{E}_2 = 4.44 f_1 N_2 \dot{\Phi}_0 k_{\omega 2} \qquad (4\text{-}36)$$

二者关系为 $E_{2s} = sE_2$。

因为三相异步电动机的转子电路自成闭路，所以转子的电动势平衡方程式为

$$\dot{E}_{2s} - R_2 \dot{I}_2 - jX_{2s} \dot{I}_2 = 0 \qquad (4\text{-}37)$$

式中　$\dot{I}_2$——转子每相电流；

　　　R_2——转子每相电阻（对绕线转子还应包括外加电阻）；

　　　X_{2s}——转子旋转时的每相漏电抗。

$$X_{2s} = 2\pi f_2 L_2 = 2\pi s f_1 L_2 = sX_2 \qquad (4\text{-}38)$$

因此，转子电流为

$$\dot{I}_2 = \frac{\dot{E}_{2s}}{Z_{2s}} = \frac{\dot{E}_{2s}}{R_2 + jZ_{2s}} = \frac{s\dot{E}_2}{R_2 + jsX_2} \tag{4-39}$$

其电流有效值为

$$I_2 = \frac{sE_2}{\sqrt{R_2^2 + (sX_2)^2}} \tag{4-40}$$

4. 转子绕组的功率因数

$$\cos\varphi_2 = \frac{R_2}{\sqrt{R_2^2 + X_2^2}} = \frac{R_2}{\sqrt{R_2^2 + (sX_2)^2}} \tag{4-41}$$

转子功率因数与转差率有关，当转差率增大时，转子功率因数则减小。

5. 负载运行时的等效电路

三相异步电动机的实际电路如图 4-29 所示。因定、转子电路的频率不同，为了像变压器那样得到一个统一的等效电路，就必须进行两次折算：一次是频率折算；另一次是绕组折算。由磁通势平衡关系可知，转子对定子的影响通过转子磁通势来实现，折算的原则与变压器一样（折算过程略）。

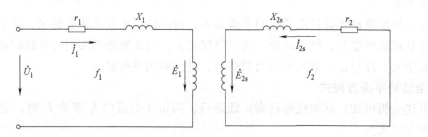

图 4-29 三相异步电动机的定、转子电路

将上面电路变成单纯的并联支路，称为三相异步电动机负载运行时的等效电路，如图 4-30 所示。

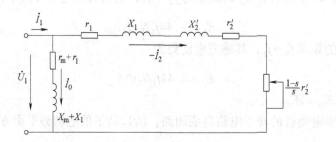

图 4-30 三相异步电动机负载时的等效电路

简化后的计算极为方便，即

$$\dot{I}_2' = \frac{-\dot{U}_1}{Z_1 + Z_2'} = \frac{-\dot{U}_1}{\left(r_1 + \dfrac{r_2'}{s}\right) + j(X_1 + X_2')} \tag{4-42}$$

4.5 三相异步电动机的工作特性

4.5.1 三相异步电动机的功率平衡

三相异步电动机运行时，定子从电网吸收功率，然后由气隙送给转子，转子再向拖动的机械负载输出机械功率。在能量变换过程中，不可避免地会产生一些损耗。本节重点分析能量变换过程中各种功率和损耗之间的关系。

三相异步电动机稳定运行时，从电源输入的功率为

$$P_1 = 3U_1I_1\cos\varphi_1 \tag{4-43}$$

定子绕组的铜损耗为

$$p_{Cu1} = 3I_1^2R_1 \tag{4-44}$$

由于异步电动机正常运行时，转子额定频率很低，f_2 为 $1 \sim 3\text{Hz}$，转子铁损耗很小，所以定子铁损耗实际上就是整个电动机的铁损耗，即

$$p_{Fe} = 3I_0^2R_m \tag{4-45}$$

输入的电功率扣除了以上损耗后，余下的功率便由气隙旋转磁场通过电磁感应传递到转子，这部分功率称为电磁功率，即

$$P_M = P_1 - p_{Cu1} - p_{Fe} = 3E_2'I_2'\cos\varphi_2 = 3I_2'^2\frac{R_2'}{s} \tag{4-46}$$

转子绕组有电流流过，转子电阻上产生的铜损耗为

$$p_{Cu2} = 3I_2'^2R_2' = sP_M \tag{4-47}$$

电磁功率减去转子绕组的铜损耗 p_{Cu2} 之后，便是使转子旋转的总机械功率 P_{mec}，即

$$P_{mec} = P_M - p_{Cu2} = 3I_2'^2\frac{1-s}{s}R_2' = (1-s)P_M \tag{4-48}$$

由以上功率关系分析中看出，转子的 P_M、p_{Cu2} 和 P_{mec} 之间的关系为

$$P_M : p_{Cu2} : P_{mec} = 1 : s : (1-s) \tag{4-49}$$

上式表明，若电磁功率 P_M 一定，则转差率 s 越小，转子铜损耗就越小，机械功率就越大，电动机效率越高。因此，正常运行时电动机的转差率均很小。

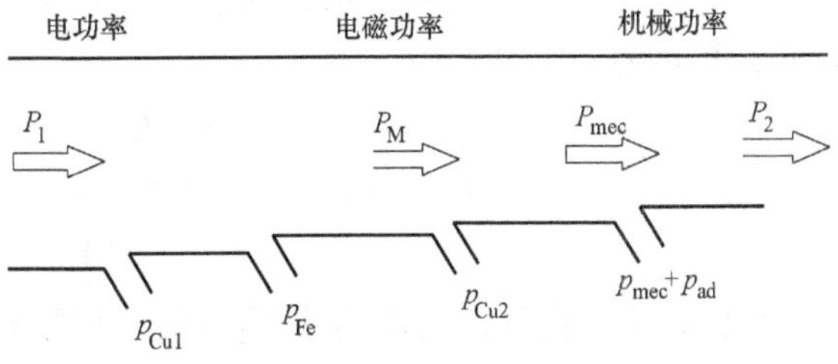

总机械功率减去机械损耗 p_{mec} 和附加损耗 p_{ad} 后，才是转子轴端输出的机械功率 P_2，即

$$P_2 = P_{mec} - p_{mec} - p_{ad} \tag{4-50}$$

可见，由电源输入功率 P_1 经气隙传递到转子转轴上，得到输出功率 P_2 的全过程如图4-31所示，即

图 4-31　三相异步电动机的功率流程图

$$P_2 = P_1 - \sum p = P_1 - (p_{Cu1} + p_{Fe} + p_{Cu2} + p_{mec} + p_{ad}) \tag{4-51}$$

4.5.2 三相异步电动机的转矩平衡

当电动机稳定运行时，作用在电动机转子上的转矩有 3 个，即使电动机旋转的电磁转矩 T；由电动机机械损耗和附加损耗所引起的空载制动转矩 T_0；由电动机所拖动的负载的反作用转矩 T_2。

在式（4-50）的两边除以转子的机械角速度 Ω（$\Omega = \dfrac{2\pi n}{60}$），即

$$\frac{P_2}{\Omega} = \frac{P_{mec}}{\Omega} - \frac{P_{mec}}{\Omega} - \frac{P_{ad}}{\Omega}$$

则有

$$T_2 = T - T_0 \tag{4-52}$$

故电磁转矩为

$$T = \frac{P_{mec}}{\Omega} = \frac{P_{mec}}{\dfrac{2\pi n}{60}} = \frac{(1-s)P_M}{\dfrac{2\pi n}{60}} = \frac{P_M}{\dfrac{2\pi n_1}{60}} = \frac{P_M}{\Omega_1} = 9.55\frac{P_M}{n_1} \tag{4-53}$$

式中 Ω——机械角速度，$\Omega = \dfrac{2\pi n}{60} = \dfrac{2\pi n_1(1-s)}{60} = (1-s)\Omega_1$；

Ω_1——同步角速度，$\Omega_1 = \dfrac{1}{1-s}\Omega = \dfrac{2\pi n_1}{60}$。

这是一个很重要的关系式，它说明异步电动机的电磁转矩等于电磁功率除以同步角速度，也等于总机械功率除以转子的机械角速度。

4.5.3 三相异步电动机的工作特性

三相异步电动机的工作特性是指在额定电压和额定功率下，电动机的转速 n、定子电流 I_1、功率因数 $\cos\varphi_1$、电磁转矩 T、效率 η 与输出功率 P_2 之间的关系曲线，如图 4-32 所示。工作特性可通过电动机直接加负载实验得到，也可利用等效电流计算得出。

1. 转速特性

输出功率变化时转速变化的曲线 $n = f(P_2)$ 或 $s = f(P_2)$ 称为转速特性。

电动机的转差率 s、转子铜耗 p_{Cu2} 和电磁功率 P_M 的关系式为

$$s = \frac{n_1 - n}{n_1} = 1 - \frac{n}{n_1} = \frac{p_{Cu2}}{P_M} = \frac{3I_2'^2 R_2'}{3E_2'I_2'\cos\varphi_2} \tag{4-54}$$

当电动机空载时，输出功率 $P_2 \approx 0$，在这种情况下 $I_2' \approx 0$，由上列关系展示出转差率 s 差不多与 I_2' 成正比，$s \approx 0$，转速接近同步转速。负载增大时，会使转速略有下降，转子电动势增大，转子电流 I_2' 增大，以产生更大一些的电磁转矩与负

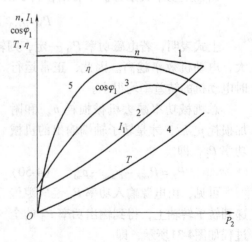

图 4-32 三相异步电动机的工作特性

载转矩相平衡。因此，随着输出功率 P_2 的增大，转差率 s 也增大，则转速稍有下降。为了保证电动机有较高的效率，在一般异步电动机中，转子的铜耗是很小的，额定负载时转差率为 $1.5\% \sim 5\%$，且电动机容量越大，s 越小，相应的转速 $n = (1-s)n_1$ 就越高。因此，三相异步电动机的转速特性为一条稍向下倾斜的曲线，如图 4-32 中曲线 1 所示，与并励直流电动机的转速特性极为相似。

2. 定子电流特性

输出功率变化时，定子电流的变化曲线 $I_1 = f(P_2)$ 称为定子电流特性。

由磁通势平衡方程式 $\dot{I}_1 = \dot{I}_0 - \dot{I}_2'$ 可知，空载时，转子电流 $\dot{I}_2' \approx 0$，此时定子电流几乎全部为励磁电流 $\dot{I}_0$。随着负载的增大，转子转速下降，转子电流增大，定子电流及磁通势也随之增大，以抵消转子电流产生的磁通势，保持磁通势的平衡。因此，定子电流几乎随 P_2 按正比例增加，如图 4-32 中曲线 2 所示。

3. 定子功率因数特性

输出功率变化时，定子功率因数的变化曲线 $\cos\varphi_1 = f(P_2)$ 称为功率因数特性。

由三相异步电动机等效电路求得的总阻抗是电感性的，对电源来说，异步电动机相当于一个感性阻抗，其功率因数总是滞后的，它必须从电网吸收感性无功功率。空载时，定子电流基本上是励磁电流，主要用于无功励磁，因此功率因数很低，约为 $0.1 \sim 0.2$。当负载增加时，转子电流的有功分量增加，定子电流的有功分量也随之增加，即可使功率因数提高。在接近额定负载时，功率因数达到最大。但负载超过额定值时，s 值就会变得较大，使转子电流中的无功分量增加，因而使电动机定子功率因数又重新下降。功率因数特性如图 4-32 中曲线 3 所示。

4. 电磁转矩特性

输出功率变化时，电磁转矩的变化曲线 $T = f(P_2)$ 称为电磁转矩特性。

稳态运行时，异步电动机的转矩平衡方程式为

$$T = T_2 + T_0 \tag{4-55}$$

因为输出功率 $P_2 = T_2\Omega$，所以

$$T = T_0 + \frac{P_2}{\Omega} \tag{4-56}$$

异步电动机的负载不超过额定值时，转速 n 和角速度 $\frac{1}{\Omega}$ 变化很小，而空载转矩 T_0 又可认为基本上不变，因此电磁转矩特性近似为一条斜率为 $\frac{1}{\Omega}$ 的直线，如图 4-32 的曲线 4 所示。

5. 效率特性

输出功率变化时，效率的变化曲线 $\eta = f(P_2)$ 称为效率特性。

根据效率的定义，异步电动机的效率为

$$\eta = \frac{P_2}{P_1} = \frac{P_2}{P_2 + \sum p} = \frac{P_2}{P_2 + p_{\mathrm{Cu1}} + p_{\mathrm{Fe}} + p_{\mathrm{Cu2}} + p_{\mathrm{mec}} + p_{\mathrm{ad}}} \tag{4-57}$$

异步电动机中的损耗也可分为不变损耗和可变损耗两部分。当输出功率 P_2 增加时，可变损耗增加较慢，故效率上升很快；当可变损耗等于不变损耗时，异步电动机的效率达到最

大值；随着负载继续增加，可变损耗增加很快，效率就要降低。效率特性如图 4-32 中曲线 5 所示。

4.6 小结

本章介绍了三相异步电动机的基本结构、旋转磁场、额定值、工作原理、转差率、等效电路、功率、转矩、工作特性等内容。

三相异步电动机的结构较直流电动机简单。其静止部分称为定子，其转动部分称为转子，定子和转子均由铁心和绕组组成。转子有两种结构形式，一种是笼型，另一种是绕线型。笼型转子是旋转电动机的转子结构中最简单的形式。定子绕组是三相异步电动机的主要电路。三相异步电动机从电源输入电功率后，就在定子绕组中以电磁感应的方式传递到转子，再由转子输出机械功率。

三相异步电动机的工作原理是：定子上对称三相绕组中通过对称三相交流电时产生旋转磁场。这种旋转磁场以同步转速切割转子绕组，在转子绕组中感应出电动势及电流，转子电流与旋转磁场相互作用产生电磁转矩，使转子旋转。

三相异步电动机的转速与旋转磁场的同步转速之间总存在转差率，这是异步电动机运行的必要条件。

三相异步电动机空载与负载运行时的基本电磁关系是异步电动机原理的核心。

从基本电磁关系看，异步电动机与变压器极为相似。异步电动机的定、转子和变压器的一、二次侧的电压、电流都是交流的，两边之间的关系都是感应关系，它们都以磁通势平衡、电动势平衡、电磁感应和全电流定律为理论基础。

等效电路也是分析异步电动机的有效工具。可用它来分析三相异步电动机空载运行和负载运行时的磁通关系、电压平衡方程、磁通势平衡方程。

在异步电动机的功率与转矩的关系中，要充分理解电磁转矩与电磁功率及总机械功率的关系、三相异步电动的工作特性以及在额定电压和额定功率下的关系曲线。

4.7 习题

1. 简述三相异步电动机的基本结构和各部分的主要功能。

2. 三相绕组中通入三相负序电流时，与通入幅值相同的三相正序电流时相比较，磁通势有何不同？

3. 三相异步电动机的旋转磁场是怎样产生的？旋转磁场的转向和转速各由什么因素决定？

4. 试述三相异步电动机的转动原理，并解释"异步"的含义。异步电动机为什么又称为感应电动机？

5. 一台三相感应电动机，$P_N = 75kW$，$n_N = 975r/min$，$U_N = 3\ 000V$，$I_N = 18.5A$。求：

（1）电动机的极数是多少？

（2）额定负载下的转差率 s 是多少？

（3）额定负载下的效率 η 是多少？

6. 异步电动机理想空载时，空载电流等于零吗？为什么？

7. 一台三角形联结、型号为 Y132M-4 的三相异步电动机，$P_N = 7.5\text{kW}$，$U_N = 380\text{V}$，$\cos\varphi_N = 0.88$，$\eta_N = 87\%$。求其额定电流和对应的相电流。

8. 说明异步电动机工作时的能量传递过程。为什么负载增加时，定子电流和输入功率会自动增加？从空载到额定负载，电动机的主磁通有无变化？为什么？

9. 感应电动机转速变化时，为什么定子和转子磁势之间没有相对运动？

10. 一台三相异步电动机，定子绕组为丫形联结。若定子绕组有一相断线，仍接三相对称电源时，绕组内将产生什么性质的磁通势？

11. 一台三相异步电动机接于电网工作时，其每相感应电动势 $E_1 = 350\text{V}$，定子绕组的每相串联匝数 $N_1 = 132$ 匝，绕组因数 $K_{W1} = 0.96$。求每极磁通 φ_1 为多大？

12. 导出三相异步电动机的等效电路时，转子边要进行哪些归算？归算的原则是什么？如何归算？

13. 异步电动机等效电路中的 Z_m 反映什么物理量？在额定电压下电动机由空载到满载，Z_m 的大小是否变化？若有变化，是怎样变化的？

14. 异步电动机的等效电路有哪几种？试说明"T"形等效电路中各个参数的物理意义？

15. 用等效静止的转子来代替实际旋转的转子，为什么不会影响定子边的各种物理量？定子边的电磁过程和功率传递关系会改变吗？

16. 已知一台三相四极异步电动机的额定数据为 $P_N = 10\text{kW}$，$U_N = 380\text{V}$，$I_N = 11.6\text{A}$，定子为丫形联结，额定运行时，定子铜损耗 $P_{Cu1} = 560\text{W}$，转子铜损耗 $P_{Cu2} = 310\text{W}$，机械损耗 $P_{mec} = 70\text{W}$，附加损耗 $P_{ad} = 200\text{W}$。试计算该电动机在额定负载时的（1）额定转速；（2）空载转矩；（3）转轴上的输出转矩；（4）电磁转矩。

第5章 三相异步电动机的电力拖动

本章要点

- 三相异步电动机的电磁转矩的表达式
- 三相异步电动机的机械特性
- 三相异步电动机的起动、制动和调速

本章将分析三相异步电动机与实际应用中的负载组成电力拖动系统时，其运行特点和常用方式。首先，通过一个典型的三相异步电动机接触器联锁正反转控制电路的实训，实际观察和了解三相异步电动机的电路控制过程，再引入三相异步电动机的机械特性的学习，然后以机械特性为理论基础，以实训内容为实践基础，结合应用实际来分析三相异步电动机的起动、制动和调速等原理。

5.1 三相异步电动机接触器联锁正反转控制电路

1. 三相异步电动机正反转控制原理

在生产过程中，往往要求电动机能够随时实现正反转，如起重机的上升与下降、工作台的往返运动等。根据电动机原理，只要改变接入三相交流电源相序，即把电源进线中的任意两根接线对调，电动机就可反转。因此，正反转控制电路实际是两个相序相反的控制电路。为了避免误动操作引起电源相间短路，两个控制接触器间必须实现联锁。

2. 三相异步电动机接触器联锁正反转控制电路

三相异步电动机接触器联锁正反转控制电路如图 5-1 所示。图中接触器 KM_1、KM_2 分别用于控制电动机的正反转。

3. 三相异步电动机接触器联锁正反转控制电路分析

（1）正转控制

合上电源开关 QS，按下正转起动按钮 SB_2，正转控制回路接通，电动机正转。其控制过程如下：

$$L_1 \rightarrow 线路2 \rightarrow FR \rightarrow SB_1 \rightarrow SB_2 \xrightarrow{\begin{array}{c}KM_2\ 常闭触\\头（闭合）\end{array}} \begin{array}{c}KM_1\ 线\\圈通电\end{array} \left\{\begin{array}{l}KM_1\ 常开触\\头闭合自锁\\KM_1\ 常闭触头断\\开对\ KM_2\ 联锁\end{array}\right.$$

$$\rightarrow 线路1 \rightarrow \begin{array}{c}KM_1\ 的主\\触头闭合\end{array} \rightarrow \begin{array}{c}主电路按\ U、V、W\\相序接通\end{array} \rightarrow 电动机正转$$

（2）反转控制

要使电动机改变转向（即由正转变为反转）时，应先按下停止按钮 SB_1，使正转控制电

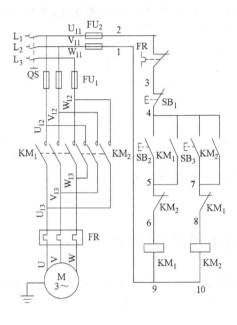

图 5-1 三相异步电动机接触器联锁正反转控制电路

路断开，电动机停转，然后才能使电动机反转。为什么要这样操作呢？因为反转控制回路中串联了正转接触器 KM_1 的常闭触头，当 KM_1 通电工作时，它是断开的。若这时直接按反转按钮 SB_3，反转接触器 KM_2 是无法通电的，电动机也就得不到反转电源，故电动机仍然处在正转状态，不会反转。应先按下停止按钮 SB_1，使电动机停转以后，KM_1 的常闭触头才会因 KM_1 的断电而闭合，再按下反转按钮 SB_3 时，反转控制回路就会接通，使电动机反转。其控制过程如下：

$$L_1 \rightarrow 线路2 \rightarrow FR \rightarrow SB_1 \rightarrow SB_3 \rightarrow \begin{array}{c} KM_1\ 常闭触 \\ 头（闭合） \end{array} \rightarrow \begin{array}{c} KM_2\ 线 \\ 圈通电 \end{array} \left[\begin{array}{c} KM_2\ 常开触 \\ 头闭合自锁 \\ KM_2\ 常闭触头断 \\ 开对\ KM_1\ 联锁 \end{array} \right.$$

$$\rightarrow\quad 线路1 \rightarrow \begin{array}{c} KM_2\ 的主 \\ 触头闭合 \end{array} \rightarrow \begin{array}{c} 主电路按\ W、V、U \\ 相序接通 \end{array} \rightarrow 电动机反转$$

（3）按图 5-1 所示电路图在控制板上布局布线，并根据电路图检查控制板布线的准确性

（4）检查线路，并在测量电路的绝缘电阻后通电试车

（5）合上电源开关 QS，按以下步骤进行观察

1）按下正转起动按钮 SB_2，观察电动机的转动方向，并记录在表 5-1 中。

2）在电动机不停转的情况下直接按下反转按钮 SB_3，观察电动机的转动方向，并记录在表 5-1 中。

3）按下停止按钮 SB_1，观察电动机是否停转，并记录在表 5-1 中。

4）按下反转按钮 SB_3，观察电动机的转动方向，并记录在表 5-1 中。

通过本节的实训，读者从实际应用的角度，初步了解了三相异步电动机接触器联锁正反转控制的运行状况。但其拖动原理是怎样的？此外，三相异步电动机带动负载还可以实现制

表 5-1　三相异步电动机接触器联锁正反转状态记录表

按钮开关	按下 SB_2	在电动机不停转的情况下按下 SB_3	按下 SB_1	在电动机停转后按下 SB_3
电动机的转动方向（顺时针/逆时针/停转）				

动和调速等功能，其实现的电路和拖动原理及其运行特性又是怎样的？下面，将以理论为基础，从实用的角度分析三相异步电动机电力拖动的各种特性，同时给出一些实用的拖动控制电路。

5.2　三相异步电动机的电磁转矩表达式

电磁转矩与电动机的转速之间的关系反映出三相异步电动机的机械特性，其关系表达式有物理表达式、参数表达式和实用表达式 3 种。

1. 物理表达式

由第 4 章的知识可知

$$\Omega_1 = \frac{2\pi n_1}{60} = \frac{2\pi f_1}{p}$$

$$P_M = m_1 E_2' I_2' \cos\varphi_2$$

$$E_2' = 4.44 f_1 N_1 k_{\omega 1} \Phi_0$$

则三相异步电动机的电磁转矩的物理表达式为

$$T = \frac{P_M}{\Omega_1} = \frac{m_1 E_2' I_2' \cos\varphi_2}{2\pi f_1/p} = \frac{m_1 \times 4.44 f_1 N_1 k_{\omega 1} \Phi_0 I_2' \cos\varphi_2}{2\pi f_1/p}$$

$$= C_T \Phi_0 I_2' \cos\varphi_2 \tag{5-1}$$

式中　C_T——转矩常数，$C_T = m_1 \times 4.44 p N_1 k_{\omega 1} / (2\pi)$。

式（5-1）表明，三相异步电动机的电磁转矩是由主磁通 Φ_0 与转子电流的有功分量 $I_2' \cos\varphi_2$ 相互作用产生的。其物理意义是与主磁通成正比，与转子电流的有功分量成正比。

2. 参数表达式

为了直接反映电磁转矩与转速或转差率的关系，可以推导出电磁转矩的参数表达式，即

$$T = \frac{m_1 p U_1^2 \dfrac{R_2'}{s}}{2\pi f_1 \left[\left(R_1 + \dfrac{R_2'}{s} \right)^2 + (X_1 + X_2')^2 \right]} \tag{5-2}$$

式（5-2）表明，电磁转矩与电源参数（U_1、f_1）、结构参数（R、X、m_1、p）和转差率（s）有关。

当 U_1、f_1 以及电动机的结构参数不变时，电磁转矩只是转差率的函数，通常用函数式 $T = f(s)$ 表示，也就是异步电动机的 T-s 曲线，如图 5-2 所示。这里，电磁转矩是以异步电动机参数的形式表示的，因此称为机械特性的参数表达式。

分析图 5-2，可得出三相异步电动机的 $T\text{-}s$ 特性如表 5-2 所示。

表 5-2　三相异步电动机的 $T\text{-}s$ 特性分析

s	n	T	象限	P_M	工作状态
$s < 0$	$n > n_1$	－ （反向增大再减小）	Ⅱ	－	发电运行状态
$0 < s < 1$	$0 < n < n_1$	＋ （正向增大再减小）	Ⅰ	＋	电动运行状态
$s > 1$	$n < 0$	＋ （正向减小）	Ⅳ	＋	制动运行状态

由图 5-2 可以看出，在特性曲线上有两个方向相反的最大转矩，即

$$T_m \approx \pm \frac{m_1 p U_1^2}{4\pi f_1 \left(X_1 + X_2' \right)} \quad (5\text{-}3)$$

此时的转差率称为临界转差率 s_m，即

$$s_m \approx \pm \frac{R_2'}{X_1 + X_2'} \quad (5\text{-}4)$$

式（5-3）、（5-4）表明：T_m 与 U_1^2 成正比；s_m 与 R_2' 成正比；T_m 和 s_m 都近似与漏抗成反比。

最大转矩与额定转矩之比称为过载能力，可表示为

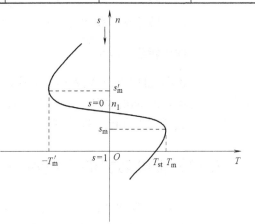

图 5-2　三相异步电动机的 $T\text{-}s$ 曲线

$$\lambda_m = \frac{T_m}{T_N} \quad (5\text{-}5)$$

除最大转矩外，起动转矩也是三相异步电动机很重要的运行性能指标。将 $s = 1$ 代入式（5-2）中即可得出起动转矩 T_{st}，即

$$T_{st} = \frac{m_1 p U_1^2 R_2'}{2\pi f_1 \left[\left(R_1 + R_2' \right)^2 + \left(X_1 + X_2' \right)^2 \right]} \quad (5\text{-}6)$$

由式（5-6）可以看出：

1）当其他参数一定时，起动转矩与电源电压平方成正比。

2）当其他参数一定时，频率越高，起动转矩越小；漏抗越大，起动转矩越小。

3）当其他参数一定时，绕线式异步电动机，转子回路电阻适当增大，起动转矩也增大。

在额定电压、频率及电动机固有参数的条件下，起动转矩 T_{st} 与额定转矩 T_N 的比值称为起动转矩倍数，即

$$K_{ST} = \frac{T_{st}}{T_N} \quad (5\text{-}7)$$

3. 实用表达式

实际应用时，由于不易得到三相异步电动机的参数，所以使用不便参数表达式。若能利用异步电动机产品目录中给出的额定功率、额定转速、过载能力等数据，找出异步电动机的

机械特性公式，即便是比较粗糙，但也很有实用价值，下面就是实用公式，即

$$T = \frac{2T_m}{\dfrac{s}{s_m} + \dfrac{s_m}{s}} \tag{5-8}$$

式中　T_m——最大电磁转矩，$T_m = \lambda_m T_N$；

　　　T_N——额定转矩，$T_N = 9.55 \dfrac{P_N}{n_N}$；

　　　s_m——临界转差率，$s_m = s_N \left(\lambda_m + \sqrt{\lambda_m^2 - 1} \right)$；

　　　s_N——额定转差率，$s_N = (n_1 - n_N) / n_1$；

　　　n_1——同步转速，$n_1 = \dfrac{60 f_1}{p}$。

3 种异步电动机的电磁转矩表达式的应用场合各有不同。一般物理表达式适用于定性分析 T 与 $\varPhi_0$ 及 $I_2' \cos \varphi_2$ 间的关系；参数表达式多用于分析各参数变化对电动机运行性能的影响；实用表达式适用于进行工程计算。

5.3　三相异步电动机的机械特性

上节我们分析了 $T\text{-}s$ 曲线，但在拖动系统中常用 $n\text{-}T$ 曲线来分析电动机的电力拖动问题。$n\text{-}T$ 曲线即 $n = f(T)$，也就是三相异步电动机的机械特性。图 5-3a 是三相异步电动机的 $T\text{-}s$ 曲线，图 5-3b 是转换后的 $n\text{-}T$ 曲线。三相异步电动机的机械特性分为固有机械特性和人为机械特性。

5.3.1　三相异步电动机的固有机械特性

三相异步电动机的固有机械特性是指电动机工作在额定电压和额定频率下，按规定的接线方式接线，当定子和转子回路不外接电阻、电容、电感等其他电路元件时，由电动机本身固有的参数所决定的机械特性。图 5-3b 就是三相异步电动机的固有机械特性。

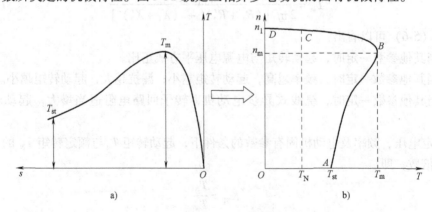

图 5-3　三相异步电动机的 $T\text{-}s$ 曲线转换为 $n\text{-}T$ 曲线

a）$T\text{-}s$ 曲线　b）$n\text{-}T$ 曲线（固有机械特性）

固有机械特性曲线的绘制步骤：

1）从电动机的产品目录表中查取该机 λ_m、P_N、n_N 的值，计算出 T_m、s_m；

2）根据式（5-6）得到固有电磁转矩的实用表达式；

3）用一系列 s 值代入实用表达式，得到对应的 T 值，即绘出 $n=f(T)$ 曲线，如图5-3b 所示。

通过对图5-3b 的分析，观察图形中的 A、B、C、D 几个特殊点，可以得到以下结论：

1）起动点 A：此时 $n=0$，$s=1$，$T=T_{st}$；

2）最大转矩点 B：此时 $n=n_m$，$s=s_m$，$T=T_m$；

3）额定运行点 C：此时 $n=n_N$，$s=s_N$，$T=T_N$；

4）同步运行点 D：此时 $n=n_1$，$s=0$，$T=0$。

5.3.2 三相异步电动机的人为机械特性

三相异步电动机的人为机械特性是指人为地改变一个或多个电源参数或电动机参数（如 U_1、f_1、p、定子回路电阻或电抗、转子回路电阻或电抗等）从而得到的机械特性。

1. 降低定子端电压时的人为机械特性

保持电动机的其他参数不变，仅降低定子电压 U_1 所获得的人为机械特性，称为降低定子端电压时的人为机械特性，其特点是：

1）降压后同步转速 n_1 不变；

2）因为电磁转矩 T 与定子电压 U_1 的平方成正比，U_1^2 下降后，T_m 和 T_{st} 均下降，但 s_m 不变，得到降低定子端电压时的人为机械特性如图5-4所示。如果此时电动机在额定负载下运行，那么，在 U_1 下降后，n 下降，s 增大，转子电流 I_2' 增大，将导致电动机过载。长期欠压过载运行将使电动机过热，减少使用寿命。

3）降压后的起动转矩 T_{st} 也随 U_1^2 正比下降，即电源电压下降后，电动机的起动转矩和过载能力均明显下降。

2. 在转子回路中串入对称三相电阻时的人为机械特性

在转子回路中串入对称三相电阻 R_p，所获得的人为机械特性称为转子回路串对称三相电阻时的人为机械特性，如图5-5所示，其特点是：

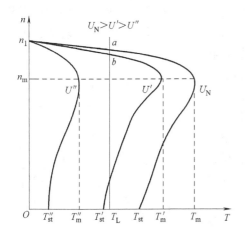

图5-4 降低定子端电压时的人为机械特性曲线

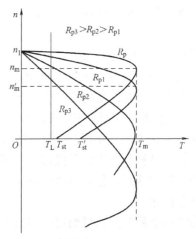

图5-5 在转子回路中串入对称三相电阻时的人为机械特性曲线

115

1）串入对称三相电阻后，机械特性线性段斜率变大，特性变软；

2）同步转速 n_1 不变，即不同 R_p 的人为机械特性都通过固有特性的同步点；

3）转子回路串入对称三相电阻 R_p 后的最大转矩 T_m 不变，但临界转差率 s_m 随 R_p 的增大而增大，从图 5-5 中可看出不同 R_p 的最大转矩点的变化；

4）当 $s_m < 1$ 时，T_{st} 随 R_p 的增大而增大，当 $s_m > 1$ 后，T_{st} 随 R_p 的增大而减小。

3. 在定、转子回路中串入对称三相电抗时的人为机械特性 n

对于笼型异步电动机，可在定子回路中串入对称的三相电抗 X_p；对于绕线转子异步电动机，可在转子回路中串入对称的三相电抗 X_p。无论哪种方式，其 n_1 都不变，而 T_m、s_m、T_{st} 下降。

5.4 三相异步电动机的起动

将三相异步电动机定子绕组接入电网后，转子从静止状态到稳定运行状态的过程，称为异步电动机的起动。衡量异步电动机起动性能好坏的因素有起动电流、起动转矩、起动过程中的平滑性等参数，其中最主要的是起动电流小、起动转矩大。

在电力拖动系统中，通常要求电动机应具有足够大的起动转矩，以拖动负载较快地达到稳定运行状态，而起动电流又不能太大，以免引起电网电压波动过大，从而影响电网上其他负载的正常工作。在电动机带动负载起动时，负载不同，起动情况也不同。

5.4.1 三相笼型异步电动机的起动

三相笼型异步电动机有直接起动和降压起动两种起动方式。

1. 直接起动

直接起动是利用负荷开关或接触器将电动机的定子绕组直接接到具有额定电压的电网上。也称为全压起动。直接起动方法的优点是操作简便、起动设备简单；缺点是起动电流大，会引起电网电压的波动。对于一般中、小容量的三相笼型异步电动机，如果电网容量足够大，就应尽量采用直接起动方式。对大容量的电动机，应采用减压起动，以减小起动电流对电网的冲击。

一种实际应用中的三相异步电动机的点动控制电路如图 5-6 所示。该电路中的电动机采用直接起动方式。其工作过程：当合上电源开关 QS 时，电动机是不会起动运转的，因为这时接触器 KM 的线圈未通电，它的主触头处在断开状态，电动机 M 的定子绕组上没有电压。当按下按钮 SB 时，线圈 KM 通电，主电路中的主触头 KM 闭合，电动机 M 即可起动。但当松开按钮 SB 时，线圈 KM 即失电，而使主触头 KM 分开，切断电动机 M 的电源，电动机即停转。这种只有当按下按钮电动机才会运转，松开按钮即停转的线路，称为点动控制线路，常用于快速移动或调整机床。

参考以下经验公式可确定电动机能否直接起动，即

$$\frac{I_{st}}{I_N} \leqslant \frac{1}{4}\left[3 + \frac{电源容量（kV \cdot A）}{电动机容量（kW）}\right] \quad (5-9)$$

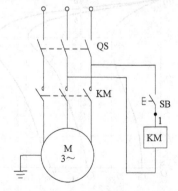

图 5-6　三相异步电动机的点动控制直接起动电路图

【例 5-1】 一台 15kW 的三相异步电动机，起动电流与额定电流之比为 7，变压器容量为 $560kV \cdot A$，可用直接起动方式吗？

解：已知 $\dfrac{I_{st}}{I_N} = 7$，由式（5-9），有

$$\frac{1}{4}\left[3 + \frac{\text{电源容量（kV·A）}}{\text{电动机容量（kW）}}\right] = \frac{1}{4} \times \left(3 + \frac{560 \times 10^3}{15 \times 10^3}\right) = 10.1 > 7$$

所以允许直接起动。

2. 降压起动

降压起动的原理是在起动时降低加在电动机定子绕组上的电压，以减小起动电流。

（1）丫-△降压起动

这种起动方式适用于正常运行时定子绕组为三角形接线的电动机。起动时按丫形联接，以降低绕组电压，限制起动电流，待转速上升到一定值时，将定子绕组改接成△形，使电动机全压运行，如图 5-7 所示。

两种起动状态下其电流和转矩的关系分别是：$\dfrac{I_{st丫}}{I_{st△}} = \dfrac{1}{3}$，$\dfrac{T_{st丫}}{T_{st△}} = \dfrac{1}{3}$。丫-△降压起动多用于空载或轻载起动，在其他状态下较少使用。

【例 5-2】 图 5-8 所示是用 3 个接触器控制三相异步电动机丫-△降压起动的控制电路，试分析其工作过程。

解：先合上电源开关 QS，按下起动按钮 SB_2，时间继电器 KT 和接触器 KM_3 通电，KM_3 常开触头动作，使 KM_1 也通电并自锁，而 KM_2 却因 KM_3 的常闭触头断开而无法通电，于是电动机 M 接成丫形减压起动。当 M 转速上升到一定值时，KT 延时结束，其常闭触头断开，KM_3 断电释放，KM_2 通电吸合，M 接成△形正常运行。

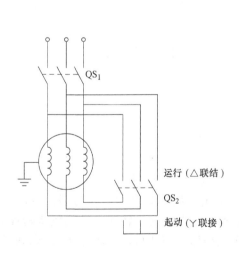

图 5-7　丫-△降压起动电路示意图

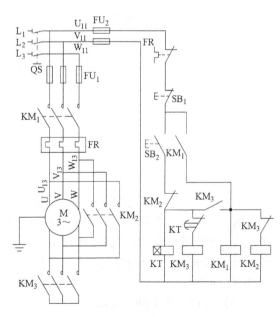

图 5-8　用 3 个接触器控制三相异步电动机丫-△降压起动的控制电路

（2）自耦变压器降压起动

自耦变压器降压起动方法是利用三相自耦变压器降低加到电动机定子绕组的电压，以减小起动电流。采用自耦变压器降压起动时，自耦变压器的一次侧（高压边）接电网，二次侧（低压边）接到电动机的定子绕组上，如图5-9所示，待其转速基本稳定时，再把电动机直接接到电网上，同时将自耦变压器从电网上切除。

假设自耦变压器的变比为 k，则直接起动时的起动电流为 $I_{st} = \dfrac{U_N}{Z_S}$；降压后二次侧起动电流为 $I'_{1st} = \dfrac{U'_1}{Z_S} = \dfrac{U_N'}{kZ_S}$；变压器一次侧电流为 $I'_{st} = \dfrac{1}{k}I'_{1st} = \dfrac{1}{k^2}\dfrac{U_N}{Z_S}$；电网提供的起动电流减小倍数为 $\dfrac{I'_{st}}{I_{st}} = \dfrac{1}{k^2}$；起动转矩减小的倍数为 $\dfrac{T'_{st}}{T_{st}} = \dfrac{1}{k^2}$。

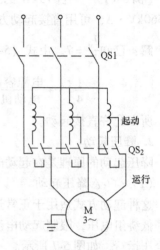

图 5-9　自耦变压器降压起动电路的示意图

【例 5-3】　图5-10为手动控制自耦变压器减压起动的控制电路，试分析其工作过程。

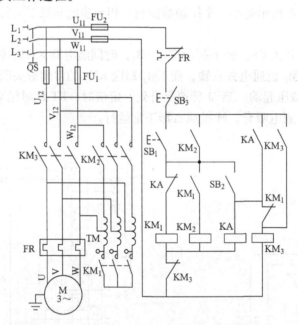

图 5-10　手动控制自耦变压器减压起动的控制电路

解： 先合上电源开关 QS，按下起动按钮 SB_1，KM_1、KM_2 相继通电并自锁，电动机 M 接入自耦变压器 TM，并在其二次侧电压下做减压起动。当电动机转速上升到额定转速时，按下升压按钮 SB_2，中间继电器 KA 与 KM_3 相继通电动作，切断自耦变压器 TM，电动机进入全电压正常运行状态。

（3）延边三角形降压起动

延边三角形降压起动如图5-11所示，这种起动方式介于前两种方式之间。如把延边三角形看成部分为丫形接法，部分为△形接法，那么，丫形部分所占比例越大，起动时电压降得就越多。因此，可采用不同的抽头比来满足不同负载特性的要求。这种接法的优点是节省金属，质量较小；缺点是抽头多，接线较复杂。

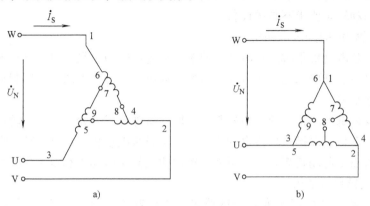

图 5-11　延边三角形降压起动

a) 起动　b) 运行

（4）定子绕组串电阻（或电抗）降压起动

在定子绕组中串联适当的电阻（或电抗）起动时，降低了定子绕组上的电压，起动后，再将电阻（或电抗）短接。由于电阻有电能损耗，一般采用电抗，但其体积大、价格较高，所以此方法较少采用。

【例 5-4】　一台电动机额定功率为 50kW，连接方式为三角形，直接起动电流为额定的 7 倍，起动转矩为额定的 1.8 倍，要求能带 0.8 倍额定转矩的负载起动，该厂的电源容量为 600kV·A，试问应用何种方法起动？

解：1）先看能否直接起动，由式（5-7）有

$$\frac{1}{4}\left[3+\frac{电源容量（kV·A）}{电动机容量（kW）}\right]=\frac{1}{4}\left(3+\frac{600\times10^3}{50\times10^3}\right)=3.75<7$$

因此不能直接起动。

2）再看能否用丫或△减压起动，即

$$I_{ST丫}=\frac{I_\triangle}{3}=\frac{7\times I_N}{3}=2.33I_N<3.75I_N$$

$$T_{STY}=\frac{T_\triangle}{3}=\frac{1.8\times T_N}{3}=0.6T_N<0.8T_N$$

起动转矩不合要求。

3）最后看能否自耦变压器减压起动。流过电网的电流是：$I'_{ST}\leqslant3.75I_N$；还应满足：

$k^2\geqslant\dfrac{I_{ST}}{I'_{ST}}=\dfrac{7\times I_N}{3.75\times I_N}=1.866$；分接头电压比为 $\dfrac{1}{\sqrt{1.866}}=0.732\geqslant\dfrac{1}{k}$，按标准取值为 0.73。

校验起动电流：$I'_{ST}=\dfrac{I_{ST}}{k^2}=7\times I_N\times0.73^2=3.73I_N<3.75I_N$，符合要求。

校验起动转矩：$T'_{ST}=\dfrac{T_{ST}}{k^2}=1.8\times T_N\times0.73^2=0.96T_N>0.8T_N$，符合要求。

因此，采用自耦变压器减压起动，可以满足系统要求。

降压起动虽减小了起动电流，但起动转矩也将减小。这种方式虽对电网有利，但系统负载的能力将下降。因此，对于某些要求带满负载起动的机械设备，就不能采用这种方法。此方法仅适合对起动转矩要求不高的设备。

3. 改善起动性能的异步电动机

三相笼型异步电动机重载起动时的主要矛盾是起动转矩不足，解决这一矛盾的方法有两种：一种方法是按起动要求选择容量大一点的电动机；另一种方法是选用起动转矩较高的特殊形式的笼型电动机。

通过改进其内部的结构，获得较好起动性能的特殊形式的笼型异步电动机，主要有高转差率笼型异步电动机、深槽式异步电动机、双笼型异步电动机等。这些特殊形式的笼型异步电动机的共同特点是起动转矩较大。下面介绍深槽式异步电动机和双笼型异步电动机。

（1）深槽式异步电动机

这种电动机是通过适当改变转子的槽形，充分利用电动机起动过程中转子导条内的"集肤效应"，即转子槽漏磁通引起转子导条的电流集挤在导条表层的效应，以达到既改善起动性能又不降低正常运行效率的目的。深槽式异步电动机槽漏磁通的分布如图 5-12 所示。

（2）双笼型异步电动机

这种异步电动机的转子上安装了两套笼，如图 5-13 所示。两个笼间由狭长的缝隙隔开，显然里面的笼相连的漏磁通比外面的笼的漏磁通大得多。外面的笼导条较细，采用电阻率较大的黄铜或铝青铜等材料制成，故电阻较大，称为起动笼；里面的笼截面较大，采用电阻率较小的紫铜等材料制成，故电阻较小，称为运行笼。

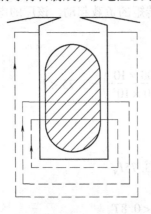

图 5-12 槽漏磁通的分布

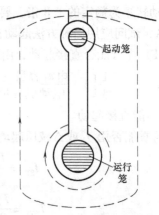

图 5-13 双笼导条的截面和漏磁通分布

5.4.2 三相绕线转子异步电动机的起动

针对需要中、大型电动机带动重载或需要频繁起动的电力拖动系统，不仅要求小的起动电流，而且需要较大的起动转矩，就需要用三相绕线转子异步电动机。三相绕线转子异步电动机可采用直接起动方式，但通常采用转子串接电阻或频敏变阻器的方式来改善起动性能。

1. 转子回路串接电阻起动

异步电动机的转子是三相绕组，它通过滑环与电刷可串接附加电阻，实现一种几乎理想的起动方法，即起动时，在转子绕组中串接适当的起动电阻，以减小起动电流，增加起动转矩，待转速基本稳定时，将起动电阻从转子电路中切除，进入正常运行。其工作原理如图5-14所示。

【例 5-5】 图 5-15 所示为一种电流继电器自动控制三相绕线转子异步电动机转子回路串接电阻的起动控制电路，试分析其工作过程。

解：该电路是利用 3 个欠电流继电器 KA_1、KA_2、KA_3，根据电动机转子电流的变化，控制接触器 KM_1、KM_2、KM_3 依次通电动作来逐次切除外接电阻。欠电流继电器 KA_1、KA_2、KA_3 串接在转子回路中，它们的吸合电流都一样，但释放电流不同，按大小依次为 $KA_1 > KA_2 > KA_3$。

其工作过程：电动机起动时，由于起动电流很大，欠电流继电器 KA_1、KA_2、KA_3 都会吸合，它们的常闭触头都断开，KM_1、KM_2、KM_3 都不动作，电动机串入全部电阻起动。随着电动机转速的升高，电流开始减小，使释放电流较小的 KA_1 首先释放，它的常闭触头闭合，使 KM_1 线圈通电，第一组转子电阻 R_1 短接。此时转子电流继续增加，转速也增加，而电流逐渐下降，使 KA_2 释放，

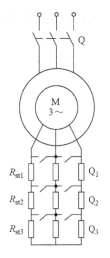

图 5-14　转子回路串接电阻起动原理图

KM_2 线圈通电，触头闭合，短接了第二组电阻。如此类推，直到将转子电阻全部短接，电动机起动完毕。

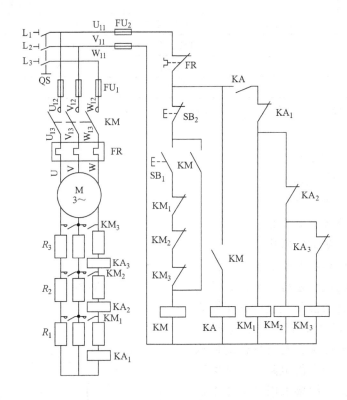

图 5-15　三相绕线转子异步电动机转子回路串接电阻的起动控制电路

在转子回路中串联适当的电阻，既能限制起动电流，又能增大起动转矩。其起动过程的机械特性，即 n-T 曲线如图 5-16 所示。

电动机由 a 点开始起动，经 $b \rightarrow c \rightarrow d \rightarrow e \rightarrow f \rightarrow g \rightarrow h$，完成起动过程。

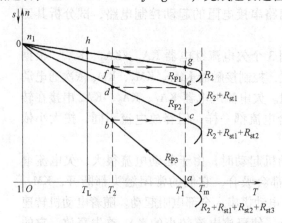

图 5-16 转子回路串接电阻起动的机械特性图

三相绕线转子异步电动机转子回路串接起动电阻的级数可从表 5-3 中选择。

表 5-3 三相绕线转子异步电动机转子回路串接起动电阻的级数

电动机容量值 /kW	起动电阻的级数			
	半负荷起动		全负荷起动	
	平衡短接法	不平衡短接法	平衡短接法	不平衡短接法
100 以下	2 ~ 3	4 级以上	3 ~ 4	4 级以上
100 ~ 400	3 ~ 4	4 级以上	4 ~ 5	5 级以上
400 ~ 600	4 ~ 5	5 级以上	5 ~ 6	6 级以上

转子回路中串联的电阻值可用下式计算

$$R_n = k^{m-n} r \tag{5-10}$$

式中　　k——经验常数，$k = m\sqrt{1/s}$；

　　　　m——起动电阻的级数；

　　　　n——各级起动电阻的序号；

　　　　r——序号最后的电阻值，$r = U_2 (1-s) / \sqrt{3} I_2$。

2. 转子串接频敏变阻器起动

三相绕线转子异步电动机转子回路串接电阻分级起动的优点是可得到最大的起动转矩，缺点是起动设备复杂、操作维修不便，特别是大容量电动机，转子电流大，切换电阻时转矩变化大，对机械传动机构冲击大，同时需要较多的电阻器、开关元件等，设备投资大。如果采用频敏变阻器代替起动电阻，则可克服上述缺点。频敏变阻器的特点是其电阻值随转速的上升而自动减小，其工作原理如图 5-17 所示。

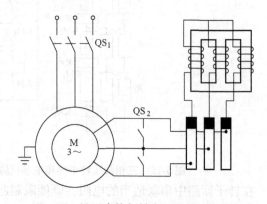

图 5-17 转子串接频敏变阻器起动原理图

频敏变阻器是一种铁损很大的三相电抗器。起动时，QS_1 闭合，QS_2 断开，转子串入频敏变阻器，电动机通电开始起动。此时，$f_2 = f_1$，频敏变阻器铁损大，反映铁损耗的等效电阻 R_m 大，相当于转子回路串入一个较大电阻。随着 n 上升，f_2 减小，铁损减少，等效电阻 R_m 减小，相当于逐渐切除 R_m。起动结束，QS_2 闭合，切除频敏变阻器，转子电路直接短路。其 n-T 曲线如图 5-18 所示。

异步电动机转子串接频敏变阻器起动具有结构简单、运行可靠、价格便宜、维护方便等优点，并能进行自动操作，因此目前获得了十分广泛的应用。

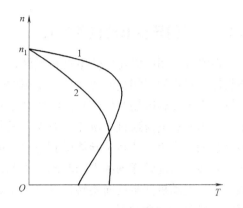

图 5-18　转子串接频敏变阻器起动的机械特性曲线图
1—固有机械特性　2—串频敏变阻器的机械特性

【例 5-6】　图 5-19 所示为绕线转子异步电动机转子串接频敏变阻器起动的控制电路，分析其工作过程。

解：起动过程可用转换开关 SA 实现自动控制和手动控制。采用自动控制时，将 SA 扳到自动控制。按下起动按钮 SB_2，KM_1 通电并自锁，电动机 M 串接频敏变阻器 RF 起动。此时，时间继电器 KT 通电，经过 KT 的整定时间以后，KT 常开触头闭合，中间继电器 KA 通电并自锁。KA 常开触头的闭合使 KM_2 通电，KM_2 常开触头闭合使频敏变阻器 RF 短接，电动机起动完毕，进入正常运行状态。

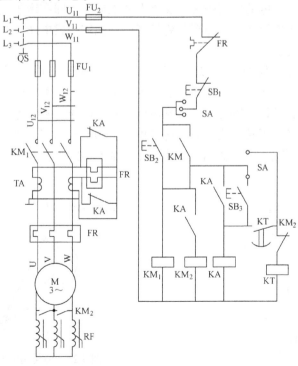

图 5-19　绕线转子异步电动机转子串接频敏变阻器起动的控制电路

5.4.3 三相异步电动机的反转

在实际应用中常需要使电动机反转，根据三相异步电动机的工作原理：当定子三相对称绕组加上对称的三相交流电压后，绕组中便有对称的三相电流流过，它们共同形成定子旋转磁场，定子旋转磁场产生的磁力线将切割转子导体而感应出电动势。在该电动势作用下，转子导体内便有电流通过，电流的有功分量与电动势同相位。转子导体内电流的有功分量与旋转磁场相互作用，使转子导体受到电磁力的作用。在该电磁力作用下，电动机转子就转动起来，其转向与旋转磁场的方向相同。因此，只要把接到电动机的三根电源线中的任意两根对调一下，电动机便会反向旋转。参考图 5-1 所示的三相异步电动机接触器联锁正反转控制电路图，可分析这个过程。

5.5 三相异步电动机的制动

与直流电动机一样，三相异步电动机也可以工作在制动运转状态，即使异步电动机在运行中快速停车、反向或限速。制动状态时，电动机的电磁转矩方向与转子转动方向相反，起着阻止转子转动的作用，此时电动机由轴上吸收机械能，并转换成电能。为了使拖动系统有较好的制动性能，需要限制制动电流，增大制动转矩。制动的方法主要有能耗制动、反接制动和回馈制动 3 种。

5.5.1 三相异步电动机的能耗制动

所谓能耗制动，是当电动机切断三相交流电源之后，立即在定子绕组的任意两相间通入直流电来迫使电动机迅速停转。其原理是将转子的动能转换成电能，并消耗在转子回路电阻中，所以称为能耗制动。

能耗制动的工作原理如图 5-20 所示。制动时，QS_1 断开，电机脱离电网，同时 QS_2 闭合，在定子绕组中通入直流励磁电流。直流励磁电流产生一个恒定的磁场，因惯性继续旋转的转子切割恒定磁场，导体中感应电动势和电流。感应电流与磁场作用产生的电磁转矩为制动性质，转速迅速下降，当转速为零时，感应电动势和电流为零，制动过程结束。

图 5-21 为三相异步电动机能耗制动的机械特性曲线图。能耗制动结束时，$n = 0$，$T = 0$，

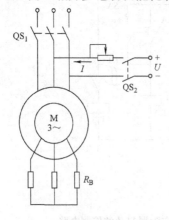

图 5-20　能耗制动原理图

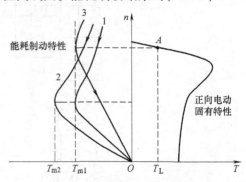

图 5-21　能耗制动的机械特性曲线图
1—初始励磁电流，初始转子电阻　2—较大励磁电流
3—较大转子电阻

124

即采用能耗制动使电动机转速下降为零时，其制动转矩也降为零。因此，能耗制动可用于反抗性负载准确停机，也可使位能性负载匀速下放。对笼型异步电动机，可以增大直流励磁电流来增大初始制动转矩，如曲线2；对绕线转子异步电动机，可以增大转子回路电阻来增大初始制动转矩，如曲线3，制动电阻大小为 $R_B = (0.2 \sim 0.4) \dfrac{E_{2N}}{\sqrt{3} I_{2N}}$。

【例5-7】 图5-22所示为无变压器单相半波整流、单向起动能耗制动控制电路，试分析其工作过程。

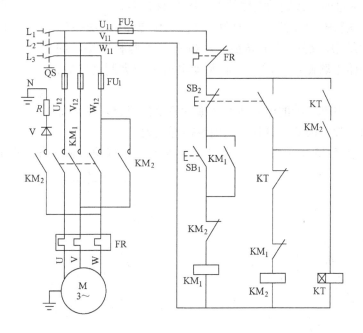

图5-22　无变压器单相半波整流、单向起动能耗制动控制电路图

解：其工作过程：在电动机正常运行时，若按下停止按钮 SB_2，SB_2 的常闭触头先分断，使 KM_1 线圈断电，电动机失电，靠惯性运转，而 SB_2 的常开触头后闭合，KM_2 线圈和时间继电器 KT 线圈相继得电并自锁，直流电通过 KM_2 主触头的闭合加入定子绕组，电动机 M 接入直流电进行能耗制动。当转子转速接近零时，时间继电器延时结束，其常闭触头打开，使 KM_2 线圈失电。由于 KM_2 常开辅助触头的复位，使 KT 失电，与此同时，KM_2 主触头的断开切断了电动机的直流电源，使之停转，至此能耗制动结束。

5.5.2　三相异步电动机的反接制动

三相异步电动机的能耗制动，制动平稳，能准确快速地停车，且从能量的角度看，制动时电动机不从电网吸取交流电能，比较经济。但从能耗制动的机械特性来看，拖动系统制动至转速较低时，制动转矩也较小，制动效果不理想。因此，若要求更快速停车，则需对电动机进行反接制动。三相异步电动机的反接制动有电源两相反接和倒拉反转两种方式。

1. 电源两相反接的反接制动

异步电动机电源两相反接的反接制动也称为定子两相反接制动，它依靠改变电动机定子绕组的电源相序来产生制动力矩，迫使电动机迅速停转，其工作原理如图 5-23 所示。反接制动时，由于旋转磁场与转子的相对转速很高，会使定子电流变大（一般情况下会达到全压直接起动时的两倍），所以这种方式只适用于 10kW 以下小容量电动机的制动。在绕线电动机的应用中，为了减小冲击电流，进行反接制动时，就要在定子电路回路中串入一定值的电阻，以限制反接制动电流。

由于定子旋转磁场的方向改变，所以理想空载转速变为 $-n_1$，$s>1$。电源两相反接的反接制动机械特性如图 5-24 所示。

制动时，机械特性由曲线 1 变为曲线 2，工作点由 $A \rightarrow B \rightarrow C$，$n=0$，制动过程结束。绕线转子异步电动机在定子两相反接的同时，可在转子回路串联制动电阻来限制制动电流和增大制动转矩，如曲线 3。

在此过程中，电网供给的电磁功率和拖动系统的机械功率全部转换成转子的热损耗。因此，这种制动能量损耗较大。

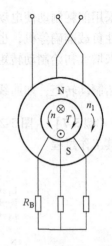

图 5-23　电源两相反接的
反接制动原理图

【例 5-8】　图 5-25 所示为一种典型的单向起动反接制动控制电路，试分析其工作过程。

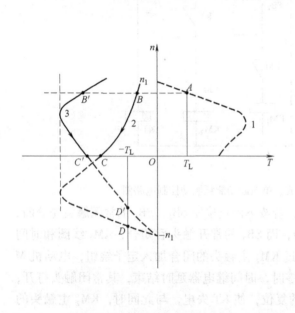

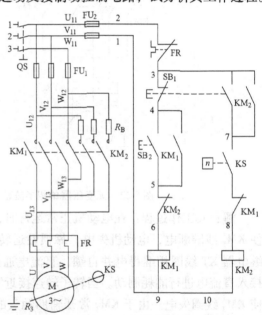

图 5-24　电源两相反接的反接制动机械特性曲线图
1—制动前运行时的机械特性　2—反接制动时的机械特性
3—转子回路串联制动电阻时的机械特性

图 5-25　单向起动反接制动的控制电路

解： 起动时，按下 SB_2，KM_1 通电并自锁，电动机 M 起动运转，当转速上升到一定值时，速度继电器 KS 常开触点闭合，为 KM_2 通电做好准备。起动反接制动时，按下 SB_1，常闭触点先断开，KM_1 断电，电动机 M 也暂时断电。由于此时电动机转动的惯性，所以 KS 的常开触头依然闭合，KM_2 通电并自锁，其主触头闭合，此时电动机得到与正常运转相序相反的三相电源，电动机进入反接制动状态，转速快速下降，下降到一定值时，KS 常开触点恢复断开使 KM_2 失电，电动机 M 断开电源停转，反接制动完成。

2. 倒拉反转的反接制动

这种反接制动相当于直流电动机的电势反向的反接制动，适用于位能性负载的低速下放，也称为倒拉反接制动。其适用条件是绕线转子异步电动机带位能性负载的情况，其实现方式是在转子回路串联适当大的电阻 R_B。

倒拉反转的反接制动工作原理如图 5-26 所示，其机械特性曲线如图 5-27 所示。由于定子接线与正向电动状态一样，所以曲线 1 仍过 n_1 点。设异步电动机原运行于 A 点来提升重物，处于正向电动状态。在转子回路中串入足够大的电阻，使 $s'_m \gg 1$，以至于对应的人为机械特性与位能性恒转矩负载特性的交点落在第 IV 象限，如图 5-27 曲线 2 所示。在串入电阻的瞬时，转速 n 由于机械惯性来不及变化，工作点从 A 点水平跳变到 B 点。由于 $T_b < T_L$，系统开始减速，待到转速 n 为零，电动机的电磁转矩 T_C 仍小于负载转矩 T_L，重物迫使电动机转子反向旋转，即转速由正变负，此时 $T > 0$，而 $n < 0$，电动机开始进入反接制动状态。

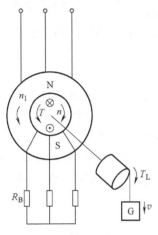

图 5-26　倒拉反转的反接制动原理图　　　　图 5-27　倒拉反转的反接制动的机械特性曲线图

倒拉反转的反接制动和电源两相反接的反接制动，虽然实现制动的方式不同，但在能量传递关系上是相同的。这两种反接制动，电动机的转差率都大于 1。与电动机电动状态相比，反接制动时机械功率的传递方向相反，此时电动机实际上是输入机械功率。异步电动机反接制动时，一方面从电网吸收电能，另一方面将从旋转系统中获得的动能（电源两相反接的反接制动）或势能（倒拉反转的反接制动）转化为电能，这些能量都消耗在转子回路中。因此，从能量损失来看，异步电动机的反接制动是很不经济的。

5.5.3　三相异步电动机的回馈制动

1. 反向回馈制动

当异步电动机处于电动机工作状态时，由于某种原因，在转向不变的条件下，当转子的转速 n 大于同步转速 n_1 时，电动机就处于回馈制动状态。回馈制动状态实际上就是将轴上的机械能转变成电能，并回馈到电网的异步发电机状态，因此这种制动方法也称为反向再生发电制动，与他励直流电动机类似，此方法适用于将重物快速稳定下放。

反向回馈制动的工作原理如图 5-28 所示，其机械特性如图 5-29 所示。将定子两相对调，旋转磁场反向，曲线 1 过 $-n_1$ 点。异步电动机在电磁转矩和位能性负载转矩的共同作用下，

127

快速反向。起动后沿曲线 1 在第Ⅲ象限加速，当加速到等于同步转速 $-n_1$ 时，尽管电磁转矩为零，但是由于重力转矩的作用，使电动机继续加速到高于同步转速，即进入曲线 1 的Ⅳ象限，转差率为 $s = \dfrac{-n_1 - (-n)}{-n_1} < 0$，这时转子导条相对切割旋转磁场的方向与反向电动状态时相反，因此 E_2 反向，I_2 反向，电磁转矩 T 也反向，即由第Ⅲ象限的 $T < 0$ 变成Ⅳ象限的 $T > 0$，与转速 n 方向相反，成为制动性质的转矩。进入Ⅳ象限的反向回馈制动，最后 $T = T_L$ 时，电动机在曲线 1 的 a 点匀高速下放重物，此时电动机处于稳定反向回馈制动的运行状态。

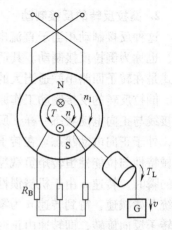

图 5-28　反向回馈制动的原理图

　　如果在转子回路中串入制动电阻，其转速增加，重物下放的速度就增快，如图 5-29 所示的曲线 2。为了限制电动机的转速，回馈制动时，在转子回路中串入的电阻值不应太大。

2. 正向回馈制动

　　正向回馈制动应用于变极和电源频率下降较多的降速过程，其机械特性如图 5-30 所示。如果原来电动机工作在 a 点，当突然换接到倍极数运行（或电源频率下降很多）时，机械特性就突变为曲线 2，但因 $n = n_a$ 不能突变，所以工作点就突变到 b 点。因 $n_b > n'_1$，即进入正向回馈制动，在 T 及 T_L 的共同制动下系统开始减速，从 b 点到 n'_1 的降速过程中都是 $s < 0$，在此过程中，电动机吸收系统释放的动能，并转换成电能回馈到电网。从 n'_1 至 c 点是电动状态的降速过程，在 c 点为制动后的稳态工作点。

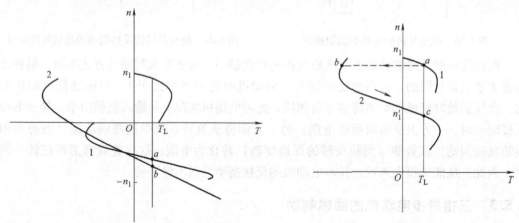

图 5-29　反向回馈制动的机械特性曲线图　　　图 5-30　正向回馈制动的机械特性曲线图

【例 5-9】　假设某三相异步电动机 $P_N = 20\text{kW}$，$U_N = 380\text{V}$，$n_N = 720\text{r/min}$，当电动机轴上的 $T_L = 100\text{N} \cdot \text{m}$，试求电动机以回馈制动下放重物的转速。

　　解： $T_N = 9.55 \dfrac{P_N}{n_N} = 9.55 \times \dfrac{20 \times 10^3}{720} = 265$（N·m）

$$s_N = -\left(\frac{-750 + 720}{-750} \right) = -0.04$$

稳态工作点时的转差率：$s_g = \dfrac{T}{T_N} s_N = \dfrac{100}{265} \times (-0.04) = -0.0151$

下放转速：$n = (1 - s) n_1 = [1 - (-0.0151)] \times (-750) = -761 \ (r/min)$

5.6 三相异步电动机的调速

与直流电动机的拖动系统相似，在实际应用中往往也要求拖动生产机械的交流电动机的转速能够调节。由异步电动机的转速公式 $n = n_1 (1 - s) = \dfrac{60 f_1}{p}(1 - s)$ 可知，异步电动机有 3 种基本调速方法，即改变定子极对数 p 调速（变极调速）、改变电源频率 f_1 调速（变频调速）和改变转差率 s 调速（改变转差率调速）。前两者是笼型异步电动机的调速方法，后者是绕线转子异步电动机的调速方法。

5.6.1 变极调速

变极调速只适用于笼型异步电动机，而不适用其他类型的电动机。由于一般异步电动机正常运行时的转差率很小，电动机的转速 $n = n_1 (1 - s)$ 主要取决于同步转速。由 $n_1 = 60 f_1 / p$ 可知，在电源频率保持不变的情况下，改变定子绕组的极对数 p，即可改变电动机的同步转速 n_1，从而使电动机的转速 n 也随之改变，达到调速的目的。

1. 变极原理

变级调速的工作原理如图 5-31 所示，以 4 极变 2 极为例：U 相两个线圈，顺向串联，定子绕组产生 4 极磁场，如图 5-31a 所示。反向串联和反向并联，定子绕组产生 2 极磁场，如图 5-31b 和图 5-31c 所示。

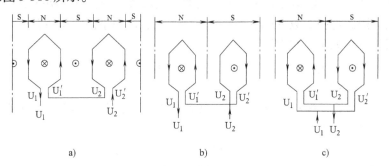

图 5-31　变级调速的原理图

a）顺串展开图　b）反串展开图　c）反并展开图

由此可知，若要使定子绕组的极对数增加或减少一倍，则只要改变定子绕组的连接方式（即将每相绕组分成两个"半相绕组"，通过改变其引出端的联结方式）即可，使其中任一"半相绕组"中的电流反向，就能使定子绕组的极对数增大（顺串）或减少（反串或反并）一倍。

2. 两种常用变极接线方式

常用的改变定子绕组极对数有两种联结方式，即 $\curlyvee \rightarrow \curlyvee \curlyvee$ 联结，如图 5-32 所示；$\triangle \rightarrow \curlyvee \curlyvee$ 联结，如图 5-33 所示。

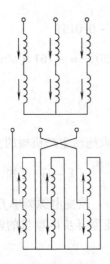

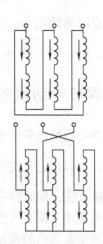

图 5-32　丫→丫丫联结示意图　　　　　　图 5-33　△→丫丫联结方式示意图

应当注意的是，当改变定子绕组接线时，必须同时改变定子绕组的相序。上述两种变极连接方法，虽然都能使定子绕组的极对数减少一半，转速增大一倍，但电动机的负载能力的变化却不同。所谓调速过程中电动机负载能力的变化，是指在保持定子电流为额定值的条件下，调速前后电动机轴上输出的转矩和功率的变化。

（1）丫-丫丫联结方式

按丫-丫丫联结后，极对数减少一半，转速增大一倍，即 $n_{yy} = 2n_y$，保持每一绕组电流为 I_N，则输出功率和转矩为

$$P_{yy} = 2P_y, \quad T_{yy} = T_y \tag{5-11}$$

可见，采用丫-丫丫联结方式时，电动机的转速增大一倍，输出功率增大一倍，而输出转矩保持不变，因此这种变极调速属于恒转矩调速，它适用于恒转矩负载。丫-丫丫联结方式调速时的机械特性如图 5-34 所示。

由图 5-34 可看出：$s_{myy} = s_{my}$，$T_{myy} = 2T_{my}$，$T_{styy} = 2T_{sty}$。

（2）△-丫丫联结方式

按△-丫丫联结后，极对数减少一半，转速增大一倍，即 $n_{yy} = 2n_△$，保持每一绕组电流为 I_N，则输出功率和转矩为

$$P_{丫丫} = 1.15P_△, \quad T_{丫丫} = 0.58T_△ \tag{5-12}$$

可见，采用△-丫丫联结方式时，电动机的转速增大一倍，输出功率近似不变，而输出转矩近似减少一半，因此这种变极调速属于恒功率调速，它适用于恒功率负载。同理可以分析，正串丫-反串丫联结方式的变极调速属恒功率调速。△-丫丫联结方式调速时的机械特性如图 5-35 所示。

由图 5-35 可看出：$s_{myy} = s_{m△}$，$T_{myy} = \dfrac{2}{3}T_{n△}$，$T_{styy} = \dfrac{2}{3}T_{st△}$。

变极调速时，转速几乎是成倍变化的，调速的平滑性较差，但具有较硬的机械特性，稳定性好，可用于恒功率和恒转矩负载。从以上分析可以看出，异步电动机的变极调速简单可靠、成本低、效率高、机械特性硬，既可适用于恒转矩调速也可适用于恒功率调速，属于转差功率不变形调速方法。但变极调速是有级调速，不能实现均匀平滑的无级调速，且能实现

的速度档也不可能太多。此外，多速电动机的尺寸一般比同容量的普通电动机稍大，运行性能也稍差一些，且接线头较多，并需要专门的换接开关，但总体上，变极调速还是一种比较经济的调速方法。

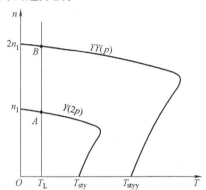 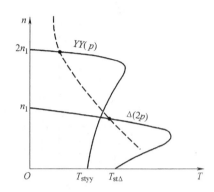

图5-34　丫-丫丫联结方式调速时的机械特性曲线图　　图5-35　△-丫丫联结方式调速时的机械特性曲线图

【例5-10】　图5-36为用按钮和接触器控制双速异步电动机的控制电路，试分析其工作过程。

解：首先合上 QS，再按下低速起动按钮 SB_1，KM_1 通电后动作，此时定子绕组为三角形连接，电动机 M 低速起动运转。当切换为高速运转时，按下高速起动按钮 SB_2，其常闭触点断开，切断 KM_1 线圈回路，使其失电，KM_1 连锁触点恢复闭合，SB_2 常开触点后闭合，使 KM_2、KM_3 同时通电动作，主触头闭合，使定子绕组做双星形联结，电动机进入高速运转状态。由于高速运转是由 KM_2 和 KM_3 共同控制的，所以在其自锁回路中，串联了 KM_2 和 KM_3 两个常开辅助触头，其目的是为了保证两个接触器都吸合时才工作。

5.6.2　变频调速

由异步电动机的转速公式 $n = n_1(1-s)$ 和同步转速公式 $n_1 = 60f_1/p$ 可知，若改变电源频率 f_1，则可平滑地改变异步电动机的同步转速，从而使异步电动机的转速 n 也随之改变，达到调速的目的。但在工程实践中，仅仅改变电源频率，会影响电动机的运行，因此需同时调节电源电压。

电压随频率调节的规律如下所述。

由 $\Phi_0 = \dfrac{E_1}{4.44 f_1 N_1 k_{\omega 1}} \approx \dfrac{U_1}{4.44 f_1 N_1 k_{\omega 1}}$ 可知，当频率 f_1 下降时，如 U_1 保持不变，则主磁通 Φ_0 增加。为使变频时的主磁通保持不变，应有

$$\frac{U_1}{f_1} = \frac{U_1'}{f'} = 常数 \tag{5-13}$$

频率改变还将影响磁路的饱和程度、励磁电流、功率因数、铁损及过载能力的大小。由

$$\lambda_m = \frac{T_m}{T_N} \approx \frac{m_1 p U_1^2}{4\pi f_1 (X_1 + X_2') T_N} = \frac{m_1 p U_1^2}{4\pi f_1 \times 2\pi f_1 (L_1 + L_2') T_N} = c \frac{U_1^2}{f_1^2 T_N}$$ 可知，为了保持改变频率

前、后过载能力不变，要求 $\dfrac{U_1^2}{f_N^2 T_N} = \dfrac{U_1'^2}{f_1'^2 T_N'}$ 成立，即

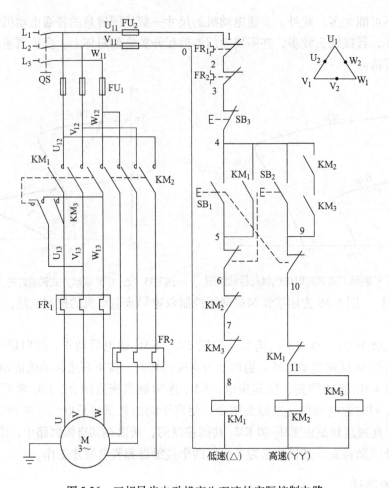

图 5-36　三相异步电动机产生双速的实际控制电路

$$\frac{U_1}{U_1'} = \frac{f_1}{f_1'} \sqrt{\frac{T_N}{T_N'}} \tag{5-14}$$

（1）恒转矩变频调速

由于对恒转矩负载 T_L 为常数，所以 $T_N' = T_N$，则有

$$\frac{U_1}{U_1'} = \frac{f_1}{f_1'} = 常数 \tag{5-15}$$

在此条件下变频调速，电机的主磁通和过载能力不变，因而变频调速最适合于恒转矩负载。

（2）恒功率变频调速

对恒功率负载有 $P_N = \dfrac{T_N n_N}{9.55} = \dfrac{T_N' n_N'}{9.55} = 常数$，$\dfrac{T_N}{T_N'} = \dfrac{n_N}{n_N'} = \dfrac{f_1}{f_1'}$，因此得到

$$\frac{U_1}{\sqrt{f_1}} = \frac{U_1'}{\sqrt{f_1'}} = 常数 \tag{5-16}$$

在此条件下变频调速，电机的过载能力 λ_m 与主磁通无法同时保持不变。

变频调速时电动机的机械特性如图 5-37 所示。其最大转矩为

$$T_{\mathrm{m}} \approx \frac{m_1 p}{8\pi^2(L_1 + L_2')}\left(\frac{U_1}{f_1}\right)^2 \tag{5-17}$$

起动转矩为

$$T_{\mathrm{st}} \approx \frac{m_1 p R_2'}{8\pi^2(L_1 + L_2')}\left(\frac{U_1}{f_1}\right)^2 \frac{1}{f_1} \tag{5-18}$$

临界点转速差为

$$\Delta n_{\mathrm{m}} = sn_1 \approx \frac{R_2'}{2\pi f_1(L_1 + L_2')}\frac{60 f_1}{p} = \frac{30 R_2'}{\pi p(L_1 + L_2')} \tag{5-19}$$

在基频以下调速时，保持 $U_1/f_1 =$ 常数，即恒转矩调速。在基频以上调速时，电压只能 $U_1 = U_{1N}$，迫使主磁通与频率成反比降低，近似为恒功率调速。

三相异步电动机变频调速具有优异的性能，调速范围大，调速的平滑性好，可实现无级调速；调速时异步电动机的机械特性硬度不变，稳定性好；变频时 U_1 按不同规律变化，可实现恒转矩或恒功率调速，以适应不同负载的要求，是异步电动机调速最有发展前途的一种方法。但是，要实现变频调速必须有专用的变频电源。随着新型电力电子器件和半导体变流技术以及自动控制等技术的不断发展，变频电源的应用有着广阔的前景。

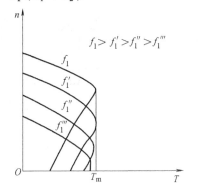

图 5-37　变频调速时电动机的机械特性

【例 5-11】　图 5-38 是使用变频器的三相异步电动机的可逆调速控制电路，试分析其工作过程。

解：此线路实现电动机的正反向运行、调速和点动控制。根据控制要求，首先对变频器编程并修改参数。选择合适的运行方式，例如：线性 V/F 控制、无传感器矢量控制等。选择模拟输入为频率设定值信号源。将变频器 DIN_1、DIN_2、DIN_3、DIN_4 端子分别设置为正转运行、反转运行、正向点动和反向点动功能。

5.6.3　改变转差率调速

改变转差率调速包括改变定子电压调速、转子电路串电阻调速和串级调速。它们的共同点是在调速过程中都产生大量的转差功率。前两种把转差功率消耗在转子电路里，不经济；而后者能将转差功率吸收或大部分反馈回电网，较为经济。

1. 绕线转子异步电动机转子串电阻调速

绕线转子异步电动机的转子回路串接对称电阻时的机械特性如图 5-39 所示，由图可以看出，当转子电阻 R_2 串入附加电阻 R_{s1}、R_{s2}（$R_{s1} < R_{s2}$）时，n_1 和最大转大转矩 T_{m} 不变，但对应于最大转矩的转差率 s_{m} 增大，机械特性的斜率增大。若带恒转矩负载，则工作点将随着转子串联电阻的增大下移（如图中 A、B、C 3 点），转差率增加（$s_{\mathrm{m}} < s_{\mathrm{m1}} < s_{\mathrm{m2}}$），对应的工作点的转速将随着转子串联电阻的增大而减小（如图中 $n_{\mathrm{A}} > n_{\mathrm{B}} > n_{\mathrm{C}}$）。

设 s_{m}、s、T_{m} 是转子串联电阻 R_s 前的量，s_{m}'、s'、T_{m}' 是串联电阻后的量，则转子串接的电阻为

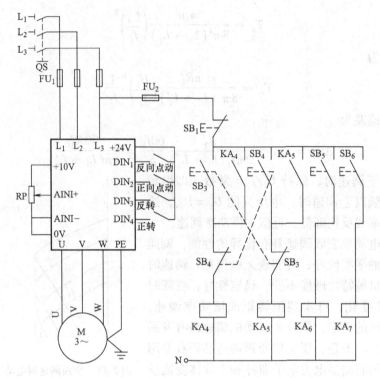

图 5-38　使用变频器的三相异步电动机的可逆调速控制电路

$$R_s = \left(\frac{s'T_m}{sT_m} - 1 \right) R_2 \qquad (5\text{-}20)$$

【例 5-12】　一台绕线转子电动机，转子电阻每相为 0.15Ω，使用额定负载时，转子电流为 50A，转速为 $1\,450\text{r/min}$，效率为 85%。若保持负载转矩恒定，并将转速降低至 $1\,110\text{r/min}$，试求每相应串入的电阻值和电机的电磁功率。

解：转差率：$s_N = \dfrac{n_1 - n_N}{n_1} = \dfrac{1\,500 - 1\,450}{1\,500} = 0.03$，则

$$s = \frac{n_1 - n}{n_1} = \frac{1\,500 - 1\,100}{1\,500} = 0.27$$

那么转子每相应串入阻值

$$R_s = \left(\frac{s'T_m}{sT_m'} - 1 \right) R_2 = \left(\frac{0.27}{0.03} \times 1 - 1 \right) \times 0.15\Omega = 1.18\Omega$$

因调速前和调速后的功率不变，故转子电流不变，对于绕线转子电动机有 $m_1 = m_2 = 3$，那么电磁功率

$$P_m = m_2 I_2^2 \frac{r_2}{s_N} = 3 \times 50^2 \times \frac{0.15}{0.03} \text{kW} = 37.5\text{kW}$$

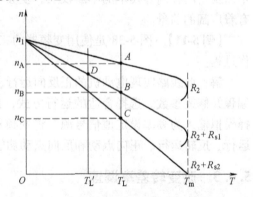

图 5-39　绕线转子异步电动机的转子回路
串接对称电阻时的机械特性

2. 绕线转子异步电动机的串级调速

针对上述串电阻调速存在的低效问题，设想如果在绕线式异步电动机转子电路中串入附

加电动势来取代电阻，就能通过电动势这样一种电源装置吸收转子上的转差功率，并回馈给电网，以实现高效的平滑调速——这就是串级调速的思想。根据电机的可逆性原理，由于异步电动机既可以从定子输入或输出功率，也可以从转子输入或输出转差功率，所以同时从定子和转子向电动机馈送功率也能达到调速的目的。因此，串级调速又称为双馈调速。

绕线转子电动机的串级调速电路如图 5-40 所示，在绕线转子电动机的转子回路串接一个与转子电动势 E_{2s} 同步频率的附加电动势 E_{ad}。通过改变 E_{ad} 的幅值和相位，实现调速。

3. 变压调速

改变电动机的电压调速时，其机械特性如图 5-41 所示。对于转子电阻大，机械特性曲线较软的笼型异步电动机而言，如加在定子绕组的电压发生改变，那么，对于恒转矩负载 T_L，对应于不同的电源 U_1''、U_1'、U_1，可获得不同的工作点 a_2、b_2、c_2。

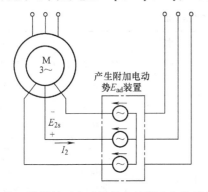

图 5-40 绕线转子电动机的串级调速电路示意图　　图 5-41 变压调速的机械特性曲线图

从图中看出，若降低定子端电压 U 的调速用于恒转矩调速，其调速范围很小。变压调速既非恒转矩调速，也非恒功率调速，它最适用于转矩随转速降低而减小的负载，如风机类负载，也可用于恒转矩负载，最不适用恒功率负载。为扩大变压调速的范围，增大起动转矩，限制低速时转子电流，宜采用转子电阻较大的高转差率笼型异步电动机。

5.6.4 电磁调速

异步电动机的电磁调速是通过电磁转差离合器来实现的，其结构如图 5-42 所示。

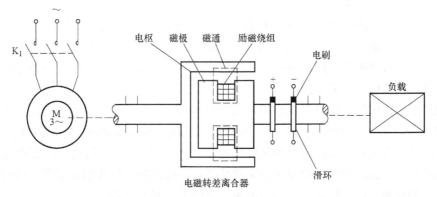

图 5-42 电磁转差离合器结构示意图

励磁电流大，磁通增多，磁极与电枢之间较小的转差就能产生较大的电磁转矩，因此转速高；减小励磁电流，磁通减少，磁极与电枢之间较大的转差才能产生足够大的电磁转矩带动负载，因此转速低。当三相异步电动机转速一定时，调节励磁电流 I_f 的大小，就可以调节负载的转速。

采用电磁转差离合器进行电动机调速具有控制方便、可平滑调速、设备简单、价格低廉等优点，但是机械特性较软，稳定性较差，调速范围小，低速时的能耗大，效率低，一般适合通风机和泵类负载。其机械特性如图 5-43 所示。

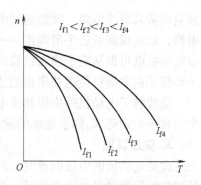

图 5-43　电磁调速的机械特性曲线图

以上各种调速方案的性能比较如表 5-4 所示。

表 5-4　几种调速方案性能的比较

方法 项目	改变 n_1		改变 s			采用转差 离合器
	改变极对数	改变频率	转子串电阻	串级	改变定子电压	
调速范围	不宽	宽	不宽	宽	较宽	较宽
调速方向	上、下调	上、下调	下调	上、下调	下调	下调
稳定性	好	好	不好	好	较好	较好
平滑性	不好	好	不好	好	好	好
负载类型	恒转矩 丫－丫丫 恒功率 △－丫丫	恒转矩（f_N 以下） 恒功率（f_N 以上）	恒转矩	恒转矩，恒功率	恒转矩 通风机型	恒转矩 通风机型
损耗	小	小	低速大	小	低速大	低速大
成本	小	大	小	大	较大	较大

5.7　小结

三相异步电动机主要由定子和转子构成，按转子结构的不同可分为笼型异步电动机和绕线转子异步电动机。笼型异步电动机结构简单、维护方便、价格便宜、应用广泛；绕线转子异步电动机的起动和调速的性能较好。

三相异步电动机的机械特性有 3 种表达形式，即物理表达式、参数表达式和实用表达式；其转速 n 和转矩 T 的关系曲线 $n = f(T)$ 是三相异步电动机的机械特性曲线。以机械特性为基础，结合典型控制电路的应用，才能更好地掌握三相异步电动机的各种控制方式和采用某种控制方式所应注意的要点。

三相异步电动机的起动可分为直接起动和减压起动。直接起动时起动电流较大，对电网和其他用电设备有一定影响。直接起动一般适合小容量场合，而间接起动适合大、中容量场合；减压起动的方法有电阻或电抗串接降压起动；丫-△ 起动及自耦变压器起动等。减压起动时，虽然减小了起动电流，但也减小了起动转矩。绕线转子异步电动机可采用在转子电路中串接电阻的起动方法，既可减小起动电流，又能增大起动转矩。

三相异步电动机的常用的制动方法有能耗制动、反接制动和回馈制动。能耗制动需要直流电源，制动准确而平稳，耗能小；反接制动设备简单，制动迅速，制动时有冲击，能耗大。

三相异步电动机的调速是当前电动机发展的重要内容，调速性能可从调速范围、平滑性、可靠性等方面来衡量。异步电动机的调速可通过下列方法进行调节：改变电流频率 f_1；改变旋转磁场的磁极对数 p；改变转差率 s。对于绕线转子异步电动机，通过改变串接在转子电路中的电阻来改变转速。

5.8　习题

1. 三相异步电动机的旋转磁场是如何产生的？其转向如何确定？

2. 三相异步电动机的转子开路时，电动机能否转动？为什么？

3. 什么是三相异步电动机的转差率？其额定值是多少？在起动瞬间其值是多少？

4. 为何在三相异步电动机的减压起动的各种方法中，自耦变压器减压起动性能相对较好？

5. 为什么在三相异步电动机变极调速时要同时改变电源时序？

6. 试述三相异步电动机转子串电阻调速原理和调速过程，有何优缺点？

7. 当三相异步电机运行于电动机状态，s 在什么范围内？在此时电磁转矩怎样？

8. 有一台三相笼型异步电动机，额定功率为 40kW，额定转速为 1 470r/min，求它的同步转速、额定转差率、额定转矩。

9. 三相异步电动机的调速有哪几种方法？各有何优缺点？

10. 三相异步电动机拖动恒转矩负载进行变极调速时，应采用何种联结方式？

11. 一台三相异步电动机拖动额定转矩负载运行时，若电源电压下降 10%，当电动机稳定运行后，电动机的电磁转矩变化多少？

12. 一台 20kW 的三相异步电动机，起动电流与额定电流之比为 7，变压器容量为 560kV·A，可用直接起动方式吗？

13. 假设某三相异步电动机 $P_N = 15kW$，$U_N = 380V$，$n_N = 720r/min$，当电动机轴上的 $T_L = 100N·m$，试求电机以回馈制动下放重物的转速。

14. 一台绕线转子电动机，转子电阻每相为 0.2Ω，使用额定负载时，转子电流为 55A，转速为 1 340r/min，效率为 85%。若保持负载转矩恒定，并将转速降低至 1 050r/min，试求每相应串入的电阻值和电机的电磁功率。

第6章 单相异步电动机和同步电机

本章要点

- 单相异步电动机的工作原理及其起动和调速性能
- 同步电动机的工作原理及其特性
- 同步发电机的工作原理及其特性

常用的交流电机除了三相异步电动机外，还有单相异步电动机和同步电机。本章将介绍这几种电机。

6.1 单相异步电动机、同步电机的结构及起动运转

1. 单相异步电动机的结构及起动运转

（1）外形观察与铭牌解读

1）观察单相异步电动机的外观。电阻分相式、电容分相式单相异步电动机如图 6-1 所示。单相双值电容起动异步电动机如图 6-2 所示。用于洗衣机、抽油烟机的单相异步电动机如图 6-3 所示。

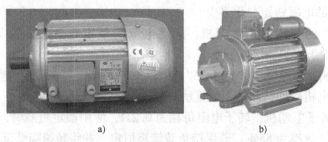

a)   b)

图 6-1　电阻、电容分相式单相异步电动机

a）电阻分相式单相异步电动机　b）电容分相式单相异步电动机

2）解读单相异步电动机的铭牌。阅读电机铭牌中的各项参数，了解其铭牌的内容及含义，将铭牌数据记录在表 6-1 中（可根据电机的实际铭牌内容另加记录项）。电机的铭牌所标写的各项参数是电机运行时必须满足的运行条件。在铭牌参数允许的范围外运行电机，将使电机不能正常工作或烧毁电机。

表 6-1　单相异步电动机的铭牌数据表

型　　号		额定功率		额定电压	
额定电流		频　　率		额定转速	
起动方式		工作方式		绝缘等级	
产品编号		重　　量		防护形式	

图 6-2　单相双值电容起动异步电动机

a)

b)

图 6-3　用于洗衣机和抽油烟机的单相异步电动机
a）洗衣机电动机　b）抽油烟机电动机

（2）观察单相异步电动机的结构

将单相异步电动机按三相异步电动机的拆卸方法进行拆卸，仔细观察其内部结构，重点观察其绕组结构，并与三相异步电动机进行比较。将其组成结构和绕组结构记录在表 6-2 中。

表 6-2　单相异步电动机的结构组成记录表

单相异步电动机的基本结构				
单相异步电动机的绕组结构				
三相异步电动机的绕组结构				

（3）电容分相式异步电动机的起动观察

按以下 3 种起动方式起动单相异步电动机，观察电动机能否正常运转，将观察结果填入表 6-3 中。

1）直接加电压起动电容分相式异步电动机。将单相异步电动机加上铭牌所示的额定电压，观察电动机能否运转（注：若电动机在 30s 内仍未起动，请立即切断电源，以防电动机被烧毁）。

2）加外力起动异步电动机。加上额定电压后，用外力旋转单相异步电动机的轴承，观察电动机能否正常运行。

3）电容分相起动异步电动机。在起动绕组中串联电容，再通过一个离心开关和主绕组并联接到电源上，观察此时异步电动机能否在不需要外力的情况下正常运转。

表 6-3　不同起动方式下起动电容分相式异步电动机

起动方式	能否正常运转
直接加电压起动	
施加外力起动	
电容分相起动	

2. 同步电机的结构及起动运转

（1）外形观察与铭牌解读

1）观察同步电机的外观。同步电机整机外观图如图 6-4 所示。永磁式同步电机整机外

图 6-4　同步电机整机外观

观如图 6-5 所示。

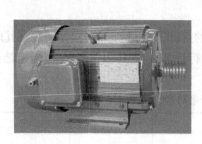

图 6-5　永磁式同步电机整机外观

2）解读同步电机的铭牌。阅读电机铭牌中的各项参数，了解其铭牌的内容及含义，将铭牌数据记录在表 6-4 中（可根据电机的实际铭牌内容另加记录项）。电机铭牌所标写的各项参数是电机运行时必须满足的运行条件。在铭牌参数允许的范围外运行电机，将使电机不能正常工作或烧毁电机。

表 6-4　同步电机的铭牌数据表

型　　号		额定功率		额定电压	
额定电流		频　　率		额定转速	
起动方式		工作方式		绝缘等级	
产品编号		重　　量		防护形式	

（2）观察同步电机的结构

将同步电机按三相异步电动机的拆卸方法进行拆卸，仔细观察其内部结构，重点观察其转子结构，注意区分隐极式转子与凸极式转子的差别。将其组成结构记录在表 6-5 中。

表 6-5　同步电机的结构组成记录表

隐极式同步电机的基本结构				
凸极式同步电机的基本结构				

（3）同步电机的起动观察

按以下两种起动方式起动同步电机，观察电机能否正常运转，并将观察结果填入表 6-6 中。

1）直接加电压起动同步电机。将同步电机加上铭牌所示的额定电压，观察电动机能否正常运转（注：若电动机在 30s 内仍未起动，请立即切断电源，以防电动机被烧毁）。

2）辅助起动法起动同步电机。采用异步电动机的动力机械将同步电动机加速到接近同步转速，在脱开动力机械的同时，立即给转子绕组加上电源，将同步电动机拉入同步，观察同步电机能否正常起动。

表 6-6   以不同起动方式起动电容分相式异步电动机

起动方式	能否正常运转
直接加电压起动	
辅助起动法起动	

通过本节的实训，读者接触到单相异步电动机和同步电机的实物，初步了解了单相异步电动机与同步电机的结构，尤其是其绕组与三相异步电动机绕组的区别。通过单相异步电动机与同步电机起动观察，了解到单相异步电动机不能自行起动，必须依靠外力作用，而同步电机也同样不能自行起动，这是什么原因呢？它们都需要什么样的起动方式？它们的运行特性又是怎样的？下面将以理论为基础，从实用的角度对单相异步电动机与同步电机进行剖析。

6.2   单相异步电动机

单相异步电动机是由单相电源供电、其转速随其负载变化而稍有变化的一种小容量交流电机。它具有结构简单、成本低廉、运行可靠、维修方便的特点，因此被广泛用于家用电器、电动工具、医疗器械和小型电气设备中。

6.2.1   单相异步电动机的结构和工作原理

1. 单相异步电动机的结构

单相异步电动机的结构与三相笼型异步电动机相似，由定子、转子、端盖和轴承等几部分组成，如图 6-6 所示。

单相异步电动机在定子铁心上装有主绕组和起动绕组。主绕组用以产生主磁场并从电源获取电能。起动绕组一般只在起动时接通，当转速达到同步转速的 70%～80% 时，若起动绕组断开，进入单相运行状态，则称这种电动机为电容起动电动机；若起动完成后，起动绕组支路并不切断，则称这种电动机为电容运行电动机或电容电动机。由于定子内径较小，嵌入绕组比较困难，故大多采用单层绕组，也有电机为改善起动性能而采用双层绕组或正弦绕组的。在采用电容分相的单相异步电动机中，主绕组占定子总槽数的 2/3，起动绕组占总槽数的 1/3。

2. 单相异步电动机的工作原理

单相异步电动机定子上的主绕组通入单相正弦交流电流后，在定子、转子和气隙中会产生磁场，该磁场的空间位置固定不变，大小随时间按正弦规律变化，称为脉动磁场（也称

图 6-6　单相异步电动机的结构

为脉振磁场）。脉动磁场可被分解为两个大小相等、转速相同、转向相反的旋转磁场，每个旋转磁场的磁感应强度幅值等于脉动磁场的磁感应强度幅值的一半，即电动机内的合成磁场在任何瞬时均为两个旋转磁场的叠加，如图 6-7 所示。

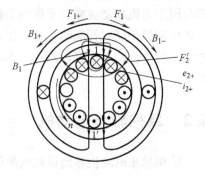

当两个旋转磁场切割转子导体时，分别在转子导体中产生感应电动势和感应电流，感应电流与磁场相互作用产生正、反向电磁转矩 T_+、T_-。因此，可认为单相异步电动机的电磁转矩是这两个正、反向电磁转矩的合成，即 $T = T_+ + T_-$。由此可知，当转子静止不动时，转子导体中的合成感应电动势和感应电流均为零，即合成转矩为零，因此转子不会转动。

图 6-7　脉动磁场分解成的两个等效旋转磁场示意图

3. 单相异步电动机的机械特性

当采用某种方法使电动机旋转起来时，其旋转磁场在转子上产生的电磁转矩的机械特性与三相异步电动机的机械特性相同。

正向旋转磁场 F_+ 在转子上产生的正向电磁转矩 T_+ 如图 6-8 中的曲线 "1" 所示，此时的转差率为

$$s_+ = \frac{n_1 - n}{n_1} \tag{6-1}$$

反向旋转磁场 F_- 在转子上产生的反向电磁转矩 T_- 如图 6-7 中的曲线 "2" 所示，此时的转差率为

$$s_- = \frac{n_1 - (-n)}{n_1} = \frac{2n_1 - (n_1 - n)}{n_1}$$

$$= 2 - s_+ \tag{6-2}$$

由于正、反向电磁转矩同时存在，所以单相异步电动机的电磁转矩应为二者的合成转矩，由此可得到单相异步电动机的机械特性 $T = f(s)$，如图 6-7 中

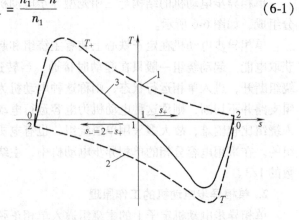

图 6-8　单相异步电动机的机械特性

曲线"3"所示。

分析图 6-7 可知,当 T_+ 为拖动转矩、T_- 为制动转矩时,从机械特性可以看出单相异步电动机具有下列特点:

1) 当转子不动时,即 $n=0$,$s_+=s_-=1$,这时 $T_+=T_-$,故起动转矩 $T_{st}=T_+-T_-=0$,表明单相异步电动机无起动转矩,电机不能自行起动。

2) 如果由于其他原因使电动机起动后,出现 $n\neq0$,$s\neq1$,$T\neq0$。若合成转矩大于负载转矩,则将加速并达到某一稳定转速下运行,而旋转的方向由电动机起动时的方向来定。

3) 由于存在反向电磁转矩 T_- 所起的制动作用,使得电动机的总输出转矩减小,所以,单相异步电动机的过载能力、效率、功率因数等均低于同容量的三相异步电动机。

6.2.2 单相异步电动机的起动、反转及调速

1. 单相异步电动机的起动

由于单相异步电动机本身没有起动转矩,所以转子不能自行起动。为了解决这个问题,通常的办法是在其定子铁心内放置两个有空间角度差的绕组(主绕组和起动绕组),并使这两个绕组中流过的电流相位不同(即分相),这样就可以在电动机气隙内产生一个旋转磁场。在工程实践中,单相异步电动机常采用分相式和罩级式两种起动方法。

(1) 单相分相式异步电动机

单相分相式异步电动机是在电动机定子上安放空间相位上相差 90° 电角度的两相绕组。若两相绕组的参数相同,则为两相对称绕组。如果通入大小相等、相位相差 90° 的两相对称电流,就能实现单相异步电动机的起动,即

$$i_U = I_m\cos\omega t \tag{6-3}$$

$$i_V = I_m\cos(\omega t - 90°) \tag{6-4}$$

通入两相对称电流时产生的旋转磁场如图 6-9 所示。图中反映了两相对称电流的波形和合成磁场的形成过程。由图可知,在 ωt 经过 360° 电角度后,合成磁场在空间上也转过了 360° 电角度,其磁场的旋转速度为 $n_1 = \dfrac{60f_1}{p}$,此速度与三相异步电动机的旋转磁场速度相同。

由上述分析可知,起动分相式异步电动机必须满足两个条件:①定子两相绕组在空间相位相差 90°;②两相绕组通入两相对称、相位相差 90° 的交流电。

根据上面的起动要求,单相分相式异步电动机按起动方法可分为电阻分相起动的异步电动机、电容分相起动的异步电动机、电容分相运转的异步电动机、电容起动与运转的异步电动机。

1) 电阻分相起动的异步电动

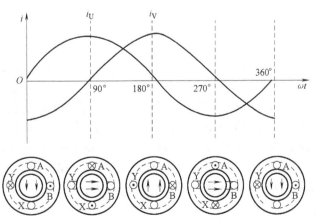

图 6-9 两相绕组通入两相电流的旋转磁场示意图

机。接线图如图 6-10a 所示。为了使起动时产生起动转矩，将两个绕组接在同一个单相电源上，起动绕组采用比主绕组截面细、匝数少的漆包线绕成，并串联一个合适的电阻，使起动绕组中的电流超前于主绕组的电流近 90°电角度，以达到起动目的。这种异步电动机由于受到绕组的制约，两相绕组中电流的相位差不大，因而起动转矩不大。电阻分相起动的异步电动机常用于电冰箱的压缩机。

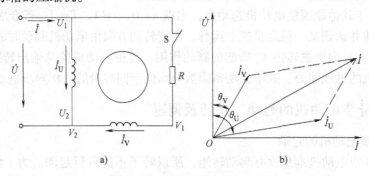

图 6-10　电阻分相起动的异步电动机原理图
a）接线图　b）相量图

2）电容分相起动的异步电动机。电容分相起动的异步电动机是在起动绕组中串联电容，再通过一个离心开关和主绕组并联接到相同电源上，如图 6-11a 所示。由于电容的作用，使起动绕组回路的阻抗呈容性，主绕组回路的阻抗呈感性，从而导致两相绕组中电流的相位差较大。当电动机转速达到 75% ~80% 同步转速时，离心开关 S 将起动绕组从电源上自动断开。因此，电容分相起动的异步电动机具有较大的起动转矩，适用于各种满载起动的小型机械，如小型空气压缩机。

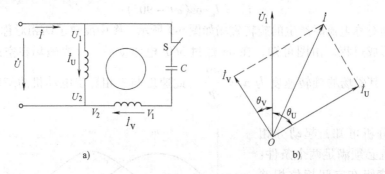

图 6-11　电容分相起动的异步电动机原理图
a）接线图　b）相量图

3）电容分相运转的异步电动机。电容分相运转的异步电动机的起动绕组不仅在起动时起作用，而且在电动机运转时也起作用，长期处于工作状态，如图 6-12 所示。这种电动机实际上是一台两相异步电动机，其定子绕组产生的气隙磁场较接近于圆形旋转磁场，因此其运行性能较好，功率因数、过载能力比普通单相异步电动机好，但它的起动性能不如电容分相起动的异步电动机。电容分相运转的异步电动机常用于吊扇、空调器、吸尘器等家用电器。

4）电容起动与运转的异步电动机。为了使电动机在起动和运转时都能得到较好的性能，在起动绕组中采用两个电容的并联，如图 6-13 所示。电容 C_1 容量比较大，电容 C_2 是运行电容器，容量较小，C_1 和 C_2 共同作为起动时的电容器，S 为离心开关。起动时，由于串联在起动绕组回路中的总电容为 $C_1 + C_2$ 比较大，所以有较大的起动转矩，可使电动机气隙中的旋转磁通势接近于圆形旋转磁通势。当电动机转速接近于同步转速时，离心开关 S 断开，将电容 C_1 切除，只有容量较小的 C_2 参加运行，因此这种异步电动机有较好的运行性能。

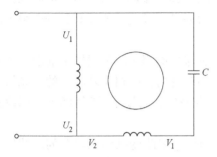 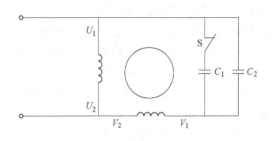

图 6-12　电容分相运转的　　　　图 6-13　电容起动与运转的
　　　　　异步电动机原理图　　　　　　　　异步电动机原理图

电容起动与运转的单相异步电动机，与电容分相起动的单相异步电动机和电容分相运转的单相异步电动机相比较，起动转矩和最大转矩有所增加，功率因数和效率有所提高。

（2）单相罩极式异步电动机

单相罩极式异步电动机按照磁极形式的不同，分为凸极式和隐极式两种，其中多制成凸极式结构。下面以图 6-14 所示的凸极式为例，介绍单相罩极异步电动机。

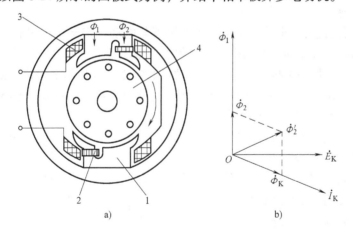

图 6-14　单相凸极式罩极异步电动机的原理图
a）结构图　b）相量图
1—凸极式铁心　2—短路环　3—定子绕组　4—转子

这种电动机由硅钢片叠压而成，每极上装有集中的绕组，即主绕组。在每极极靴的 1/3 ~1/4 处开有小槽，在小槽中嵌入短路铜环，将部分磁极罩起来，转子采用笼型结构。

Φ_1 是励磁电流产生的磁通，Φ_2 是励磁电流产生的一部分磁通（穿过短路铜环的磁通）和短路铜环中感应电流所产生的磁通的合成磁通。由于短路铜环中感应电流阻碍穿过短路环的磁通的变化，使 Φ_1 和 Φ_2 之间产生相位差，Φ_2 总是滞后于 Φ_1。当 Φ_1 达到最大时，Φ_2

尚小；而 Φ_1 减小时，Φ_2 才达到最大，这相当于在电动机内形成一个向被罩部分移动的磁场，它使笼型转子产生起动转矩而起动。

单相罩极式异步电动机的主要优点是结构简单、制造方便、成本低、维护方便、工作可靠，但起动转矩较小，功率因数低。主要用于小型风扇、仪器仪表电动机和电唱机等。

2. 单相异步电动机的反转

由前面介绍可知，三相异步电动机只要将电动机的任意两根端线对调再与电源相接，电动机就可以实现反转，而单相异步电动机则不行。若使单相异步电动机反转，则必须更改绕组使旋转磁场反转，其方法有以下两种。

1）把主绕组（或起动绕组）的首端和末端对调后与电源相接。单相异步电动机的转向是由主绕组与起动绕组中产生的磁场在时间上有近于 90° 电角度的相位差决定的，如果把其中的一个绕组反接，就等于把这个绕组的磁场相位改变 180°。若原来是超前 90°，则改接后就变成滞后 90°，旋转磁场的转向随之改变。

2）单相电容运转异步电动机是通过改变电容器的接法来改变电动机转向的。若把电容器从一组绕组中改接到另一组绕组中，则流过该绕组的电流也从原来的超前 90° 近似变为滞后 90°，旋转磁场的转向也随之改变。

以上反转方法只用于电容或电阻式分相异步电动机，对于罩极式单相异步电动机，一般情况下很难改变其电动机的转向，因此罩极电动机只用于不需改变转向的场合。

3. 单相异步电动机的调速

一般要求单相异步电动机能调速，其调速的方法有降压调速、变频调速和变极调速 3 种。下面主要介绍降压调速和变频调速。

（1）降压调速

1）串电抗器调速。串电抗器调速是将电抗器与电动机定子绕组串联，通电时，利用在电抗器上产生的电压降使加到电动机定子绕组上的电压低于电源电压，从而达到降低电动机转速的目的。因此，用串电抗器调速时，电动机的转速只能从额定转速向低调。图 6-15a 为罩极电动机串电抗调速电路图，图 6-15b 为电容运转电动机串电抗调速电路图。

这种调速方法线路简单、操作方便，但在电压降低后电动机的输出转矩和功率明显降低。因此，只适用于转矩及功率都允许随转速降低而降低的场合。目前主要用于吊扇及台扇。

2）绕组抽头调速。电容式电动机较多采用的是定子绕组抽头调速，此时电动机定子铁心槽中嵌放有主绕组 U_1U_2、起动绕组 Z_1Z_2 和中间绕组 D_1D_2，通过调速开关改变中间绕组与起动绕组及主绕组的接线方法，从而

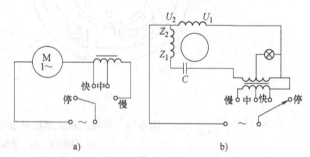

图 6-15　单相异步电动机串电抗器调速电路
a）罩极电动机　b）电容运转电动机电路

达到改变电动机内部气隙磁场的大小和调节电动机转速的目的。这种调速方法通常有 L 型接法和 T 型接法两种，如图 6-16 所示。

与串电抗器调速相比较，绕组内部抽头调速不需电抗器，故材料省，耗电少，但绕组嵌

线和接线比较复杂，电动机与调速开关的接线较多，且为有级调速。

3）晶闸管调压调速。晶闸管调压调速利用改变晶闸管的导通角，以实现调节加在单相异步电动机上的交流有效电压的大小，从而达到调节电动机转速的目的，如图 6-17 所示。此调速方法可实现无级调速，节能效果好，但会产生一些电磁干扰，目前常用于吊风扇的调速上。

（2）变频调速

变频调速适合各种类型的负载，随着交流变频调速技术的发展，其优异的调速和起动性能、高功率因数和节电效果，被公认为是最具发展前途的调速手段。目前单相变频调速已在家用电器上得到广泛应用，如变频空调器、变频电冰箱等。此外，在汽车电子等领域也占据主导地位。变频调速是交流调速控制的发展方向。

单相异步电动机与三相异步电动机相比，其单位容量体积大，效率及功率因数均

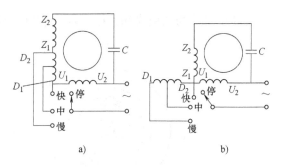

图 6-16　电容式电动机绕组抽头调速的接线图
a）L 型接法　b）T 型接法

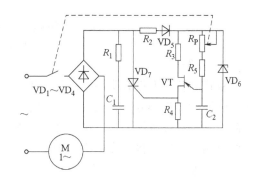

图 6-17　晶闸管调压调速的线路图

较低，过载能力也较差。因此，单相异步电动机只做成微型的，功率一般在几十瓦至几百瓦之间。

6.3　同步电机的结构

同步电机是相对异步电机而言的，即转子的转速始终与定子旋转磁场的转速相同。同步电机的应用十分广泛，根据功能可分为同步发电机、同步电动机和同步调相机 3 种。目前发电厂几乎所有电能都是由同步发电机发出来的。同步电动机常用来驱动不要求调速的大功率生产机械，通过调节励磁电流来改善电网的功率因数。同步调相机实际上是空载运行的同步电动机，只用于电网发出感性或容性无功功率的场合，以满足电网对功率因数的要求。

6.3.1　同步电机的结构

同步电机的结构也是由定子和转子两大部分组成。定子部分与三相异步电动机的定子结构完全一样，是同步电机的电枢；转子部分与直流电机类似，通过电刷与滑环通入直流电流励磁，转子产生固定的磁极，从而产生放置磁场。直流电源可由连接在同步电机上的直流发电机供给，也可由可控硅整流装置供给。

同步电机按结构可分为旋转磁极式和旋转电枢式两种。

1. 旋转磁极式

旋转磁极式的励磁绕组安装在转子上，转子转动带动磁极旋转，其电枢绕组安装在定子

上。其转子又分为凸极式和隐极式两种结构，如图6-18所示。

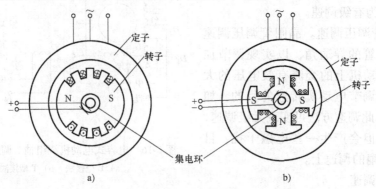

图6-18　旋转磁极式同步电机的结构示意图
a）隐极式　b）凸极式

（1）隐极式

隐极式的转子上没有明显凸出的磁极，其气隙是均匀的，转子呈圆柱形，常用整块钢板制成，圆周的2/3部分有开槽，用以安装分布式集中绕组，没有开槽部分为磁极的中心位置。隐极式具有过载能力强，稳定性高，机械强度好等特点，虽然其制造工艺复杂，但还是被广泛应用于高速、极数多的大、中型同步电机中，如汽轮发电机等。

（2）凸极式

凸极式的转子上有明显凸出的磁极，气隙不均匀，极弧下气隙较小，极间部分气隙较大，铁心常用普通薄钢板冲压后叠成，装有成型的集中励磁绕组。其转子结构简单，制造方便，容易制造多极电机，但机械强度较低，适用于低速、多极同步电机，如水轮发电机、柴油发电机等。

2. 旋转电枢式

励磁绕组安装在定子上，电枢绕组安装在转子上。从旋转部分输入或输出电能，就必须经过滑动装置（即滑环），这对大容量的电机很困难。因此这种形式一般只适用于几千瓦的小功率电机。

6.3.2　同步电机的铭牌

同步电机的铭牌与三相异步电动机的铭牌类似，主要包括以下铭牌参数。

1. 额定电压

额定电压 U_N 指电机在正常运行时定子绕组的线电压，单位为伏（V）或千伏（kV）。

2. 额定电流

额定电流 I_N 指在正常运行时定子绕组的线电流，单位为安（A）或千安（kA）。

3. 额定容量

额定容量 S_N 指电机在额定条件下运行时输出或接收的电能容量。发电机额定容量是指输出的视在功率，单位为伏安（V·A）或千伏安（kV·A）。

4. 额定功率

额定功率 P_N 是指在额定条件下输出的功率。对发电机来说，是指输出的有功功率；对电动机来说，是指转轴上输出的机械功率，单位为瓦（W）或千瓦（kW）；对调相机来说，则是指出线端的无功功率，单位为乏（VAR）或千乏（kVAR）。

有功功率与额定电流、电压的关系为

1）三相同步发电机

$$P_N = S_N = \sqrt{3}U_N I_N \cos\varphi_N \tag{6-5}$$

2）三相同步电动机

$$P_N = \sqrt{3}U_N I_N \cos\varphi_N \eta_N \tag{6-6}$$

5. 额定功率因数

额定功率因数 $\cos\varphi_N$ 指在额定运行条件下的功率因数。

6. 额定效率

额定效率 η_N 指在额定运行条件下的效率。

除上述额定值外，同步电机铭牌上还有其他一些运行数据，如额定负载时的温升、绝缘等级、额定频率、励磁容量和励磁电压等。

6.4 同步电动机

6.4.1 同步电动机的工作原理

当三相交流电源加在三相同步电动机的定子绕组上时，便有三相对称电流流过定子的三相对（称绕组），并会产生一个以同步转速 $n_1 = 60f_1/p$ 旋转的磁场，旋转方向由电源的相序决定。当转子绕组中通入直流电流后，会形成一个恒定磁场，极数与定子绕组相同。当转子的磁极 N 与定子磁极 S 对齐时，产生吸引力，使得转子跟着定子磁极旋转，以实现电能到机械能的转变。由于旋转的速度与定子磁场转速相同，故称同步电动机，图 6-19a 所示为理想空载情况。由于电动机实际空载运转时总存在阻力，所以磁极的轴线总要滞后旋转磁场轴线一个很小的角度 θ，以增大电磁转矩，图 6-19b 所示为实际空载情况。若负载时，则 θ 角随之增大，电动机的电磁转矩也随之增大，使电动机转速仍保持同步状态，如图 6-19c 所示。显然，当负载力矩超过同步转矩时，旋转磁场就无法拖着转子一起旋转，这种现象称为失步，此时的电动机不能正常工作。

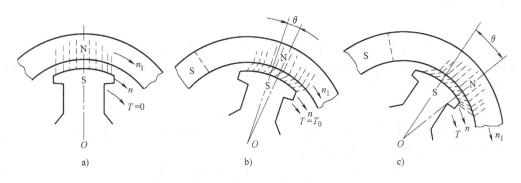

图 6-19 同步电动机的工作原理

a）理想空载时　b）实际空载时　c）负载时

6.4.2 同步电动机的工作特性和"V"形曲线

1. 同步电动机的电枢反应

当同步电动机的电枢绕组通入三相对称交流电后，就会产生以同步转速 n_1 旋转的三相合成基波电枢磁通势 F_a。当同步电动机稳定运行时，转子也以同步转速 n_1 旋转，在励磁绕组中通入直流励磁电流 I_f，产生励磁磁通势 F_f。励磁磁通势 F_f 与电枢磁通势 F_a 同速、同方向旋转，彼此在空间是相对静止的，此时，在电机的气隙中就存在两个磁通势，它们相互叠加，形成了气隙合成磁场。其中电枢磁场对励磁磁场的影响称为电枢反应。

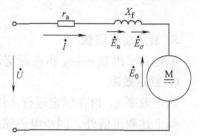

图 6-20 隐极式同步
电动机的等效电路

2. 同步电动机的电动势平衡方程式

当不考虑磁路饱和影响时，由两个磁场共同作用（即气隙合成磁场）产生的每相绕组的合成电动势可看成是各个磁场产生的电动势之和。下面，以隐极式同步电动机为例来分析电动势平衡方程式。其等效电路如图 6-20 所示。

根据基尔霍夫第二定律，三相同步电动机一相定子回路的电动势平衡方程为

$$\dot{U} = \dot{E}_0 - \dot{E}_a - \dot{E}_\sigma + \dot{I} r_a \tag{6-7}$$

式中　$\dot{E}_0$——空载电动势。对电动机而言，是反电动势；

$\dot{E}_a$——电枢反应电动势，$\dot{E}_a = -\mathrm{j}\dot{I} X_a$；

X_a——电枢反应电抗；

$\dot{E}_\sigma$——漏磁电动势，$\dot{E}_\sigma = -\mathrm{j}\dot{I} X_\sigma$；

X_σ——定子绕组漏电抗。

将式（6-7）进行整理，即有

$$\dot{U} = \dot{E}_0 + \dot{I} r_a + \mathrm{j}\dot{I}(X_a + X_\sigma) = \dot{E}_0 + \dot{I} r_a + \mathrm{j}\dot{I} X_t \tag{6-8}$$

式中　X_t——同步电抗，且 $X_t = X_a + X_\sigma$。

3. 同步电动机的特性

（1）功角特性

同步电动机的功率及转矩平衡方程式。与三相异步电动机的功率关系类似，电网向同步电动机输出的电功率为 P_1，除少数定子绕组引起铜损耗 p_{Cu1} 和铁损耗 p_{Fe1} 外，大部分转变为电磁功率 p_M 传递给转子，即

$$P_1 = P_M + p_{Cu1} + p_{Fe1} \tag{6-9}$$

电磁功率 P_M 扣除转子的铜损耗 p_{Cu2}、铁损耗 p_{Fe2}、机械损耗 p_{mec} 和附加损耗 p_{ad} 后，大部分转变为电动机轴上的机械输出功率 P_2，即

$$P_M = P_2 + (p_{mec} + p_{Cu2} + p_{Fe2} + p_{ad}) = P_2 + p_0 \tag{6-10}$$

式中　p_0——总损耗，$p_0 = p_{mec} + p_{Cu2} + p_{Fe2} + p_{ad}$。

相应的转矩平衡方程式为

$$T = T_2 + T_0 \tag{6-11}$$

式中　T——电磁转矩，$T = \dfrac{P_{\mathrm{M}}}{\Omega_1}$；

$\qquad T_2$——机械负载转矩，$T_2 = \dfrac{P_2}{\Omega_1}$，等于电动机的负载转矩 T_{L}；

$\qquad T_0$——空载转矩，$T_0 = \dfrac{p_0}{\Omega_1}$。

同步电动机随着负载的变化，必然引起电磁转矩的变化，但转速是不会变化的，因此要用功角特性来描述电磁功率和电磁转矩随负载变化的规律。

同步电动机的功角特性是指电磁功率（电磁转矩）随功率角 θ 变化的关系，即 $P_{\mathrm{M}} = f(\theta)$ 或 $T = f(\theta)$ 对应的关系特性曲线，称为功角特性曲线。

凸极式同步电动机的功角特性如图 6-21 曲线 1 所示；隐极式同步电动机的功角特性如图 6-21 曲线 2 所示。

下面，以隐极式为例来分析同步电动机的稳定运行特性。

① 同步电动机的工作点在 $0 \sim 90°$ 之间。当负载比较小时，转速会上升，功率角 θ 减小，电磁转矩 T 减小，在 T 下降到与 T_{L} 相等时，电动机在新的平衡点稳定运行；当负载增加时，转速会下降，功率角 θ 增大，电磁转矩 T 增大，在 T 增大到与 T_{L} 相等时，又在新的平衡点稳定运行。因此，同步电动机的稳定运行区为 $0 \sim 90°$。

② 同步电动机的工作点在 $90 \sim 180°$ 之间。当负载增加时，转速会上升，功率角 θ 增大，电磁转矩 T 减小，直至电动机停止。因此，同步电动机的不稳定运行区为 $90 \sim 180°$。

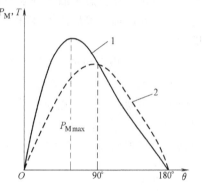

图 6-21　同步电动机的功角特性曲线
1—凸极式同步电动机的功角特性
2—隐极式同步电动机的功角特性

为了使同步电动机有足够的过载能力，额定转矩应小于最大转矩，额定功率角常在 $20 \sim 30°$ 之间，这时电动机的过载能力为

$$\lambda = \frac{T_{\max}}{T_{\mathrm{N}}} = \frac{\sin 90°}{\sin(20° - 30°)} = 2 \sim 3.5 \qquad (6\text{-}12)$$

对于凸极式同步电动机，从图中可知，最大转矩通常出现在 $45 \sim 90°$ 之间。由于附加转矩的存在，其过载能力增强，稳定性较高，所以同步电动机多制成凸极式。

（2）工作特性

同步电动机的工作特性是指在外加电压 U、励磁电流 I_{f} 均为常数时，电枢电流 I、电磁转矩 T、功率因数 $\cos\varphi$ 和效率 η 与输出功率 P_2 之间的关系，其工作特性曲线如图 6-22 所示。

由转矩平衡方程 $T = T_2 + T_0 = \dfrac{P_2}{\Omega_1} + T_0$ 可知，当 $P_2 = 0$ 时，$T = T_0$，定子绕组中仅有空载电流。随着负载的增大，P_2 也会逐渐增加，电磁转矩 T 为了克服增大了的负载转矩，也会成正比逐渐增大，因此 $T = f(P_2)$ 是一条直线，如图 6-22 中的曲线 1。随着电磁转矩的增大，电枢电流也将随之增大，因此 $I = f(P_2)$ 近似一条直线，如图 6-22 中的曲线 2。同步电动机的效率特性与其他电动机相同，如图 6-22 中的曲线 3。图 6-22 中的曲线 4 是功率因数特性。

图 6-23 所示为同步电动机在不同励磁下的功率因数特性。曲线 1 对应较小励磁电流，只有在空载时才会使 $\cos\varphi = 1$，当负载增大时，功率因数会降低且滞后；曲线 2 对应较大的励磁电流，当负载小于半载时，功率因数为超前（过励状态），大于半载时，为滞后（欠励状态）；曲线 3 对应更大的励磁电流，当电动机满载时，功率因数为 1。因此，可以调节同步电动机的励磁电流，以达到在任意负载下使功率因数为 1 的目的，且可在超前和滞后之间变化，这是同步电动机的优点之一。

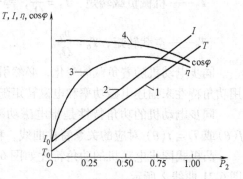

图 6-22　同步电动机的工作特性

（3）同步电动机的"V"形曲线

同步电动机的"V"形曲线是指当电源的电压 U、频率 f、负载转矩 T_L 保持不变时，电枢电流 I 和励磁电流 I_f 之间的关系曲线 $I = f(I_f)$。图 6-24 所示为不同电磁功率的同步电动机"V"形曲线。由图可见，输出功率越大，在相同的励磁电流下，电枢电流越大，曲线越往上移。因其形状像"V"字，故称之为"V"形曲线。

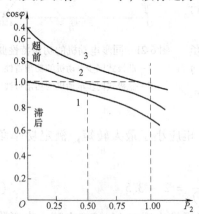

图 6-23　不同励磁下的 $\cos\varphi$ 特性

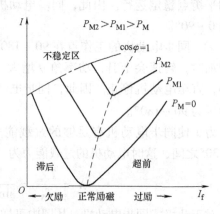

图 6-24　同步电动机"V"形曲线

若忽略电动机的所有损耗，不计凸极效应，在输出功率 P_2 不变时，则输入的电功率 P_1 应与电磁功率 P_M 相等，即

$$P_1 = m_1 U_1 I_1 \cos\varphi = P_M = \frac{m_1 U E_0}{X_t} \sin\theta = 常数 \tag{6-13}$$

故当 $U_1 = U_N$ 时，有

$$E_0 \sin\theta = 常数 \tag{6-14}$$

$$I \cos\varphi = 常数 \tag{6-15}$$

式（6-14）表明，当同步电动机只改变励磁电流 I_f 时，电动势 E_0 的大小及相位也要随

之改变，以满足上式的关系。

式（6-15）的物理意义是：在只改变励磁电流的情况下，同步电动机定子绕组中电流的有功分量保持不变。

根据以上的分析可知，当改变同步电动机的励磁电流时，能够改变同步电动机的功率因数。这一特点是三相异步电动机所不具备的。

同步电动机功率因数变化的规律可分为 3 种情况，即正常励磁状态、欠励状态和过励状态。当同步电动机拖动负载运行时，一般要在过励状态，至少运行在正常励磁状态，而不要让它运行在欠励状态。

6.4.3 同步电动机的起动

1. 同步电动机起动存在的问题

同步电动机本身是没有起动转矩的，通电以后，转子不能自行起动。其起动过程如图 6-25所示。

当静止的同步电动机的定、转子接通电源时，定子三相绕组通过三相交流电流建立旋转磁场，转子励磁绕组通过直流电流建立固定磁场。假设通电瞬间，定、转子磁极的相对位置如图 6-25a 中所示，而定子的旋转磁场以逆时针方向旋转。根据异性磁极相吸、同性磁极相斥原理，此时转子上将产生一个逆时针方向的转矩，欲拖动转子逆时针旋转。由于旋转磁场以同步转速 n_1 旋转，转速很快，而转子因机械惯性还来不及转动，定子的旋转磁场就已转过180°到了图 6-25b 所示的位置，这时转子上产生的转矩为顺时针方向，欲拖动转子顺时针旋

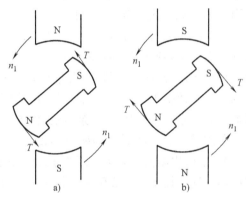

图 6-25　同步电动机的起动
a）开始状态　b）运行状态

转。由此可见，在一个周期内，作用在同步电动机转子上的平均起动转矩为零，因此，同步电动机不能自行起动，需要借助其他的方法起动。

2. 同步电动机的起动方法

常用的同步电动机的起动方法有辅助电动机起动法、变频起动法和异步起动法 3 种。

（1）辅助电动机起动

辅助起动法是用辅助的动力机械将同步电动机加速到接近同步转速，在脱开动力机械的同时，立即给转子绕组加上电源，将同步电动机拉入同步。

当辅助动力采用异步电动机时，其容量一般为同步电动机容量的 5% ~ 15%，磁极数与同步电动机相同。当转速接近同步转速时，给转子绕组加上励磁电流，将同步电动机拉入同步，并断开异步电动机的电源。也可采用极数比主机少一对的异步电动机，将同步电动机转速升高超过同步转速，断开异步电动机电源，当同步电动机转速下降到同步转速时，立即加上励磁电流。

这种方法的主要缺点是不能带负载起动，否则将要求辅助电机的容量很大，起动设备和操作都将复杂化。

（2）变频起动法

采用变频起动法可以实现平滑起动。随着交流变频电源的日益普及，变频法的应用越来越广泛。起动时，先在转子绕组中通入直流励磁电流，借助变频器逐步升高加在定子上的电源频率，使转子磁极在开始起动时就与旋转磁场建立起磁拉力而同步旋转，并在起动过程中同步增速，一直增速到额定转速值。

此方法可以获得较大的起动转矩，但需要一个变频电源，投资较高。此外，励磁机必须是非同轴的，因为在低转速下，同轴励磁机无法产生所需的励磁电压。

（3）异步起动法

异步起动法是依靠同步电动机磁极上的起动绕组（类似笼型绕组）起动的方法，是凸极式同步电动机特有的起动方法。起动时，将转子绕组串联一个5～10倍励磁绕组电阻值的电阻，定子接入三相交流电，起动绕组以异步电动机的原理起动，当转子转速接近同步转速时，

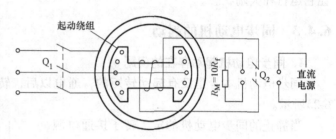

图 6-26　同步电动机异步起动原理图

励磁绕组通过转换开关断开串联的电阻，接入正常励磁电流。此时，由于电枢磁场与励磁磁场的相对转速很小，转子在电枢磁场的作用下将被拉入同步，拉入同步后的电动机就可带动机械负载正常工作。其原理接线图如图 6-26 所示。

采用异步起动法时，励磁绕组既不能开路也不能短路，而应在转子绕组回路中串入5～10倍励磁电阻值的电阻。因为励磁绕组的匝数很多，起动时如果开路，则会感应出很高的电压，造成设备损坏等后果；如果直接短路，则短路电流较大，会烧坏励磁绕组。

6.5　同步发电机

作为发电机运行的同步电机，是一种最常用的交流发电机。在现代电力工业中，它广泛用于水力发电、火力发电、核能发电以及柴油机发电。同步发电机一般采用直流励磁，当其单机独立运行时，通过调节励磁电流，能方便地调节发电机的电压。在并入电网运行后，因电压由电网决定，不能改变，故此时调节励磁电流的结果实际起到了调节电机的功率因数和无功功率的作用。

6.5.1　同步发电机的工作原理

同步发电机的作用是将机械能转换为电能。励磁绕组通入直流电流后建立起恒定磁场，当原动机拖动转子以转速 n 旋转时，由于转子绕组是由直流电流 I_f 励磁，所以转子绕组在气隙中所建立的磁场相对于定子来说是一个与转子旋转方向相同、转速大小相等的旋转磁场。空载时，该磁场切割定子上开路的三相对称绕组，在三相对称绕组中产生三相对称空载感应电动势 E_0，成为三相交流电源。若改变励磁电流的大小，则可相应地改变感应电动势的大小。

当同步发电机带负载后，定子绕组构成闭合回路，产生定子电流，该电流是三相对称电

流，因而要在气隙中产生与转子旋转方向相同、转速大小相等的旋转磁场。此时，定、转子间旋转磁场相对静止，气隙中的磁场是定、转子旋转磁场的合成。由于气隙中磁场的改变，所以定子绕组中感应电动势的大小也将发生变化。

如果发电机作为电源单独给某些负载供电，对电源频率的要求就不是很高，对原动机的转速要求也不是很高。但目前一般发电厂中的发电机均是向大电网供电，这就要求发电机的输出频率必须与电网一致。在我国，电网频率采用 50Hz，因此发电机发出的电动势频率也必须为 50Hz。

6.5.2 同步发电机的励磁方式

同步发电机运行时，必须通入直流电流来建立磁场，即必须进行励磁。提供励磁电流的系统称为励磁系统，分为 3 大类，即直流发电机励磁系统、晶闸管整流励磁系统和旋转整流器励磁系统。

1. 直流发电机励磁系统

将一台小容量的直流并励发电机与同步发电机同轴相连，如图 6-27 所示。并励直流发电机发出直流电，供给同步发电机的励磁绕组。当改变并励直流发电机的励磁电流时，改变直流发电机的端电压，使同步发电机的励磁电流、输出的端电压和输出功率也随之改变。

对容量稍大的同步发电机，采用他励直流发电机作为励磁机，他励直流发电机的励磁电流由另一台直流电机供给。这种方法励磁电压升高很快，在低压时调节方便，电压也比较稳定。但由于增加了一台直流电动机，使设备复杂，运行可靠性降低。

直流发电机励磁系统的工作原理简单，但由于直流励磁机的制造工艺复杂、成本高、维护困难等缺点，又由于目前发电机组的容量越来越大，所需要的励磁电流也越来越大，所以大容量的发电机组不采用同轴发电机励磁，而是采用非同轴的直流发电机励磁。

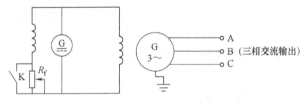

图 6-27　并励直流发电机励磁系统的原理图

2. 晶闸管整流励磁系统

晶闸管整流励磁系统也称为静止的交流励磁系统，分为自励与他励两种。

（1）自励式晶闸管整流励磁系统

这种励磁方法是利用晶闸管的整流特性，对同步发电机发出的交流电进行整流后又供给同步发电机作为励磁电流。可以很方便地调节晶闸管的输出电压，也就可以很方便地调节同步发电机的输出电压，原理图如图 6-28 所示。

（2）他励式晶闸管整流励磁系统

他励式晶闸管整流励磁系统原理如图 6-29 所示。它由一台交流主励磁机、一台交流副励磁机、3 套整流装置、自动电压调整器等构成。交流主励磁机为中频（国内多采用 1 000Hz) 的三相交流发电机，副励磁机的频率为 400Hz 的中频率发电机。同步发电机的励磁电流，由与它同轴的交流主励磁机经晶闸管整流后提供，交流主励磁机的励磁电流由副励磁机经晶闸管整流后提供。副励磁机的电流，开始由直流电源提供，建立起电压后，再改为由

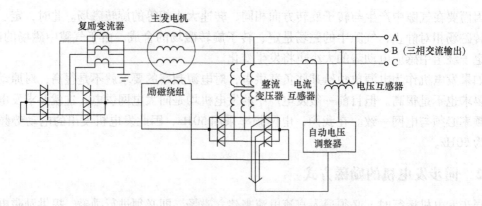

图 6-28　自励式晶闸管整流励磁系统的原理图

自励恒压装置提供，并保持恒压。通过调节电压互感器、电流互感器和自动调整器改变晶闸管的控制角，实现对主励磁机进行励磁电流的调节。

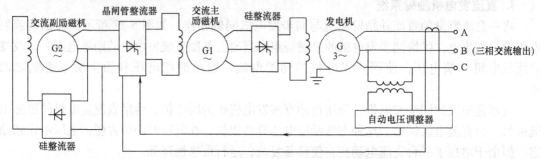

图 6-29　他励式晶闸管整流励磁系统的原理图

虽然整个系统较为复杂，起动时还需要直流电源，但由于该励磁方式具有运行维护方便、技术性能较好等优点，在大容量的发电机组中得到了广泛的应用。目前我国 100MV·A、200MV·A、300MV·A 等的汽轮发电机都采用这种励磁方式。

3. 旋转整流器励磁系统

静止整流器的直流输出必须经过电刷和滑环才能输送到旋转的励磁绕组，对于大容量的同步发电机，其励磁达到数千安培，使得滑环严重过热。因此，在大容量的同步发电机中，常采用不需要电刷和滑环的旋转整流器励磁系统，如图 6-30 所示。主励磁机是旋转电枢

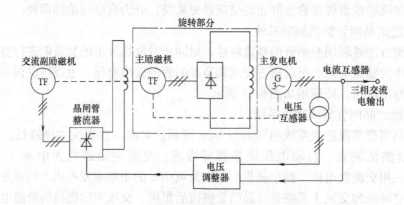

图 6-30　旋转整流器励磁系统的原理图

式三相同步发电机，旋转电枢的交流电流经与主轴一起旋转的硅整流器整流后，直接送到主发电机的转子励磁绕组。交流主励磁机的励磁电流由同轴的交流副励磁机经静止的晶闸管整流器整流后供给。由于这种励磁系统取消了滑环和电刷装置，所以又称为无刷励磁系统。

6.5.3　同步发电机的特性

1. 同步发电机的电枢反应

同步发电机带负载运行时，其气隙中存在机械旋转磁场和电气旋转磁场。机械旋转磁场是由转子电流产生的，因转子在原动机的带动下旋转，故称为主磁场，其磁通称为主磁通，用 Φ_0 表示。电气旋转磁场由定子电流产生，称为电枢磁场，其磁通称为电枢磁通。电枢磁通又可分为两部分：大部分在气隙中流通，将对主磁极产生影响，这部分称为电枢反应磁通，记为 Φ_a（这种电枢磁场对主磁极的影响称为同步电动机的电枢反应）；另一小部分不在发电机的磁路中流通，对主磁极没有影响，成为定子电流的漏磁通，记为 Φ_σ。因此，同步发电机气隙中的磁通为主磁通和电枢反应磁通的合成，即

$$\dot{\Phi} = \dot{\Phi}_0 + \dot{\Phi}_a \tag{6-16}$$

合成电动势 $\dot{E}$ 由 $\dot{\Phi}$ 产生，空载电动势 $\dot{E}_0$ 由 $\dot{\Phi}_0$ 产生，电枢反应电动势 $\dot{E}_a$ 由 $\dot{\Phi}_a$ 产生，因此电枢反应既要影响磁路中的磁通，又要影响电路中的电动势。

（1）$\psi = 0$ 时的电枢反应

ψ 为同步发电机空载电动势与电枢电流间的相位角，$\cos\psi$ 称为同步发电机的内角功率因数。当 $\psi = 0$、$\cos\psi = 1$ 时，电枢电流 $\dot{I}_0$ 与 $\dot{E}_0$ 同相，这时电枢反应磁通 $\dot{\Phi}_a$ 的方向与转子主磁通 $\dot{\Phi}_0$ 方向垂直，称为交轴（或横轴）电枢反应，如图 6-31 所示。结果使转子一边的磁通减少，另一边的磁通增加，电机磁路工作在近饱和状态。因此，磁通增加很少而减少很多，使得气隙中的合成磁场沿轴线偏转一个角度 θ，且总的合成磁通减少，即电枢反应具有去磁作用。

（2）$\psi = +90°$ 时的电枢反应

当 $\psi = +90°$、$\cos\psi = 0$ 时，相当于发电机只带有感性负载，也就是只向电网输送无功功率。这时电枢反应磁通 $\dot{\Phi}_a$ 与转子主磁通 $\dot{\Phi}_0$ 方向相反，使得气隙磁通减少，起到去磁反应的作用，称为直轴（或称纵轴）去磁电枢反应，如图 6-32 所示。

（3）$\psi = -90°$ 时的电枢反应

当 $\psi = -90°$、$\cos\psi = 0$ 时，相当于发电机只带有容性负载，也是只向电网输送无功功率。这时电枢反应磁通 $\dot{\Phi}_a$ 与转子主磁通 $\dot{\Phi}_0$ 方向相同，使气隙磁通增加，起到增磁作用，称为直轴增磁电枢反应，如图 6-33 所示。

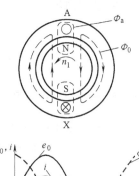

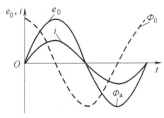

图 6-31　$\psi = 0$ 时的电枢反应

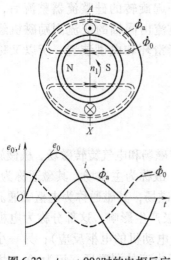
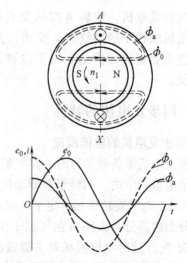

图 6-32 $\psi = +90°$时的电枢反应   图 6-33 $\psi = -90°$时的电枢反应

除上述 3 种特殊情况外，一般带有感性负载时，既有交轴电枢反应，又有直轴电枢反应，使得气隙磁通减少，并发生偏移；带有容性负载时，它们共同作用的结果使得气隙磁通增加，同样发生偏移。

2. 同步发电机的电压平衡方程

以隐极式同步发电机为例进行分析，其等效电路如图 6-34a 所示，电压平衡方程为

$$\dot{E}_0 = \dot{U} + \dot{I} R_a - \dot{E}_a - \dot{E}_\sigma \tag{6-17}$$

$$\dot{E}_0 = \dot{U} + \dot{I} R_a + j\dot{I} (X_a + X_\sigma) \tag{6-18}$$

式中　$\dot{E}_0$——空载电动势。由主磁通 $\dot{\Phi}_0$ 产生，在相位上滞后 $\dot{\Phi}_0$ 90°电角度；

R_a——电枢绕组电阻。$\dot{I}R_a$ 为电枢绕组上的电压降落。由于目前同步发电机容量都很大，电阻很小，所以电枢绕组压降可以忽略不计；

$\dot{E}_a$——电枢反应电动势。由电枢反应磁通 $\dot{\Phi}_a$ 产生，在相位上滞后 $\dot{I}$ 90°电角度，$\dot{E}_a = -j\dot{I}X_a$；

X_a——电枢反应电抗。$j\dot{I}X_a$ 为电枢反应电抗电压降，$j\dot{I}X_a$ 超前 $\dot{I}$ 90°电角度；

$\dot{E}_\sigma$——电枢漏磁电动势。由电枢漏磁通 $\dot{\Phi}_\sigma$ 产生，在相位上滞后 $\dot{I}$ 90°电角度，$\dot{E}_\sigma = -j\dot{I}X_\sigma$；

X_σ——定子漏电抗。$j\dot{I}X_a$ 为漏磁电抗电压降，$j\dot{I}X_a$ 超前 $\dot{I}$ 90°电角度。

以电压为参考的同步发电机的相量图（假定负载为感性）如图 6-34b 所示。从相量图可以得到，当发电机的负载为感性时，电枢反应有去磁作用，发电机的端电压变低。感性负载越大，去磁作用越大，端电压下降就越多。当发电机的负载为容性时，电枢反应有增磁作用，使得端电压升高。

同步发电机从空载到额定负载，其端电压的变化用电压变化率来表示，即

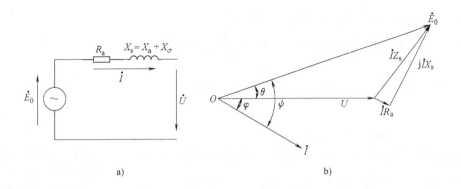

a)   b)

图 6-34 隐极式同步发电机的电路图
a）等值电路图　b）相量图

$$\Delta U\% = \frac{E_0 - U_N}{U_N} \times 100\% \tag{6-19}$$

式中　U_N——发电机的额定电压。

电压变化率是同步发电机运行的一个重要参数。同步发电机多带感性负载，一旦突然失去负载，会造成电压很快升高而击穿电机绝缘。同时，电力用户也要求有一个稳定的工作电压。因此，发电机的电压变化不宜太大。当它超过允许的范围时，应通过励磁电流来保护发电机的端电压。

3. 同步发电机的并联运行

同步发电机的并联运行是指将两台或更多台同步发电机分别接在电力系统的对应母线上或通过主变压器、输电线接在电力系统的公共母线上，共同向用户供电，其并联时的等效电路如图 6-35 所示。同步发电机并联运行应满足一定的条件。

1）同步发电机的端电压应等于电网的电压。如果这两个电压不等，就会出现一个电压差，当开关闭合后，在发电机和电网构成的环形回路中就会出现环流 I_P。

$$I_P = \frac{\Delta U}{X} \tag{6-20}$$

式中　ΔU——发电机与电网之间的电压差；

　　　　X——发电机的电抗。

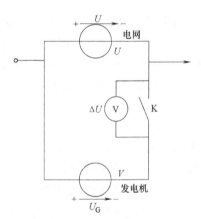

图 6-35　同步发电机并网时的等效电路

很显然，两者之间的电压差越大，环流就越大，对发电机的运行非常不利。

2）同步发电机电压的相位（或极性）应与电网电压的相位（或极性）相同。如果它们的大小相等，而只是相位（或极性）不同，就同样存在电压差，同样会引起环流，影响发电机的正常运行，如图 6-36 所示。

3）发电机的频率应与电网的频率相同。当电网和发电机的频率分别为 f_1、f_2，且它们不相等时，假设电压值和相位是相同的，它们的电压差为

$$\Delta U = U_2 - U_1 = \sqrt{2}U_1(\sin 2\pi f_2 t - \sin 2\pi f_1 t)$$

$$= 2\sqrt{2}U_1 \sin 2\pi \left[\frac{1}{2}(f_2 - f_1)\right] t \cos 2\pi \left[\frac{1}{2}(f_2 + f_1)\right] t$$

$$= 2\sqrt{2}U_1 \sin \frac{1}{2}(\omega_2 - \omega_1) t \cos \frac{1}{2}(\omega_2 + \omega_1) t$$

$$\omega_1 = 2\pi f_1, \quad \omega_2 = 2\pi f_2$$

(6-21)

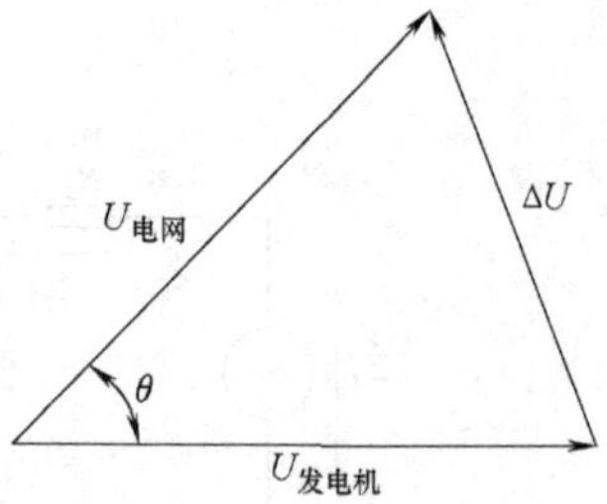

图 6-36　电网与发电机
电压相同而电位不同
的电压差示意图

由此可知，发电机与电网的电压差 ΔU 的瞬时值以频率 $\frac{1}{2}(f_2 - f_1)$ 在 $0 \sim 2\sqrt{2}$ 之间变化，其本身是一个频率为 $\frac{1}{2}(f_2 + f_1)$ 的交流电动势。因此，虽然电压值相等，但有频率差，也就存在电压差 ΔU，环形回路中一样会有环流存在。

4）发电机的电压波形应与电网的电压波形相同，即均应为正弦波。

5）发电机的相序应与电网的相序相同。

实际将发电机投入并联运行时，要绝对满足上述条件是很困难的，在以下允许的范围内还是可以实现并联运行的，即要求发电机与电网的频率差在 0.2% ~ 0.5%、电压有效值相差在 5% ~ 10%、相序相同而相位差不超过 10° 的范围内。

6.6　同步调相机

同步调相机实际是一台接在交流电网上空转的同步电动机，专门向电网发出感性或容性的无功功率，以满足电网对无功功率的要求。因此，它又称同步补偿机。在电网的受电端接同步调相机，是提高电网功率因数的重要方法之一。

1. 同步调相机的结构特点

同步调相机的结构与同步电动机基本相似，只是由于它不带负载，所以转轴可以细一些。如果它具有自起动能力，其转子就可以做成没有轴伸，以便于密封。同步调相机也没有过载能力的要求。为了减少励磁绕组的用铜量，同步调相机的气隙比同步电动机和发电机都小，因此其同步电抗较大。

2. 同步调相机的工作原理

当同步电动机不带负载时，它只从电网吸收很少的有功功率来补偿电机本身的损耗，一般情况下可将这部分损耗忽略掉。此时，电机的电枢电流全为无功电流，输出的功率全为无功功率。其电动势方程为

$$\dot{U} = E_0 + j\dot{I}x_t \tag{6-22}$$

根据上式可画出同步调相机的相量图，如图 6-37 所示。

由图可知，过励磁时，电流 $\dot{I}$ 超前 $\dot{U}$ 90°，向系统输送感性无功功率，且励磁电流越大，输送的感性无功越多；而欠励磁时，电流 $\dot{I}$ 滞后 $\dot{U}$ 90°，向系统输送容性无功功率，且励磁电流越大，输送的容性无功越多。因此，调节励磁电流，不仅可以改变无功功率的大小，而且可以改变无功功率的性质。由此可见，同步调相机是专发无功功率的发电机，或者

说是一个无功电源。

3. 同步调相机的特点

从同步调相机的工作原理可知，同步调相机具有以下 3 个方面的特点。

1）调相机的额定容量指的是在过励状态下的额定视在功率。

2）由于转轴上不带机械负载，所以调相机的转轴比同容量的电动机转轴细，没有过载能力的要求。

3）为了提高调相机提供感性无功的能力，励磁线圈导线截面较大，但励磁损耗仍然很大，对通风冷却要求较高。

由于同步调相机是专发无功功率的发电机，所以可从电网汲取相位超前于电压的电流，从而改善电网的功率因数，提高电网的功率，既可提高发电设备的利用率和效率，又能显著提高电力系统的经济性与供电质量，具有重大的经济意义。在电网的受电端接上一些同步调相机，是提高电网的功率因数的重要方法之一。

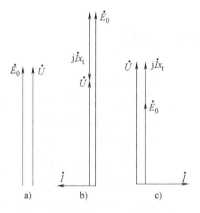

图 6-37　同步调相机正常励磁、
过励磁、欠励磁相量图
a) 正常励磁　b) 过励磁　c) 欠励磁

6.7　小结

同步电机是根据电磁感应原理制造的一种旋转电机。同步电机的转子转速与电枢电流的频率之间存在严格不变的关系，即 $n = 60f_1/p$，或者说转子转速恒等于电枢旋转磁场的转速。同步电机是一种可逆电机，既可作为发电机运行，也可作为电动机运行。

同步电机大致可以分为同步电动机、同步发电机和同步调相机 3 类。

同步电机的结构特点是在定子铁心上嵌放三相对称绕组，转子铁心上装置直流励磁绕组。对高速电机采用隐极式转子，转子为圆柱形，电机气隙均匀，励磁绕组为同心式分布绕组；对低速电机采用凸极式转子，气隙不均匀，励磁绕组为集中绕组。由于转子结构不同，使隐极电机和凸极电机的分析方法和参数存在差异。

同步电动机的电压平衡方程式和相量图是分析同步电动机工作特性的有效方法。同步电动机的最大优点是，调节励磁电流 I_f 可改变功率因数，这是异步电动机所不具备的。在一定有功功率下，改变励磁电流 I_f 可得到同步电动机的 "V" 形曲线。

同步电动机本身没有起动转矩，必须采用一定的起动方法才能起动。起动方法有：辅助电动机起动法、变频起动法和异步起动法 3 种。

同步发电机的工作原理是，当转子绕组通入直流电产生恒定磁场时，这个磁场在定子组中间高速旋转，定子绕组切割转子产生磁场，根据电磁感应定律，定子绕组中便产生感应电动势，如果接负载，就能对外发电。

同步调相机过励时从电网吸收超前无功功率，欠励时从电网吸收滞后无功功率。因此，在过励状态下运行的同步调相机对改善电网的功率因数是非常有益的。

6.8 习题

1. 同步电机中的"同步"的意义是指什么？
2. 三相同步电动机在结构和工作原理上与三相异步电动机有什么异同？
3. 简述同步电动机的基本结构和工作原理。
4. 什么是同步电动机的电枢反应？简述同步发电机和电动机的电枢反应的异同。
5. 同步电动机常用的起动方法有哪些？
6. 什么是同步电动机的"V"形曲线？
7. 简述同步发电机的基本结构和工作原理。
8. 同步发电机的励磁方式有哪几种？

模块 4　电力拖动系统电动机的选择及其他控制电机

第 7 章　电力拖动系统电动机的选择

本章要点

- 电动机种类、结构型式和额定数据的选择
- 电动机容量的选择
- 选择电动机容量的工程方法

电动机的合理选择是保证电动机安全、可靠、经济运行的最重要环节。在电力拖动系统中为生产机械选配电动机时，首先应满足生产机械的要求，例如对工作环境、工作制、起动、制动、调速以及功率等的要求。因此，电动机的选择需要重点考虑以下几方面：

1）根据生产机械的工作情况和对电动机的技术经济要求，选择电动机种类。

2）根据电动机的安装位置和环境条件，选择电动机的结构型式与防护型式。

3）根据电源条件及控制装置要求，选择电动机额定电压。

4）根据与生产机械的配合及其他技术经济要求，选择电动机的额定转速。

5）根据生产机械的性质、功率，选择电动机的容量。

合理选择电动机，可以使电动机在高效率、低损耗的状态下可靠地运行，从而达到节能和提高综合经济效益的目的。

7.1　电动机种类的选择

电动机种类的选择是指选择直流电动机还是交流电动机。一般应在满足生产机械对拖动性能（包括过载能力、起动能力、调速性能指标及运行状态等）的前提下，优先选用结构简单、运行可靠、维护方便、价格经济的电动机，主要从生产机械对调速的要求（如调速范围、调速平滑性、静差率、低速性能和工作效率等方面）来考虑。

表 7-1 中给出了电动机的主要种类、性能特点及典型生产机械应用实例。需要指出的是，表中的电动机主要性能及相应的典型应用基本上是指电动机本身而言。随着电动机控制技术的发展，交流电动机拖动系统的运行性能越来越高，使得电动机在一些传统应用领域发生了较大变化，例如原来使用直流电动机调速的一些生产机械厂商，则改用可调速的交流电动机系统。

表 7-1　电动机的主要种类、性能特点及典型应用实例

电动机种类			主要性能特点	典型生产机械应用实例
交流电动机	三相异步电动机	笼型	普通笼型	机械特性硬、起动转矩不大、调速时需要调速设备	调速性能要求不高的各种机床、水泵、通风机等
			高起动转矩	起动转矩大	带冲击性负载的机械，如剪床、冲床、锻压机等；静止负载或惯性负载较大的机械，如压缩机、粉碎机、小型起重机等
			多速	有（2~4）档转速	要求有级调速的机床、电梯、冷却塔等
		绕线转子型		机械特性硬（转子串电阻后变软）、起动转矩大、调速方法多、调速性能及起动性能较好	要求有一定调速范围、调速性能较好的生产机械，如轿式起重机；起动、制动频繁且对起动、制动转矩要求高的生产机械，如起重机、矿井提升机、升降机、不可逆轧钢机等
	同步电动机			转速不随负载变化，功率因数可调节	转速恒定的大功率生产机械，如大中型鼓风及排风机、泵、压缩机、连续式轧钢机、球磨机等
直流电动机	他励、并励			机械特性硬、起动转矩大、调速范围宽、平滑性好	调速性能要求高的生产机械，如大型机床（车、铣、刨、磨、镗）、高精度车床、可逆轧钢机、造纸机、印刷机等
	串励			机械特性软、起动转矩大、过载能力强、调速方便	要求起动转矩大、机械特性软的机械，如电车、电气机车、起重机、吊车、卷扬机、电梯等
	复励			机械特性硬度适中、起动转矩大、调速方便	

7.2　电动机结构型式的选择

各种生产机械的工作环境差异很大，对电动机结构型式的选择也有所不同。主要包括以下 3 个方面。

（1）工作方式

按负载工作制选择连续、短时和周期连续工作制的电动机。

（2）安装方式

根据电动机的安装位置和与工作机械的配合，选择电动机分卧式和立式两种。一般应选择卧式，只在要求简化传动装置又必须垂直运转时，如立式深井泵等，才选择立式电动机。根据拖带负载情况，选择单轴伸或双轴伸。

（3）防护方式

为防止周围环境中的粉尘、烟雾、水气等损坏电动机以及因电动机运行及内部故障影响周围环境，甚至危及人身和财产安全，应选择合适的防护方式。电动机的防护方式分开起式、防护式、封闭式和防爆式。

7.3　电动机额定电压的选择

电动机的电压等级、相数、频率都要与供电电源一致。因此，电动机的额定电压应根据其运行场所供电电网的电压等级来确定。我国一般标准是交流电压为三相 380V，直流电压

为220V。大容量的交流电动机通常设计成高压供电，如3kV、6kV或10kV，此时电动机需选用额定电压为3kV、6kV或10kV的高压电动机。

直流电动机的额定电压一般为110V、220V、440V和660V等，最常用的电压等级为220V。直流电动机一般由单独的电源供电。选择额定电压时，通常只要考虑与供电电源相配合即可。

7.4　电动机额定转速的选择

电动机额定转速的选择关系到电力拖动系统的经济性及生产机械的效率。对于额定功率相同的电动机，额定转速越高，体积越小，造价越低，效率也越高。转速较高的异步电动机的功率因数也较高。因此，要全面考虑技术和经济指标来选择电动机的额定转速。例如：

1）对于一般的高转速或中转速的生产机械（如泵、压缩机、鼓风机等），宜选用适当转速的电动机，直接与生产机械相连接。

2）对不需要调速的低转速生产机械（如球磨机、轧机等），宜选用适当转速的电动机通过减速机传动。对于大功率的生产机械，电动机的转速不能选择过高，要考虑到大型减速机（尤其是大减速比）加工困难及维修不便等因素。

3）对需要调速的生产机械，电动机允许的最高运行转速应与生产机械要求的最高转速相适应。

4）对频繁地起动和制动运行的生产机械，电动机的转速除应满足生产机械所需要的最高转速之外，还应考虑，若过渡过程时间对生产效率有较大的影响，则应以飞轮矩 GD^2 与额定转速 n_N 的乘积为最小值来选择电动机的额定转速及传动比。

5）对某些低速断续运行的生产机械，宜采用无减速直接传动。这对提高生产效率和传动系统的动态性能、减少投资和维修等均较有利。

6）对自散热式电动机，因散热效率随电动机转速而变化，低速散热效果较差，故不宜长期在低速下运行。如果由于调速的需要，长期低速运行而又超过电动机允许的条件时，就应增设外通风措施，以免损坏电动机。

7.5　电动机的容量选择

容量选择是电动机选择的核心内容。合理、正确选择电动机的容量是电力拖动系统工作可靠和经济的保证。如果电动机容量选择过小，则在正常工作情况下电动机就要过载运行，电动机发热厉害，影响电动机的使用寿命；容量选择过大，不仅初次投资高，占地面积大，而且电动机经常处于欠载运行，效率低，对于异步电动机来说，还会带来功率因数低、运行费用高的问题。因此，选择电动机容量时，主要应考虑电动机发热、过载能力与起动能力等方面的因素。

7.5.1　电动机的发热、冷却与工作制

电动机中耐热性最差的是绝缘材料，若因电动机的负载和损耗太大而使温度超过绝缘材料允许的限度时，则绝缘材料的寿命会急剧缩短，严重时会使绝缘遭到破坏，使电动机冒烟

并烧毁。这个温度限度称为绝缘材料的允许温度（又称允许温升）。绝缘材料的最高允许温升就是最高允许温度与标准环境温度 40℃ 的差值，它表示一台电动机能带负载的限度。根据国际电工委员会规定，电工用的绝缘材料可分为 7 个等级，常用的有 A、E、B、F、H 5 个等级。电动机的允许温升与绝缘等级的关系如表 7-2 所示。

表 7-2　电动机允许温升与绝缘耐热等级的关系

绝缘等级	绝缘材料	最高允许温度/℃	允许温度/℃
Y	用油漆浸渍的面纱、丝绸、纸板、木材等天然有机材料	90	50
A	经过绝缘处理的棉、丝、木材、纸和普通漆包线的绝缘漆等	105	65
E	环氧树脂、聚酯薄膜、聚乙烯醇、三醋酸纤维薄膜、高强度绝缘漆	120	80
B	用提高了耐热性能的有机漆做黏合剂的云母带、石棉和玻璃纤维组合物	130	90
F	用耐热优良的环氧树脂黏合或浸渍的云母、石棉和玻璃纤维组合物	155	115
H	用硅有机树脂黏合或浸渍的云母、石棉和玻璃纤维组合物、硅有机橡胶	180	140
C	不用胶合物的陶瓷、云母、玻璃纤维、石棉等	180 以上	140 以上

由此可见，绝缘材料的允许温度就是电动机的允许温度；绝缘材料的寿命就是电动机的寿命。因此，电动机的额定功率就是根据电动机工作发热时温升不超过绝缘材料的允许温升来确定的，选择电动机容量时首先考虑的因素是发热问题。

1. 电动机的发热

电动机在运行过程中会不断地产生热量，其温度也在不断的上升。为了避免温升过高而损坏电动机，就要向周围散热，温升越高，散热越快。当单位时间发出的热量等于散发的热量时，电动机温度不再增加，也即处于发热与散热平衡的状态。此过程是温度升高的热过渡过程，称为发热。

电动机主要是由铁、铜、绝缘材料 3 大类材料构成的复杂物体。要研究实际的发热情况，为了简化分析过程，做如下假设：

1）电动机在恒定负载下运行，总损耗不变。

2）电动机是一个均匀物体，各点温度一样，且各部分表面散热系数相同。

3）电动机散发到周围介质中去的热量与电动机温升成正比。

4）周围环境温度不变。

根据能量守恒定律，任何时间内，电动机产生的总热量 $Q\mathrm{d}t$ 等于电动机本身温度升高需要的热量 Q_1 和散发到周围介质中去的热量 Q_2 之和，即

$$Q\mathrm{d}t = Q_1 + Q_2$$
$$Q_1 = C\mathrm{d}\tau \tag{7-1}$$
$$Q_2 = A\tau\mathrm{d}t$$

式中　Q——电动机在单位时间内产生的热量，单位为 J/s；

　　　C——电动机温度每升高 1℃ 所需的热量，称为热容量，单位为 J/℃；

　　　$\mathrm{d}\tau$——电动机温度升高增量，单位为℃；

　　　A——电动机温度高出环境温度 1℃ 时，单位时间内向周围介质散发出去的热量，称为散热系数，单位为 J/（℃·s）；

τ——电动机温升，单位为℃。

式（7-1）还可表示为

$$Q\mathrm{d}t = C\mathrm{d}\tau + A\tau\mathrm{d}t \tag{7-2}$$

整理后得到热平衡方程式

$$\tau + \frac{C\mathrm{d}\tau}{A\mathrm{d}t} = \frac{Q}{A} \tag{7-3}$$

当电动机温度不再提高（即 $\mathrm{d}t = 0$）时，电动机温升达到稳定值 τ_ω，电动机产生的全部热量完全发散到周围介质中去，则

$$Q\mathrm{d}t = A\tau_\omega\mathrm{d}t \tag{7-4}$$

那么电动机的稳定温升即为

$$\tau_\omega = \frac{Q}{A} \tag{7-5}$$

将式（7-5）带入式（7-3）得到

$$\tau + \frac{C\mathrm{d}\tau}{A\mathrm{d}t} = \tau_\omega \tag{7-6}$$

令 $T = C/A$，称为发热时间常数，则式（7-5）变为

$$\tau + T\frac{\mathrm{d}\tau}{\mathrm{d}t} = \tau_\omega \tag{7-7}$$

通过对式（7-7）解微分方程，可导出电动机发热过程的温升表达式，即

$$\tau = \tau_\omega + (\tau_0 - \tau_\omega)\mathrm{e}^{-t/T} \tag{7-8}$$

式中　τ_0——初始温升；

　　　τ_ω——稳定温升。

根据式（7-8）可画出电动机发热过程的温升曲线，如图 7-1 所示。

由图可知，电动机发热时温升是按指数规律上升的，其中曲线 1 是初始温升不为零时的情况，曲线 2 是初始温升为零时的发热曲线。在发热过程开始时，由于电动机所产生的热量全部用来提高自身的温度，所以温度上升很快。随着电动机温度的升高，散发出的热量也随之增加，自身吸收的热量越来越少，电动机的温升变慢。

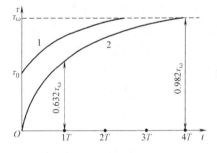

图 7-1　电动机发热过程的温升曲线

2. 电动机的冷却

在电动机温升稳定后，当其负载减小使损耗减小或断电停止工作时，电动机发热减少或停止，其温升开始下降，稳定在一个新的数值或降为零，此过程称为冷却。类似于发热过程的推导，可得出电动机冷却过程的温升表达式，即

$$\tau = \tau_\omega' + (\tau_0' - \tau_\omega')\mathrm{e}^{-t/T} \tag{7-9}$$

式中　τ_0'——冷却开始时的初始温升；

　　　τ_ω'——电动机新的稳定温升。

显然 $\tau_0' > \tau_\omega'$，电动机冷却过程的温升曲线如图 7-2 所示，其中曲线 1 为电动机负载减少时的冷却过程，曲线 2 为电动机断开电源时的冷却过程。

由图可知，冷却开始时，电动机的温升大，散热快，温升下降曲线较陡，随着温升的不

断下降，散热量愈来愈小，温升下降慢，曲线变得平缓，最后接近于新的稳定温升或等于零。

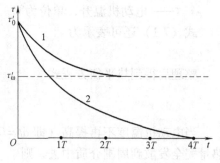

图 7-2　电动机冷却过程的温升曲线

3. 电动机的工作制

由上述分析可知，电动机的发热和冷却情况不但与其所带负载的大小有关，而且还与其所带负载的持续时间有关。根据电动机发热情况不同，为了便于电动机的系列生产和供用户选择使用，按国家标准将电动机的工作方式分为连续工作制、短时工作制和断续周期工作制。

（1）连续工作制

连续工作制是指电动机的工作时间 $t_g > (3 \sim 4) T$（一般可达几小时、几昼夜，甚至更长时间）时，使电动机的温升能达到稳定温升的工作方式。这种工作方式所拖动的负载可以是恒定不变的，也可以是周期性变化的，其负载曲线与温升曲线如图 7-3 所示。连续工作制的电动机在生产实际中应用很广泛，如水泵、鼓风机、造纸机、大型机床的主轴等，在铭牌上没有特殊标注的工作方式都属于这种工作方式。

（2）短时工作制

短时工作制是指电动机的工作时间 $t_g < (3 \sim 4) T$、停歇时间 $t_0 > (3 \sim 4) T$，即工作时间内，电动机的温升达不到稳定值，而停歇时间足以使电动机的温升降到与周围介质温度相同的一种工作方式。国家规定的短时工作制的标准时间为 15min、30min、60min 和 90min 4 种，其负载曲线和温升曲线如图 7-4 所示。图中虚线表示带同样大小的负载连续工作时的温升曲线。短时工作制方式在电动机铭牌上的标注为 S_2，属于此类生产机械的有机床的夹紧装置、某些冶金辅助机械、水闸闸门起闭机等。

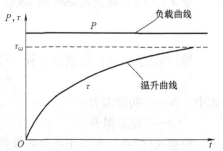

图 7-3　连续工作制的电动机在恒定负载下的负载曲线与温升曲线

（3）断续周期工作制

断续周期工作制是指电动机的工作时间 $t_g < (3 \sim 4) T$、停歇时间 $t_0 < (3 \sim 4) T$，即工作时间内，电动机的温升达不到稳态温升，停歇时间内，电动机的温升也降不到零，电动机的工作与停歇周期性交替进行的一种工作方式。国家规定断续周期工作制每个工作周期 $t_g + t_0 \leqslant 10$ min，其负载曲线和温升曲线如图 7-5 所示，故又称为重复短时工作制。由图可知，初始阶段，电动机每经过一个周期，温升都有所上升；经过若干个周期，温升在最高温升和最低温升之间波动，达到周期性变化的稳定状态。但其最高温升仍低于电动机拖动同样负载连续运行的稳定温升 τ_ω。

在断续周期工作制中，负载工作时间与整个周期之比称为负载持续率（或称暂载率），用 ε 表示。国家规定的负载持续率有 15%、25%、40%

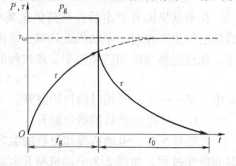

图 7-4　短时工作制的电动机负载与温升曲线

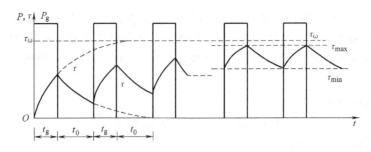

图 7-5　断续周期工作制的电动机负载曲线和温升曲线

和 60% 4 种。

断续周期工作制的电动机起动频繁，要求过载能力强、机械强度高。属于此类电动机的生产机械有起重机、电梯、轧钢机辅助机械、某些自动机床的工作机构等。

7.5.2　电动机容量选择的基本方法

1. 连续工作制电动机容量的选择

大多数连续工作的生产机械具有周期性变化的规律，综合起来可分为恒定负载和变化负载两种类型，对这两种类型的负载有不同的选择电动机容量的方法。

（1）恒定负载下电动机容量的选择

当拖动恒定负载的生产机械时，由于一般电动机是按负载连续工作设计的，所以只要知道生产机械所需的功率，就可以在电动机产品目录中选择一台额定功率 P_N（kW）等于或稍大于负载功率 P_L 的电动机，即

$$P_L \leqslant P_N \tag{7-10}$$

当生产机械无法提供负载功率 P_L 时，可用理论方法或经验公式来确定所用电动机的功率。几种常用电动机的功率表达式如表 7-3 所示。

表 7-3　常用电动机的功率表达式

常用电动机	功率表达式	参数说明
旋转机械的电动机	$P_L = \dfrac{T_L n}{9\,550\eta}$	T_L——生产机械的静态阻转矩，单位为 N·m n——生产机械的转速，单位为 r/min η——传动装置的效率
泵用电动机	$P_L = \dfrac{QH\rho}{102\eta_1\eta_2}$	Q——泵的流量，单位为 m³/s ρ——液体密度，单位为 kg/m³ H——扬程，单位为 m η_1——泵的效率，高压离心式泵为 0.5~0.8，低压离心泵为 0.3~0.6，活塞式泵通常为 0.8~0.9 η_2——电动机与泵之间传动装置的效率，直接连接为 1，皮带传动为 0.9
风机用电动机	$P_L = \dfrac{Qh}{1\,000\eta_1\eta_2}$	Q——每秒钟吸入或压出的空气量，单位为 m³/s h——通风机的压力，单位为 N/m² η_1——通风机效率，大型的为 0.5~0.8，中型的为 0.3~0.5，小型的为 0.2~0.35 η_2——传动装置的效率

【例7-1】 一台离心泵，流量 Q 为 720m³/h，排水高度 H 为 21m，转速 n 为 1 000r/min，水的比重 γ 为 1 000kg/m³，水泵的效率 η_p 为 78%，传动机构的效率 η 为 98%，电动机与水泵同轴连接。现有电动机，其额定功率为 55kW，定子电压 380V，额定转速 1 000r/min，是否能用？

解： 水泵的流量为

$$Q = 720\text{m}^3/\text{h} = 720/3\ 600\text{m}^3/\text{min}$$

水泵在电动机轴上的负载功率为

$$P_L = \frac{Q\gamma H}{102\eta_p\eta} = \frac{\frac{720}{3\ 600} \times 1\ 000 \times 21}{102 \times 0.78 \times 0.98}\text{kW} \approx 53.87\text{kW} \leqslant 55\text{kW}$$

因此，若工作环境无特殊要求，则可选用额定功率为 55kW，定子电压为 380V，额定转速为 1 000r/min 的电动机。

电动机额定功率是指在海拔高度不超过 1 000m，环境温度为 40℃，带动额定负载长期连续工作时的输出功率。当环境温度与标准温度 40℃相差较大时，须对电动机功率进行修正。当环境温度小于标准温度时，为了充分利用电动机，可将电动机提高功率使用；而当环境温度大于标准温度时，为了使用安全，应将电动机降低功率使用。具体修正方法有两种。

1）计算法。电动机在实际环境温度 θ_0 时允许的长期输出功率 P 可按以下公式修正

$$P = P_N\sqrt{\frac{\theta_m - \theta_0}{\theta_m - 40}(k + 1) - k} \tag{7-11}$$

式中 k——电动机的不变损耗与额定负载下可变损耗（铜损）之比，即 $k = P_0/P_{CuN}$，对直流电动机，$k = 1.0 \sim 1.5$，对笼型异步电动机，$k = 0.5 \sim 0.7$。

由式（7-11）可知，当 $\theta_0 > 40℃$ 时，$P < P_N$；当 $\theta_0 < 40℃$ 时，$P > P_N$。

2）查表法。在工程实践中，当实际环境温度偏离 40℃时，电动机允许的输出功率可按表 7-4 进行修正。

表 7-4　不同环境温度下电动机功率的修正

环境温度/℃	30	35	40	45	50	55
电动机功率增减百分数/%	8	5	0	−5	−12.5	−25

此外，还需注意高原地区由于空气稀薄，散热条件恶化，致使同样负载下电动机温度比平原地区高的情况。因此，按平原地区设计的电动机用于海拔超过 1 000m 的高原地区时，其输出功率也需做适当的修正。

（2）变化负载下电动机容量的选择

某些生产机械在连续运行中负载的大小变化具有周期性规律，如大型龙门刨床和矿井提升机等。此类生产机械的电动机在选择额定功率时，需选择在最大与最小负载功率之间的，使电动机既能得到充分利用，又不至于过载。变化负载下电动机功率选择的一般步骤是：

首先，计算出生产机械的负载功率，绘制生产机械负载图 $P_L = f(t)$ 或 $T_L = f(t)$。图 7-6 所示即为随负

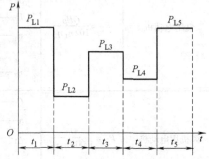

图 7-6　随负载变化的生产机械负载图

载变化的生产机械的负载图。

其次，预选电动机的容量。根据生产机械的负载图求出其平均功率 P'_L

$$P'_L = \frac{P_{L_1}t_1 + P_{L_2}t_2 + \cdots + P_{L_n}t_n}{t_1 + t_2 + \cdots + t_n} = \frac{\sum\limits_{i=1}^{n} P'_{L_i}t_i}{\sum\limits_{i=1}^{n} t_i} \tag{7-12}$$

式中　P_{L_1}、P_{L_2}、…、P_{L_n}——各段负载功率；

　　　t_1、t_2、…、t_n——各段工作时间。

第 3 步，电动机额定功率可按下述经验公式预选

$$P_N \geqslant (1.1 \sim 1.6)P'_L \tag{7-13}$$

根据负载变化选择系数的大小，如果过渡过程在整个工作过程中占较大比重，就应选用较大的系数。

第 4 步，对预选电动机进行发热、过载能力及起动能力校验，合格后即可使用。

2. 短时工作制电动机容量的选择

在这种工作方式下，电动机的工作时间较短，在运行期间内温度未升到规定的稳定值；而在停止运转期间，温度则可能降到周围环境的温度值。如吊桥、水闸、车床的加紧装置等的拖动运转。如果电动机的实际工作时间符合标准工作时间，则选择电动机的额定功率 P_N 只要不小于负载功率 P_L 即可。

3. 断续周期工作制电动机容量的选择

我国标准规定，断续周期工作制每个周期不超过 10min，在每个周期内电动机都要经历起动、运行、制动和停歇等几个阶段。普通型电动机往往难以胜任这样频繁的起、制动，因此专为这一工作制设计了电动机，供这类生产机械选用。这类电动机的共同特点是起动能力强、过载能力大、惯性小（飞轮力矩小）、机械强度大，有较大的过载与起动能力，能适应频繁的起、制动。

如果断续运行的生产机械所需的功率 P_L 是恒定的，且负载的实际负载持续率 ε_L 与某种电动机的标准负载持续率 ε 相同或相近，就可直接选择电动机的额定功率 $P_N \geqslant P_L$。若负载的实际负载持续率 ε_L 与标准负载率 ε 不相同，则应向靠近标准负载持续率进行换算，即

$$P_{dx} \approx P_L \sqrt{\frac{\varepsilon_L}{\varepsilon}} \tag{7-14}$$

如果断续运行的生产机械所需的功率是变化的，就可按式（7-12）计算出一个周期内负载的平均功率，然后选择电动机的额定功率，使 $P_N = (1.1 \sim 1.6)P'_L$。需要对其进行发热、过载能力和起动能力的校验。

一般情况下，当 $\varepsilon_L < 10\%$ 时，可按短时运行方式选择短时工作制电动机；当 $\varepsilon_L > 70\%$ 时，可按连续运行方式选择连续工作制电动机。如果断续运行生产机械的运行周期超过 10min，就可选用短时工作制或连续工作制电动机。当选用连续工作制的电动机时，可看成标准负载率 ε 为 1。

7.5.3　选择电动机容量的统计法和类比法

前面所介绍的选择电动机的方法是以电动机发热、冷却理论为基础的，普遍应用于生产

机械的电动机选择。但是该方法计算量较大，必须先计算并绘制生产机械的负载图，预选电动机后又要计算、绘制电动机的负载图，用这些方法再来校验电动机的发热，最后还要校验过载能力和起动能力。如果达不到要求，就要重复计算过程进行重新选择。为此，人们在工程实践中总结出了某些常见生产机械选择电动机容量的一般实用方法。

1. 统计法

统计法是对同类型生产机械所选用的电动机容量进行统计分析，找出电动机容量和该类生产机械主要参数之间的关系，再根据经验数据，得出实用经验公式的方法。我国机床行业总结出了不同类型机床主传动电动机容量 P 的统计分析公式，如表 7-5 所示。

表 7-5　不同机床主传动电动机的容量计算公式

机床设备类型	主传动电动机容量/kW	参数说明
车床	$P = 36.5 D^{1.54}$	D——工件的最大直径（m）
立式车床	$P = 20 D^{0.88}$	D——工件的最大直径（m）
摇臂钻床	$P = 0.0646 D^{1.19}$	D——最大钻孔直径（mm）
卧式镗床	$P = 0.004 D^{1.7}$	D——镗杆直径（mm）
龙门刨床	$P = \dfrac{1}{166} B^{1.15}$	B——工作台宽度（mm）
外圆磨床	$P = 0.1 KB$	K——轴承系数，当主轴采用滚动轴承时，$K = 0.8 \sim 1.1$；采用滑动轴承时，$K = 1.0 \sim 1.3$ B——砂轮宽度（mm）

【例 7-2】　我国 C660 车床的工件最大直径为 1 250mm，求其主拖动电动机的功率？

解：根据式（7-15）

$$P = 36.5 \times \left(\frac{1250}{1000} \right)^{1.54} \text{kW} = 52 \text{ kW}$$

应实际选用 $P_N = 60\text{kW}$ 的电动机。

2. 类比法

类比法是通过对长期运行的同类生产机械所进行调查，与本生产机械的工作情况进行类比后，再确定相应的电动机容量的方法。这种方法实际上就是工程上常用的通过"母型"选择电动机的方法。例如，设计一台 3t 的氧气顶吹转炉的倾炉设备，用类比法选择该设备电动机的容量。通过查阅同类设备的资料，得知 1.5t 转炉的倾炉设备采用 11 kW 的电动机，6t 转炉的倾炉设备采用 22 ~ 30 kW 的电动机。通过比较，3t 转炉的倾炉设备可采用 16 kW 的电动机。

7.6　小结

电力拖动系统电动机的选择即对电动机类型、结构型式、额定电压、额定转速和容量的选择，其中最重要的是容量的选择。前 4 项主要是根据生产机械情况及对电动机的要求确定；电动机的容量则由电动机的允许发热、过载能力和起动能力确定。

电动机在工作过程中必然会产生损耗，这些损耗将转换成热量，一部分散发到周围介质中，一部分使电动机温度升高。从热平衡方程式可导出电动机工作过程中的发热和冷却的温升曲线，它们都是按指数规律变化的。构成电动机的材料中耐热最差的是绝缘材料。电动机的额定功率由绝缘材料的最高允许温度来决定，即在标准的环境温度（40℃）及规定工作方式下其温升不超过绝缘材料的最高允许温升时的最大输出功率。我国按绝缘材料的耐热程度将绝缘材料分为 7 个等级。

电动机按工作方式分为连续工作制、短时工作制和断续周期工作制。这 3 种工作制的电动机对电动机容量有着不同的选择方法。

连续工作的负载必须选择连续工作制电动机，对于恒定负载，只需满足电动机的额定功率 $P_N \geqslant P_L$。对于周期性负载，首先计算出在一个周期 t_P 内的平均功率 P'_L 或平均转矩 T'_L，再预选一台电动机额定功率 $P_N \geqslant (1.1 \sim 1.6) P'_L$ 或 $P_N \geqslant (1.1 \sim 1.6) \dfrac{T'_L \eta_N}{9\,550}$。最后需对预选电动机进行发热、过载能力和起动能力校验。电动机热校验的方法有平均损耗法和等效电流法。

当短时工作的负载的连续工作时间与电动机的额定工作时间相差不大时，可以选择短时工作制电动机。

对于断续周期工作的负载，可选用断续周期工作制电动机，也可选用连续工作制电动机或短时工作制电动机。当 $\varepsilon_L < 10\%$ 时，可按短时运行选择短时工作制电动机；若 $\varepsilon_L > 70\%$ 时，可按连续运行选择连续工作制电动机。如果断续运行生产机械的运行周期超过 10min，则可选用短时工作制或连续工作制电动机。当选用连续工作制的电动机时，可看成标准负载率 ε 为 1。

对于某些生产机械，工程上为了选用简便实用，还可用统计法或类比法来选择电动机的容量。

7.7 习题

1. 在电力拖动系统中电动机选择应包含哪些内容？

2. 选择电动机容量时要考虑哪些因素，电动机工作制是如何定义和分类的？

3. 电动机的发热和冷却有什么规律？发热时间常数和冷却时间常数是否相同？

4. 一台电动机原绝缘材料等级为 B 级，额定功率为 P_N，若把绝缘材料等级改为 E 级，其额定功率将如何变化？

5. 某一台电动机额定功率为 20 kW，额定温升为 80℃，不变损耗占总损耗的 40%，额定可变损耗占总损耗的 60%，求当环境温度分别为 25℃ 和 45℃ 时，电动机容量的修正值分别是多少？

6. 已知 6SH-9A 型离心泵的额定数据为：流量 $Q = 144$ m³/h，扬程 $H = 40$ m，转速 $n = 2\,900$ r/min，效率 $\eta_p = 75\%$，如用做淡水泵，试选择电动机的容量？

7. 写出变化负载下连续工作方式的电动机功率的选择步骤。

8. 一台连续工作制电动机，额定功率为 P_N，用做工作时间为 15min 的短时工作制电动机时的额定功率为 P_{N_1}，用做工作时间为 30min 的短时工作制电动机时的额定功率为 P_{N_2}，试问 P_N、P_{N_1}、P_{N_2} 三者之间的关系是怎样的？

第8章　控制电机和其他电机

本章要点

- 伺服电动机的基本运行特性
- 步进电动机的结构和工作特性
- 测速发电机的结构和工作原理
- 自整角机和旋转变压器的工作特性
- 直线电动机及微型同步电动机的工作特性

前几章介绍的直流电机、交流电机基本都是作为动力使用的，其主要任务是进行机电能量的转换。而本章介绍的各种控制电机的主要任务是转换和传递控制信号，是根据自控系统的各种要求而专门制作的具有各种特殊功能的专用电机。我们把这种在自控系统和各种计算装置中专门用于执行、检测、放大、校正和解算功能的电机，称为控制电机。

从工作原理上看，控制电机和普通旋转电机没有本质上的差别，但用途不同，性能指标的要求也不同。普通旋转电机功率大，主要用于电力拖动系统，侧重电机的起动、运行调速和制动等性能指标，而控制电机输出功率较小，一般用于拖动小功率机械，功率在 750W 以下，最小的不到 1W，外型尺寸小，重量轻，耗电量少，主要侧重于电机的控制精度、响应速度和运行可靠性。

控制电机的种类很多，本章只讨论常用的几种，即伺服电动机、步进电动机、测速发电机、自整角机、旋转变压器、直线电动机和微型同步电动机。其中，伺服电动机可作为执行元件，将输入的电压信号转换为输出的转矩和转速，以驱动控制对象；步进电动机也可作为执行元件，将电脉冲信号转换为角位移或线位移；测速发电机可作为测速元件，将输入的转速转换为电压信号，并传递到输入端作为反馈信号；自整角机和旋转变压器可作为测量位置和数据传送元件，用于角度的测量和远距离的控制、定位。

8.1　控制电机的特性

1. 各种控制电机的外形观察与铭牌解读

（1）观察各种控制电机的外观

直流伺服电动机如图 8-1 所示，交流伺服电动机与伺服控制器如图 8-2 所示，步进电动机如图 8-3 所示，测速发电机如图 8-4 所示。

（2）解读各种控制电机的铭牌

阅读电机铭牌中各项参数，了解其铭牌参数的含义，按表 8-1 的样式自行列表记录不同控制电机的相关铭牌数据。电机的铭牌所标写的各项参数是电机运行时必须满足的运行条件。在铭牌参数允许的范围外运行电机，将使电机不能正常工作或烧毁电机。

图 8-1　直流伺服电动机

图 8-2　交流伺服电动机与伺服控制器　　　　图 8-3　步进电动机

表 8-1　　　　　　　　　控制电机的铭牌数据

型　号		产品编号	
结构类型		励磁方式	
额定功率		励磁电压	
额定电压		工作方式	
额定电流		绝缘等级	
额定转速		重　量	
标准编号		出厂日期	

2. 各种控制电机的运行观察

（1）直流伺服电动机的运行

按照直流伺服电动机的运行要求进行接线，起动直流伺服电动机达到额定运行，观察电动机转速是否均匀，有无噪声、振动，有无冒烟或发出焦臭味等现象，如有，应立即停机查找原因。

改变直流伺服电动机的输入控制电压，观察、测量直流伺服电动机的运转速度，记录在表 8-2 中。分析控制电压 U 与转速 n 的关系。

对于永磁式直流伺服电动机，在起动时，要避免受到过大浪涌电流的冲击，否则可能导致主磁极去磁，从而使电动机失去原有的特性。

图 8-4　测速发电机

（2）交流伺服电动机的运行

按照交流伺服电动机的运行要求进行接线，起动交流伺服电动机达到额定运行，观察电动机转速是否均匀，有无噪声、振动，有无冒烟或发出焦臭味等现象，如有，应立即停机查找原因。

改变交流伺服电动机的输入控制电压，观察、测量直流伺服电动机运转速度，记录在表8-2中。分析控制电压 U 与转速 n 的关系。

（3）步进电动机的运行

步进电动机经常运行于起动、制动、正转、反转和调速状态，因此电动机的步数与脉冲数应严格相等，否则可能出现"丢步"。

步进电动机的控制接线方式如图8-5所示。按照图示连接步进电动机三相接线，注意脉冲频率与位移之间的比例关系。

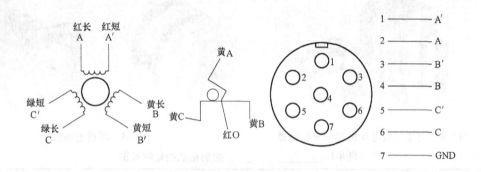

图8-5　步进电动机的控制接线方式

改变步进电动机的输入控制电压脉冲频率，观察、测量直流伺服电动机的运转速度，记录在表8-2中。分析控制电压频率 f 与转速 n 的关系。

（4）测速发电机的运行

将测速发电机通过过轴节或者齿轮组与调速电动机机械连接。将电压表接入测速发电机的输出端，给定测速发动机各不同的转速，测定相应的输出电压，记录在表8-2中。分析测速发电机的转速 n 与输出电压 U 的关系。

表8-2　控制电机的运行特性

直流伺服电动机信号/V	0	$1/4U_N$	$1/2U_N$	$3/4U_N$	1
直流伺服电动机的转速/（r/min）					
交流伺服电动机信号/V	0	$1/4U_N$	$1/2U_N$	$3/4U_N$	1
交流伺服电动机的转速/（r/min）					
步进电动机控制电源的脉冲频率/Hz	0	$1/4f_m$	$1/2f_m$	$3/4f_m$	1
步进电动机的转速/（r/min）					
测速发电机的转速/（r/min）	0	$1/4n_N$	$1/2n_N$	$3/4n_N$	1
测速发电机的输出电压/V					

3. 控制电机的拆卸与装配

通过拆卸各种控制电机，观察其内部结构，结合前面所学知识说出各部分的名称，记录在表 8-3 中。观察结束后，将电机装配还原。

表8-3 _____控制电机各部件名称

通过本节的实训，读者初步了解了几种主要控制电机的基本结构和运行性能，了解到各种控制电机的转速与电源电压或频率存在一定的关系，那么它们之间的关系是什么？其工作原理是怎样的？下面将从理论的角度分析各种控制电机的工作原理和工作特性。

8.2 伺服电动机

因为伺服电动机能够带动负载在自动控制系统中作为执行元件，所以又称之为执行电动机。它可将接收到的电压控制信号转换为转轴的角位移或角速度输出，其转向与转速随着输入电压信号的方向和大小变化而改变。伺服电动机可用于中高档数控机床的主轴驱动和速度进给伺服系统、工业用机器人的关节驱动伺服系统、火炮、机械雷达等伺服系统。

根据使用电源性质的不同，伺服电动机可分为直流伺服电动机和交流伺服电动机。其中，交流伺服电动机的输出功率一般都比较小，为几瓦至几十瓦，主要用于小功率的自动控制系统。而直流伺服电动机主要用于功率较大的自动控制系统，可达几百瓦。随着现代电子技术和伺服控制技术的发展，相继出现了各种大功率的伺服电动机，其功率可达到几千瓦。

8.2.1 直流伺服电动机

1. 基本结构与分类

直流伺服电动机的基本结构与普通直流电动机在结构上并无本质上的差别，都是由定子和转子组成的。稍有不同的是，直流伺服电动机的电枢电流很小，没有换向困难的问题，因此，一般不再安装换向极；此外，为减小转动惯量，转子形状上做得细长一些，气隙比较小，磁路上并不饱和，电枢电阻较大，机械特性软，线性电阻大，可弱磁起动，也可直接起动。

按照励磁方式的不同，直流伺服电动机可以分成电磁式和永磁式两种类型。其中，电磁式直流伺服电动机的磁极上面装有励磁绕组，可在绕组内通入直流电流，从而建立稳定的磁场。永磁式直流伺服电动机的励磁磁场由永磁铁建立，不需要再安装励磁绕组，因此，可以减少体积和损耗。由于永磁式直流伺服电动机的结构简单，体积小，效率高，所以应用十分广泛。

为了适应不同系统的需要，在一般直流伺服电动机（SZ、SY 型）的结构上做了不同方面的调整和改进，发展出一系列新的伺服电动机。图 8-6 是无槽电枢直流伺服电动机结构简图（SWC 型），图 8-7 是空心杯形电枢永磁式直流伺服电动机结构图（SYK 型永磁），这两种伺服电动机动作快速、转动惯量低、机电时间常数小、换向良好。此外，还有印制绕组直流伺服电动机（SN 型永磁），其低速运行性能良好，适用于低速和起动、正反转频繁的控制系统；无刷直流伺服电动机（SW 型永磁），适用于要求噪音低、产生干扰少的控制系统。

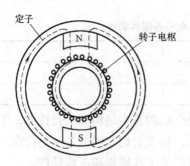

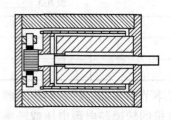

图 8-6 无槽电枢直流伺服电动
机的结构简图

图 8-7 空心杯形电枢永磁式直
流伺服电动机结构图

近年来，由于无刷直流伺服电动机的技术成熟，成本降低，正在越来越多地广泛应用于各种领域。其特点是：电动机动态响应快，惯量少，调速范围广，转速高，发热量小，运行效率高。由于电动机无刷，所以可用于各种环境，并大大降低对外的电磁辐射干扰。

2. 工作原理

直流伺服电动机工作时有两种控制方法：一种是电枢控制方式，另一种是磁场控制方式。电枢控制方式是指直流伺服电动机采用励磁绕组上加恒压励磁，控制电压施加于电枢绕组来进行控制。磁场控制方式是指直流伺服电动机在电枢绕组上施加恒压，将控制电压信号施加于励磁绕组来进行控制。永磁式直流伺服电动机只有电枢控制调速一种方式。

在磁场控制方式下，一旦信号消失后，直流伺服电动机就将停转，但在电枢绕组中仍有很大电流，很容易把换向器及电刷烧坏，同时在电动机停转时的损耗也大。而励磁绕组进行励磁时，所耗的功率较小，且电枢控制回路的特性好、电感小而响应迅速，因此一般直流伺服电动机控制系统多采用电枢控制。

电枢控制时直流伺服电动机的工作原理和他励直流电动机相同，其工作原理如图 8-8 所示。图中励磁绕组接到直流电源 U_f 上，通过电流 I_f 产生磁通 Φ。电枢绕组作为控制绕组接控制电压 U_C，将电枢电压作为控制信号以控制电动机的转速。当控制电压不为零时，电动机旋转；当控制电压为零时，电动机停止转动。

3. 直流伺服电动机的特性

（1）机械特性

机械特性是指在控制电压保持不变的情况下，直流伺服电动机的转速 n 随转矩 T 变化的关系。直流伺服电动机机械特性与他励直流电动机改变电枢电压时的人为机械特性一样，可表示为

$$n = \frac{U_C}{C_e \Phi} - \frac{R_a}{C_e C_T \Phi^2} T \qquad (8\text{-}1)$$

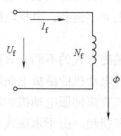

由式（8-1）可知，通过改变电枢电压 U_C 可以控制直流伺服电动机的转速 n，其机械特性曲线是一组平行线，且 n 与 U_C 保持线性关系，如图 8-9 所示。

由图可知，当转矩 T 为零时，电动机转速 n 仅与电枢电压 U_C 有关，此时的转速称为理想空载转速，即

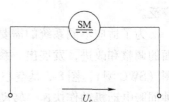

图 8-8 直流伺服电动机
的工作原理图

$$n = n_0 = \frac{U_C}{C_e \Phi} \tag{8-2}$$

当转速 n 为零时，电动机转矩 T 仅与电枢电压 U_C 有关，此时的转矩称为堵转转矩，即

$$T_D = \frac{U_C}{R_a} C_T \Phi \tag{8-3}$$

（2）调节特性

调节特性是指当负载转矩恒定时，直流伺服电动机转速 n 与电枢电压 U_C 的关系。由式（8-1）可知，调节特性也是线性的，如图 8-10 所示。

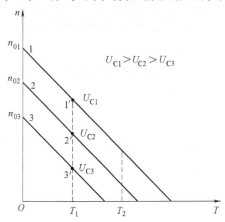

图 8-9　直流伺服电动机的机械特性曲线　　　　图 8-10　直流伺服电动机的调节特性

从上面的分析可见，当电枢控制时，直流伺服电动机的机械特性和调节特性都是线性的，且这种线性关系与电枢电阻的大小无关，这是交流伺服电动机所不能达到的。

直流伺服电动机在机械特性上能够很好地满足控制系统的要求，但是由于换向器的存在，使得换向器与电刷之间易产生火花，干扰驱动器工作，不能应用在有可燃气体的场合；电刷和换向器存在摩擦，会产生较大的死区；结构复杂，维护比较困难。

8.2.2　交流伺服电动机

1. 基本结构

交流伺服电动机就是一台两相交流异步电动机，由定子和转子两部分组成。交流伺服电动机与伺服控制器如图 8-2 所示。

交流伺服电动机的定子铁心是用硅钢片、铁铝合金或铁镍合金片叠压而成，在其定子槽内放置两个空间互差 90°电角度的定子绕组：一个是励磁绕组，另一个是控制绕组。

交流伺服电动机的转子结构有笼型和杯型两种形式。笼型转子的结构与普通笼型三相异步电动机的转子相似，如图 8-11 所示。笼由高电阻率的材料制成，励磁电流小，功率因数较

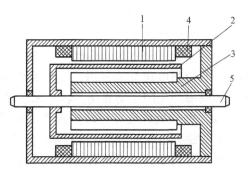

图 8-11　笼型转子交流伺服电动机的结构图
1—定子铁心　2—笼型转子
3—绕组　4—转轴　5—轴承

高，电动机的机械强度大。为减小其转动惯量，转子为"细长形"的结构，使机电时间常数降低，但转动惯量比杯形转子的要大。

杯形转子交流伺服电动机的结构如图8-12所示，由定子分外定子和内定子两部分组成。内定子用硅钢片或铁镍合金片冲压叠装而成，并固定在一个端盖上，一般不设绕组，仅作为磁路的一部分；外定子的铁心槽内嵌放两相绕组。在内、外定子之间有一个装在转轴上的做成薄壁圆筒形的空心杯形转子，杯型转子壁厚只有0.2~0.8mm，通常用导电材料铝或铝合金等非磁性材料制成，转子在内、外定子之间的缝隙中间运转，转动惯量小。当定子绕组中有励磁电流时，在转子内感应出电流，与主磁通相互作用而产生电磁转矩。空心杯转子交流伺服电动机的转动惯量小，空气

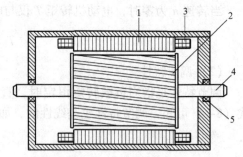

图8-12 空心杯型转子交流伺
服电动机的结构图
1—外定子铁心 2—空心杯型转子 3—内
定子铁心 4—绕组 5—转轴

隙较大，摩擦转矩小，电动机对控制信号的响应快，快速灵敏，调速范围大，运行平稳。但电机结构比较复杂，气隙较大，空载电流较大，功率因数较低，多用于要求低速运行平滑的系统中。

2. 工作原理

交流伺服电动机的工作原理和电容分相式单相异步电动机相似，其原理如图8-13所示。

励磁绕组由电压保持恒定的交流电源 U_f 励磁，控制绕组由控制电压 U_C 供电。工作时两相绕组中所加的额定控制电压 U_{CN} 和额定励磁电压 U_{fN}，当在相位上相差90°时，其电流在气隙中建立的合成磁通势是圆形旋转磁通势，从而在杯形转子的杯形筒壁上或在转子导条中感应出电动势及其电流，转子电流与旋转磁场相互作用产生电磁转矩，使转子沿旋转磁场的方向旋转。在旋转磁场的作用下，如果加在控制绕组上的控制电压反相时（保持励磁电压不变），由于旋转磁场的旋转方向发生变化，就会使电动机转子反转。

自动系统要求电动机不能有"自转"现象。当电动机运行且控制电压变为零时，励磁绕组即使仍旧通电，也只有励磁产生的脉动磁场，转子无起动转矩，因而静止不动，电动机应立即停转。否则，会导致系统失控。

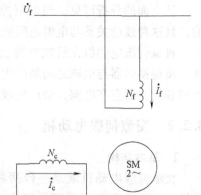

图8-13 交流伺服电动机
的工作原理图

但是有时励磁电压不为零，控制电压为零时，伺服电动机相当于一台单相异步电动机，如果转子电阻比较小，电机就有可能仍然旋转。为了避免"自转"现象，可增大转子电阻值，减小转子感生电流。

交流伺服电动机的输出功率一般为0.1~100W，它广泛应用在各种自动控制、自动记录等系统中。

3. 控制方式和特性

交流伺服电动机不仅需具有受控于控制信号而起动和停转的伺服性，而且还具有转速的大小及其转向的可控性。交流伺服电动机励磁绕组的轴线与控制绕组的轴线在空间相差90°电角度，励磁绕组接在恒定电压的单相交流电源上，当负载转矩一定时，可通过调节控制电压 U_C 的大小和相位，以达到改变电动机的旋转方向和转速的目的。其控制方法主要有3种，即幅值控制、相位控制和幅值相位控制。

（1）幅值控制

交流伺服电动机幅值控制的接线图如图8-14所示，这种方式是通过调节 U_C 的大小来改变电动机转速的。当励磁电压 U_f 大小不变，并使控制电压 U_C 和 U_f 保持90°相位差不变时，U_C 越大，则转速越高。其机械特性如图8-15a所示。

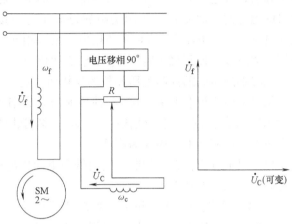

图8-14　交流伺服电动机幅值控制的接线图

在幅值控制方式中，有效信号系数 α_e 等于控制电压 U_c 与归算到控制绕组的励磁电压 U_f' 之比，即 $\alpha_e = U_c/U_f'$。由于在这种控制方式中，电源电压 U_1 就是励磁电压 U_f，故 $\alpha_e = U_c/U_f' = U_c/U_1'$（$U_1'$ 为电源电压归算到控制绕组的值），其调节特性如图8-15b所示。图中 T^* 为输出转矩对 $\alpha_e = 1$ 时的起动转矩的相对值，n^* 为实际转速对 $\alpha_e = 1$ 时的理想空载转速的相对值。

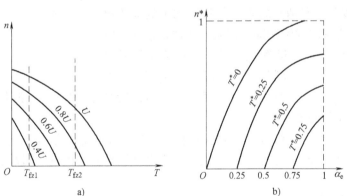

图8-15　交流伺服电动机幅值控制的机械特性和调节特性

a）机械特性　b）调节特性

由图8-15可见，随着控制电压的下降，特性曲线下移。在同一负载转矩作用时，电动机转速随控制电压的下降而均匀减小。

（2）相位控制

交流伺服电动机相位控制的接线图如图8-16所示，这种方式是通过改变 U_C 的相位来改变电动机转速的。当控制电压 U_C 和励磁电压 U_f 的大小保持额定值不变、且 U_C 与 U_f 的相位差在 $0 \sim 90°$ 之间变化时，相位差越大，则转速越高。目前，这种控制方式较少采用。

（3）幅值-相位控制

交流伺服电动机幅值-相位控制的接线图如图 8-17 所示，这种方式是通过同时调节控制电压 U_c 的幅值和相位来改变电动机转速的。励磁绕组通过串接移相电容后接到交流电源上，其电压 U_f 与电源电压不相等，也不同相，随电动机的运行情况而变化。控制绕组通过分压电阻接在同一电源电压上，其电压 U_c 的频率和相位与电源相同，但幅值可调。通过改变控制绕组电压 U_c 的幅值和相位，交流伺服电动机转轴的转向随控制电压相位的反相而改变。

从以上对交流伺服电动机 3 种控制方法的比较来看，其中幅值-相位控制方式的设备简单，不用移相装置，输出功率较大，在实际上应用最为广泛。

根据以上分析，自动控制系统对伺服电动机的性能要求可以概括为以下几点：

1）宽广的调速范围。机械特性和调节特性均有着良好的线性度，能够在较大范围内平滑稳定的进行调速。

2）空载始动电压低，灵敏度要高。当电动机空载运行时，其转子不论在哪个位置，只要施加很小的控制电压信号，伺服电动机就能从静止状态开始加速起动，这个控制电压就称为始动电压。始动电压越小，表示电动机的灵敏度越高。

3）无自转现象。所谓自转现象是指转动中的伺服电动机在控制电压为零时继续转动的现象。通常要求在控制信号到来之前，伺服电动机静止不动；一旦控制信号来到，转子能迅速转动；当控制电压降到零时，伺服电动机立即自行停转。根据这种"伺服"的性能，因此命名为伺服电动机。消除自转现象是自动控制系统正常工作的必要条件之一。

4）快速响应性好，即机电时间常数要小。当控制信号发生变化时，要求伺服电动机能迅速从一种状态过渡到另一种状态。因而，伺服电动机都要求机电时间常数小。

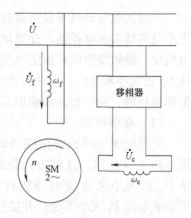

图 8-16　交流伺服电动机
相拉控制的接线图

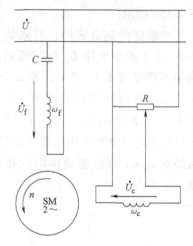

图 8-17　幅值-相位控制接线图

8.3　步进电动机

步进电动机是一种将电脉冲信号转换成输出轴的角位移或直线位移的机电元件，是用电脉冲信号进行控制的控制电机。简言之，当输入一个电脉冲信号时，它就前进一步或驱动步进电动机输出轴按设定的方向转动一个固定的角度，因此又被称为脉冲电动机。步进电动机输出轴输出角位移或线位移量与输入脉冲数成正比，而转速与脉冲频率成正比，因此可以在宽广的范围内精确地调速。

步进电动机作为执行元件广泛用于数控机床、轧钢机、自动仪表、数模转换装置、软盘驱动器的电动机、计算机的外部及外围设备、印刷机、遥控装置、航空系统及其他数控专用装置中。它使系统简化，工作可靠，并可获得较高的控制精度。尤其是在数控机床制造领域，由于步进电动机不需要 A/D 转换，能够直接将数字脉冲信号转化成为角位移，所以一直被认为是最理想的数控机床的执行元件。

8.3.1 步进电动机的结构和工作原理

步进电动机的外观如图 8-3 所示。其结构型式和分类方法很多，按励磁方式分为反应式（亦称磁阻式）、永磁式和混合式；按工作方式可分为功率式和伺服式；按相数可分为单相、两相、三相和多相等。由于反应式步进电动机应用较多，所以本章将以三相反应式步进电动机为例介绍其基本结构和工作原理。

1. 基本结构

图 8-18 所示是三相反应式步进电动机的结构示意图，其定子、转子铁心都用硅钢片或软磁材料叠成双凸极形式。

定子上有 6 个磁极，其上装有绕组，两个相对磁极上的绕组串联起来，构成一相绕组，组成三相独立的绕组，称为三相绕组，绕组接成三相星形接法作为控制绕组。绕组由专门的电源输入电脉冲信号，通电顺序称为步进电动机的相序。当定子中的绕组在脉冲信号的作用下，有规律地通电、断电工作时，在转子周围就形成一个按相序规律变化的磁场。

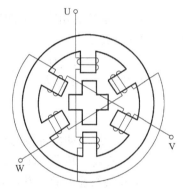

图 8-18 三相反应式步进电动机的结构示意图

转子铁心的凸极结构就是转子均匀分布的齿，有 4 个磁极，上面没有绕组。转子的齿也称显极，转子开有齿槽，其齿距与定子磁极极靴上的齿距相等，而齿数有一定要求，不能随便取值。转子在定子产生的磁场中形成磁体，具有磁性转轴。定、转子间有气隙隔开。

2. 工作原理

步进电动机的控制绕组从一相通电状态换到另一相通电状态称为一拍，每一拍转子转过的角度称为步距角 θ。根据通电方式的不同，反应式步进电动机的运行方式分为三相单 3 拍、三相双 3 拍、三相 6 拍等几种运行方式。

（1）三相单 3 拍运行方式的工作原理

三相反应式步进电动机三相单 3 拍通电方式的工作原理如图 8-19 所示。当 U 相绕组通入电脉冲时，气隙中产生一个沿 $U_1 - U_2$ 轴线方向的磁场，由于磁力线总是通过磁阻最小的途径闭合，于是产生磁拉力，使转子铁心齿 1 和齿 3 与磁极轴线 $U_1 - U_2$ 对齐。此时磁力线通过磁路的磁阻最小，转子停止转动。如果 U 相绕组不断电，齿 1 和齿 3 两转子齿就一直被磁极吸引住而不能移动位置，即转子具有自锁能力，如图 8-19a 所示。

当 U 相绕组断电 V 相绕组通电时，气隙产生一个沿 $V_1 - V_2$ 方向为轴线的磁场。由于同样的原因，在磁拉力的作用下，转子就会转动，使距离磁极 $V_1 - V_2$ 最近的两转子铁心齿 2 和齿 4 转到与磁极 $V_1 - V_2$ 对齐的位置上。转子顺时针方向转过 30°，即步距角为 30°，如图 8-19b 所示。步距角的计算为

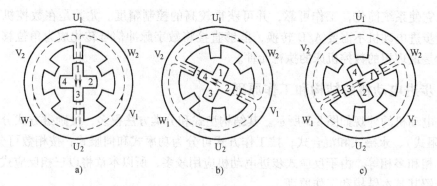

图 8-19　三相反应式步进电动机三相单 3 拍通电方式的工作原理图

a）U 相通电　b）V 相通电　c）W 相通电

$$\theta = \frac{360°}{NZ} \qquad (8-4)$$

式中　N——运行的相数，也即运行的拍数；

Z——转子齿数；

θ——步距角，体现步进电动机的控制精度。

步进电动机的转速为

$$n = \frac{60f}{NZ} \qquad (8-5)$$

式中　f——步进电动机每秒的拍数，称为步进电动机通电脉冲频率。显然，电脉冲的频率越高，转子就转得越快。

当 W 相绕组通电而 V 相绕组断电时，转子齿 1 和齿 3 又转到与 $W_1 - W_2$ 轴线对齐，转子又将顺时针转过 30°角，如图 8-19c 所示。由此可见，以 U→V→W→U 的通电顺序使 3 个控制绕组不断地轮流通电时，步进电动机的转子就会沿 U→V→W 的方向一步一步地转动。当改变控制绕组的通电顺序时，则转子转动方向相反。

从以上工作原理的分析可知，"三相"是指绕组的相数；"单"是指每拍只有一相绕组通电；"3 拍"是指一个循环周期包括 3 次换接，所以称为三相单 3 拍工作方式。

由于单独一相控制绕组，在转子频繁起动变速的过程中，受惯性的影响，容易使转子在平衡位置附近来回摆动，造成运行不稳定，也容易造成失步，因此实际上很少采用三相单 3 拍的运行方式，而经常采用三相双 3 拍运行方式。

（2）三相双 3 拍运行方式的工作原理

三相反应式步进电动机三相双 3 拍通电方式的工作原理如图 8-20 所示。"双"是指每次同时给两相绕组通电，即按 UV→VW→WU 的顺序给三相绕组轮流通电。与三相单 3 拍的运行方式类似，三相双 3 拍驱动时每个通电循环周期也分为 3 拍，步距角为 30°，一个通电循环周期（3 拍）转子转过 90°（称为齿距角）。

当 UV 两相绕组同时通电时，由于 UV 两相的磁极对转子齿都有吸引力，磁通轴线与未通电的 W 相绕组的轴线 $W_1 - W_2$ 重合，转子铁心齿 3 和齿 4 间的槽轴线与轴线 $W_1 - W_2$ 对齐，故转子顺时针转到图 8-20a 的位置。

当 VW 两相绕组同时通电时，同理，转子铁心齿 4 和齿 1 间的槽轴线与 $U_1 - U_2$ 轴线方向的磁场对齐，转子将顺时针转到图 8-20b 所示位置。

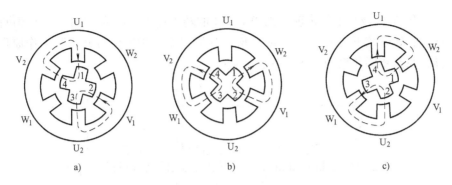

图 8-20　三相反应式步进电动机三相双 3 拍通电方式的工作原理图

a) UV 相通电　b) VW 相通电　c) WU 相通电

当 WU 两相绕组同时通电时，转子铁心齿 3 和齿 4 间的槽轴线与 $V_1 - V_2$ 轴线方向的磁场对齐，转子将顺时针转到图 8-20c 所示位置。然后重复上述过程。

从上面的分析可以看出，当三绕组按 UV→VW→WU 顺序通电时，转子顺时针旋转；改变通电顺序，即可改变转子的转向。

（3）三相 6 拍运行方式的工作原理

当按 U→UV→V→VW→W→WU 的顺序给三相绕组轮流通电时，称为三相 6 拍运行方式。一相通电和两相通电相间隔，每次循环共 6 拍。根据式（8-4），其步距角 $\theta = 15°$。

当 U 相通电时，转子 1、3 齿与 $U_1 - U_2$ 对齐。当 UV 两相同时通电时，转子 3、4 齿间的槽轴线与轴线 $W_1 - W_2$ 对齐，故转子顺时针旋转 15°。当 V 相通电时，转子 2、4 齿与 $V_1 - V_2$ 对齐，转子又转过 15°。依次对 VW、W、WU 通电，一个循环周期（6 拍）转子转过 90°齿距角。显然，这种通电方式可以获得更精确的控制特性，更适用于需要精确定位的控制系统中。

双 3 拍和 6 拍通电方式，在切换过程中，总有一相绕组处于通电状态，转子磁极受其磁场的控制，因此不易失步，运动也较平稳，在实际工作中应用较广泛。

反应式步进电动机除了上述的三相运行方式外，还可以做成不同相数（如四相、五相、六相等），但基本工作原理与三相相同，也可以在不同通电方式下运行。但是，上述 3 种运行方式的三相反应式步进电动机，其步距角太大，无法满足生产中所提出的位移量很小的要求。根据式（8-4）可知，要减小步距角，既可增加相数，也可增加转子的齿数。但增加相数使步进电动机的驱动器电路复杂，工作可靠性降低。因此，实际生产中是将转子和定子磁极都加工成多齿结构。

（4）小步距角三相反应式步进电动机

图 8-21 是最常用的一种小步距角三相反应式步进电动机的结构示意图，图中转子上均匀分布了 40 个小齿，定子每个极面上也有 5 个小齿，要求定、转子小齿的齿距必须相等。

对于三相双 3 拍通电方式，当 U 相控制绕组通电时，电动机中产生沿 U 极轴线方向的磁通，因磁通要沿磁阻最小的路径闭合，使转子受到磁阻的作用而转动，直至转子齿和定子 U 极面上的齿对齐为止。三相反应式步进电动机定、转子展开图如图 8-22 所示。由图可知，当 U 极面下的定、转子齿

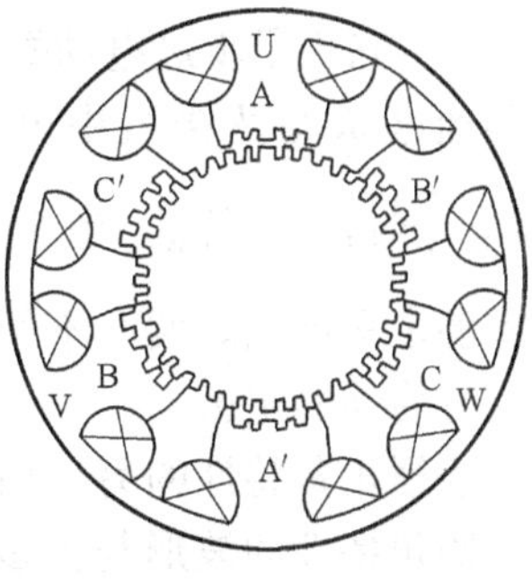

图 8-21　小步距角三相反应式步进电动机的结构示意图

对齐时，V 极和 W 极极面下的齿就分别相错 1/3 的转子齿距，即为 3°角。当 U 相断电 V 相通电时，同理，转子按顺时针方向转动 3°角。对于三相 6 拍通电方式，其工作原理与三相双 3 拍一样，只是步距角变为 1.5°角了。

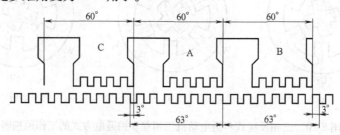

图 8-22　小步距角三相反应式步进电动机定、转子展开图

反应式步进电动机在脉冲信号停止输入时，转子不再受到定子磁场的作用力，由于惯性作用转子可能继续转过某一角度，导致停机时的转子定位不准。为了解决这一现象，在最后一个脉冲结束时，在该绕组中继续通以直流电，使转子固定不动。而永磁式的同步电动机因转子本身有磁性，可实现自动定位，不需采用这种方法。

步进电动机必须由专门驱动的电源供电。驱动电源一般由逻辑电路与功率放大器组成。近年来，随着微处理器与微计算机技术的发展，驱动电源不断的更新换代，使得步进电动机控制技术不断的更新换代。驱动电源和步进电动机是一个整体，步进电动机的功能和运行性能都是两者配合的综合结果。

8.3.2　反应式步进电动机的特性

反应式步进电动机的特性分为静态运行特性和动态运行特性，动态运行特性又分为步进运行特性和连续运行特性。

1. 静态运行特性

步进电动机不改变通电方式的状态称静态运行状态。在此状态时，步进电动机转子受到内部反应转矩-静转矩的作用而处于静止状态。通常规定静转矩以逆时针方向为正，以转子齿轴线逆时针领先定子齿轴线为正。通电相的定、转子中心线间夹角（用电角度表示）称为失调角 θ，静转矩 T 与失调角的关系，即 $T = f(\theta)$ 曲线，称为矩角特性，如图 8-23 所示。矩角特性曲线近似为正弦曲线，是静态运行的主要特性。

表征矩角特性有两项基本内容：一项是矩角特性上电磁转矩的最大值，称为最大静态转矩 T_{max}，它表示步进电动机承受负载的能力，是步进电动机最主要的性能指标之一，它的大小与通电状态及绕组中电流的大小有关。当 $\theta = \pm \dfrac{\pi}{2}$ 时，$T = T_{max}$。当 $\theta = \pm \pi$ 时，这两个点为不稳定平衡点。两个不稳定平衡点之间的区域，称为静稳定区。

表征矩角特性的另一项基本内容是它的波形。矩角特性的波形与很多因素有关，当磁路结构及绕组型式确定后，它主要取决于定、转子齿的尺寸比、通电状态及磁路的饱和程度

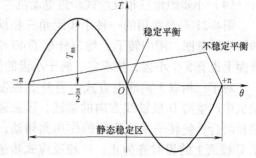

图 8-23　反应式步进电动机的矩角特性曲线

等。一般希望矩角特性波形接近矩形波，但在实际情况下，或多或少地接近正弦波。对于两相或多相同时通电方式，矩角特性将由两个或多个单相通电状态的矩角特性合成。如果步进电动机带负载作静态稳定运行时，就会出现初始失调角，它由负载转矩的大小和性质决定。

2. 步进运行特性

步进运行特性是指在控制脉冲频率很低、且下一脉冲到来之前，转子已完成一步，运动已经停止。在这种状态下有两个主要特性：一是动稳定区，二是最大负载转矩。

（1）动稳定区

步进电动机的动稳定区是指从一种通电状态换接到另一种通电状态时不会引起失步的区域。动稳定区与静稳定区重叠越大，步进电动机的稳定性越好。而步距角越小，即相数或拍数越多，动稳定区越接近静稳定区。

（2）最大负载转矩

最大负载转矩等于下一个通电相的最小静转矩，也称起动转矩。当步进电动机负载运行时，转子除了每一步必须停在动稳定区，还必须使下一次通电最小静转矩大于负载转矩，电动机才有可能在原方向上继续运行。显然步距角越小，最大负载转矩越接近最大静转矩。

3. 连续运行特性

当脉冲频率很高时，其周期比转子振荡的过渡过程时间还短，虽然转子仍然是一个脉冲前进一步，步距角不变，但转子却连续不停地平滑旋转，当频率恒定时，电动机做匀速运动。称这状态为连续运行状态。

连续运行时，转子受到的转矩叫动态转矩，步进电动机的最大动态转矩小于最大静态转矩。脉冲频率愈高，步进电动机的转速愈快，则平均动态转矩就越小。

步进电动机在连续运行状态下不失步的最高频率，称为运行频率。运行频率越高，在一定条件下表征了步进电动机的调速范围越大。步进电动机不失步起动的最高频率，称为起动频率。由于在起动时不仅要克服负载转矩，而且还要平衡因起动加速度形成的惯性转矩，所以起动频率一般较低，以保证步进电动机有足够大的转矩。步进电动机的运行频率较高，以满足控制精度的要求。为了获得良好的起、制动速度特性，保证不出现失步，又满足运行时高频率要求，则在电动机的脉冲控制电路中设有升、降频控制器，以实现起动时逐渐升频、停转前逐渐降频的过程。

由于步进电动机的转速不受电压和负载变化的影响，也不受环境条件的限制，只与脉冲频率成正比，所以它能按照控制脉冲数的要求立即起动、停止和反转。在不失步的情况下运行时，角位移的误差不会长期积累，因此步进电动机可用在高精度的开环控制系统中；若采用了速度和位置检测装置，则也可用于闭环系统中。

8.4 测速发电机

测速发电机是一种测量转速的微型发电机，它把转速作为输入量，电压信号作为输出量。其基本任务是将输入的机械转速转换为电压信号输出，并要求输出的电压信号与转速成正比，在自动控制系统及计算装置中可以作为检测元件、阻尼元件、计算元件和角加速信号元件。

测速发电机输出电压 U 和输入的转速 n 之间的关系，称为输出特性，即 $U = f(n)$。自动控制系统要求测速发电机的输出特性具有以下性能：

1）良好的线性关系，即特性曲线是一条直线，且不随温度等外界条件的改变而发生变化。

2）电机的灵敏度要高，其输出电压对转速的变化反应要灵敏，即特性曲线的斜率要大。

3）电机的转动惯量要小，以保证反应迅速，响应快。线性误差要小，即测速发电机的速度大小不影响整个系统的运转速度。

4）转速为零时的电压要低。

5）温度变化时引起的误差要小。

测速发电机的用途不同，对其要求也各有不同。当用于测速元件时，要求灵敏度、线性度较高，反应速度快。作为解算元件时，要求线性度较高，温度误差较小，有一定的剩余电压，但是对灵敏度要求不高。而作为阻尼元件时，要求灵敏度较高，但是对线性度要求则不高。

根据输出电压或电流的种类不同，测速发电机可分为直流测速发电机和交流测速发电机两大类。其中直流测速发电机包括永磁式和电磁式测速发电机两种；交流测速发电机包括同步和异步测速发电机。除此以外，还有一种霍尔效应测速发电机。

8.4.1 直流测速发电机

直流测速发电机实际上就是一台普通的微型直流发电机，其结构与普通小型直流发电机相同，由定子、转子、电刷和换向器4部分组成。

直流测速发电机的种类很多，按定子磁极的励磁方式分为电磁式和永磁式。由于永磁式测速发电机不需要励磁电源，所以可以建立稳定的磁场，其输出特性线性度较好。随着永磁材料性能的提高和价格下降，永磁测速发电机的种类迅速增加，并在实际中得到广泛应用。缺点是其易受机械振动的影响而引发不同程度的退磁。按电枢结构不同，又可将其分为有槽式电枢、无槽式电枢、空心杯形电枢和印制绕组电枢等，其中最常用的是槽式电枢结构。

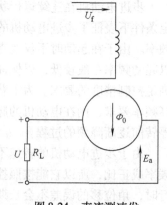

图 8-24　直流测速发电机的工作原理图

直流测速发电机的工作原理和直流发电机相同，其工作原理如图 8-24 所示。在励磁绕组中通入直流电以建立极性恒定的磁极磁通。在磁场的作用下，被测外部的机械转轴拖动电枢绕组以转速 n 旋转，切割磁力线，从而在电刷间产生空载感应电动势 E_0，由电刷两端引出，大小与转速成正比，极性与转速的方向有关，即

$$E_0 = C_e \Phi_0 n \tag{8-6}$$

由式（8-6）可知，空载时当转子的旋转转速 n 发生变化，输出电压的大小也随之改变。测量输出电压的变化就可反映出速度的变化，从而达到测量转速的目的。

当空载运行时，直流测速发电机的输出电压等于电枢电动势，即 $U = E_a$。而负载运行时，设电枢电阻为 R_a，负载电阻为 R_L，则直流测速发电机的输出电压为

$$U = E_0 - IR_a = E_0 - \frac{U}{R_L}R_a$$

$$U = \frac{R_L}{R_L + R_a}C_e\Phi_0 n = kn \qquad (8\text{-}7)$$

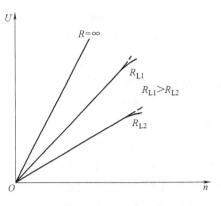

图 8-25　直流测速发电机的输出特性

式中　k——输出特性的斜率，称为测速发电机的灵

敏度，$k = \dfrac{R_L}{R_L + R_a}C_e\Phi_0 n$。

从上式可以看到，只要保持 Φ_0、R_a、R_L 不变，直流测速发电机的输出电压 U 就与转速 n 成正比的线性关系，其特性曲线如图 8-25 所示。由图看出，输出电压的大小随转速的大小变化而变化，其极性随旋转方向改变而改变。负载电阻 R_L 的大小将影响灵敏度，R_L 变大时，灵敏度提高，空载时灵敏度最高；R_L 减小时，输出电压随之降低。在高速时，输出电压与转速之间的关系不再满足线性关系。为减少电枢反应的影响，通常安装补偿绕组。

8.4.2　交流测速发电机

交流测速发电机分为同步式和异步式两种。交流同步测速发电机实际上就是单相同步发电机，其输出电压不仅大小与转速有关，而且频率也随转速变化。这样，输出电压不再与转速呈线性关系，故应用很少，一般用做指针式转速计。而交流异步测速发电机，其输出电压与转速有严格的线性关系，广泛用于自动控制系统中。本节仅介绍交流异步测速发电机的结构与工作原理。

1. 交流异步测速发电机的结构

交流异步测速发电机的结构与交流伺服电动机相似，主要由定子和转子组成。它的定子上也有两相空间上互差90°的绕组，其中一相绕组是励磁绕组，另一相绕组用来作为输出电压的输出绕组。

按转子结构不同分为笼型转子和空心杯转子两种。笼型测速发电机由于转动惯量大、性能差，测速精度不及空心杯转子测速发电机的测量精度高，因此只用在精度要求不高的控制系统中。空心杯转子测速发电机转子由电阻率较大、温度系数较小的非磁性材料制成，其输出特性线性度好、精度高，在自动控制系统中的应用较为广泛。

空心杯转子交流异步测速发电机的定子分为内、外定子。在小机座号的测速发电机中，定子槽内嵌有在空间位置上相差90°电角度的两相绕组，一相绕组作为励磁绕组，由恒定的交流电压励磁；另一相作为输出绕组，它的两个端钮上的电压就是测速发电机的输出电压。对于机座号较大的测速发电机，其励磁绕组嵌放在外定子上，而将输出绕组嵌放在内定子上。由于内定子是可以转动的，所以通过调整内、外定子的相对位置，可以使剩余电压达到最小，以减少误差。

2. 交流异步测速发电机的工作原理

空心杯转子异步测速发电机的工作原理如图 8-26 所示。图中，励磁绕组的轴线为直轴（d 轴或交轴），输出绕组的轴线为交轴（q 轴或直轴）。

可将交流异步测速发电机的杯形转子看成是由很多导体并联而成的。在励磁绕组接频率

为 f 的单相交流电励磁后，励磁绕组内部便有交流电流流过，并沿 d 轴方向产生交变的脉振磁通势和相应的脉振磁通，其交变频率 f 与外加电压相同。

当 $n=0$，转子静止不动时，交流异步测速发电机类似于一台变压器。励磁绕组相当于变压器的一次侧绕组，转子

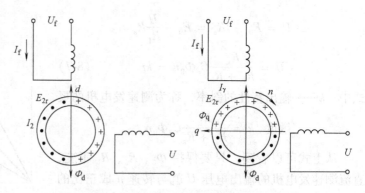

图 8-26　交流异步测速发电机的工作原理图

导体相当于变压器的二次侧绕组。变压器电动势和相应的转子磁动势是一个与转子位置无关的常数，方向始终在 d 轴上，由于直轴磁通和输出绕组的轴线方向相互垂直，在空间位置相差 90° 电角度，即直轴磁通与交轴输出绕组没有交链，因而直轴磁通不会在输出绕组中产生感应电动势，交流测速发电机输出电压为零，即 $U=0$。

当转子以某一速度 n 旋转时，即 $n \neq 0$，转子导体因切割直轴磁通而产生感应电流，其方向可由右手定则判定。转子感应电流又产生转子磁通势，此磁通在空间上是固定的，与输出绕组轴线相重合，在时间上是按正弦规律变化的。因此，在输出绕组中感应出频率相同的输出电压 U。当交流测速发电机在励磁绕组上的电压不变，即励磁磁通 Φ_d 不变时，发电机的输出电动势 E 只与转速成正比，因此输出电压 U_2 也只与转速成正比，而其频率与转速无关，保持电源频率。因此，只要测出其输出电压的大小，就可以测出转速的大小，就能将转速信号转换为电压信号，实现测速目的。如果被测机械的转向改变，交流测速发电机的输出电压也就将随之改变。

8.5　自整角机

自整角机是一种感应式机电元件，顾名思义，它是一种可以对角位移或角速度的偏差自动整步的感应式控制电机。一般将两台或多台自整角机组合使用，广泛应用于随动系统和远距离指示装置。这种组合在自动装置和控制系统中，通过电的联系，使机械上互不相连的两根或多根转轴能够自动地保持相同的转角变化或同步的旋转变化，即将转轴上的转角变换为电气信号，或将电气信号变换为转轴的转角，以实现角度的传输、变换和接收。

自整角机总是成对或两个以上组合运行，其中产生控制信号的主自整角机称为发送机，接收控制信号的自整角机称为接收机。当从动轴与主轴角位置不同时，通过发送机和接收机之间的电磁作用，使从动轴转动，与主轴位置对应，消除转角的角位差。

自整角机的种类较多，按供电电源相数的不同，可分为单相式和三相式。三相自整角机多用于功率较大的系统中，又称为功率自整角机，一般不属于控制电动机之列，因此本节只讨论单相自整角机。按结构的不同，自整角机可分为无接触式和接触式两种。无接触式自整角机没有电刷、滑环的滑动接触，具有可靠性高、寿命长、不产生无线电干扰等优点，但结构复杂，电气性能较差；而接触式自整角机的结构比较简单，性能较好，因而应用广泛。按使用要求的不同，可将自整机分为力矩式和控制式。力矩式自整角机主要用于远距离转角指

示，控制式自整角机主要用于随动系统，在系统中作为检测元件。

8.5.1 力矩式自整角机

力矩式自整角机由定子和转子两部分组成，定子和转子间气隙较小。定子结构与一般小型绕线转子三相异步电动机相似，定子上嵌有一套接成星形的三相对称绕组，称之为整步绕组；转子通常采用凸极式结构，转子内嵌有单相绕组或三相绕组，称之为励磁绕组，励磁绕组通过集电环和电刷装置与外电路连接。力矩式自整角机的工作原理如图 8-27 所示。

图中自整角机组由两台结构、参数完全一致的自整角机组成，左边一台作为自整角发送机，用来发送转角信号；右边一台作为自整角接收机，用来接收转角信号，并将转角信号转换成励磁绕组中的感应电动势输出。两台自整角机转子中的励磁绕组接到同一个单相交流电源上，其整步绕组均接成星形。

在发送机励磁绕组中通入电流时，两台自整角机的气隙中都将生成脉振磁场，使整步绕组的各相绕组产生时间上同相位的感应电动势，电动势的大小取决于整步绕组中各相绕组的轴线与励磁绕组轴线之间的相对位置。当整步绕组中的某一相绕组轴线与其对应的励磁绕组轴线重合时，该相绕组中的感应电动势为最大，用 E_m 表示电动势的最大值。

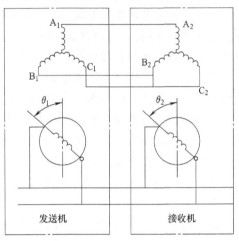

图 8-27 力矩式自整角机的工作原理图

设发送机整步绕组中的某一相绕组轴线与其对应的励磁绕组轴线的夹角为 θ_1，接收机整步绕组中的对应相绕组轴线与其对应的励磁绕组轴线的夹角为 θ_2，这一角度为转子偏离其基准电气零位的角度。把 $\theta = \theta_1 - \theta_2$ 称为失调角，如图 8-27 所示，则每相整步绕组中的感应电动势分别为

$$\text{发送机}\begin{cases} E_{1a} = E_m\cos\theta_1 \\ E_{1b} = E_m\cos(\theta_1 - 120°) \\ E_{1c} = E_m\cos(\theta_1 + 120°) \end{cases} \qquad \text{接收机}\begin{cases} E_{2a} = E_m\cos\theta_2 \\ E_{2b} = E_m\cos(\theta_2 - 120°) \\ E_{2c} = E_m\cos(\theta_2 + 120°) \end{cases}$$

当失调角 $\theta = 0$，即 $\theta_1 = \theta_2$ 时，两机对应各相整步绕组电动势的大小和相位都相同，其合成电动势为 0。同时，整步绕组中无电流流过，即均衡电流为 0，因而不产生电磁转矩，接收机转子相对静止，整个系统处于协调状态。

当失调角 $\theta \neq 0$，即当 $\theta_1 \neq \theta_2$ 时，两者对应线间电动势不相等，两定子绕组间必有均衡电流流过，自整角机有输出电压。此均衡电流与两转子励磁绕组所建立的磁场相互作用，在两机中产生转矩，称为整步转矩，该转矩将尽量消除失调角。因为发送机是由外力控制的，它产生均衡的电流，接收机三相绕组中流入均衡电流，它们大小相等、方向相反。又由于接收机转子所受力矩与定子绕组上的整步转矩大小相等、方向相反，迫使接收机转子跟随发送机偏移，直到两者偏转角相等为止。此时，失调角为零，无均衡电流流过，整步转矩消失后，转子停止转动，系统进入新的协调状态。也就是说，当发送机转子转过一个角度，接收机的转子就会在接收机本身生成的电磁转矩作用下转过一个相同的角度，使 $\theta_1 = \theta_2$，从而实现了转角远距离再现。

力矩式自整角机只能带动很轻的机械负载或精度较低的指示系统和角传递系统，如液面的高低，闸门的开起度，液压电磁阀的开闭指示等。若需驱动较大负载或提高传递角位移的精度，则要用控制式自整角机。

8.5.2 控制式自整角机

与力矩式自整角机的结构相比，控制式自整角机的发送机与力矩式自整角机的发送机相同，而接收机不同。其接收机转子绕组与励磁电源断开，不直接驱动机械负载，而只是输出电压信号。控制式自整角机的接收机工作情况如同变压器，因此通常称它为控制式自整角机变压器，即当发送机产生均衡电流时，接收机定子绕组有电流并产生磁通，此磁通与接收机绕组交链，产生感应电动势。若将这些感应电动势经放大器放大，则可控制伺服电动机系统，这种间接通过电动机来达到同步目的的系统便称为随动系统。

当发送机转动后，失调角 $\theta \neq 0$，输出绕组输出感应电动势，经放大后作为信号，输入到伺服电动机的控制绕组中，伺服电动机带动接收机转子一起转动。当系统转到与发送机相同角度时，失调角 $\theta = 0$，输出绕组输出感应电势为零，伺服电动机停止转动，进入新的协调状态。

由此可见，当 θ 为 0 时，输出电压为 0，只有当失调角 $\theta \neq 0$ 时，自整角机才有输出电压。同时，θ 的正负反映了输出电压的正负。因此，控制式自整角机输出电压的大小决定了发送机转子的偏转角度，输出电动势的极性反映了发送机转子的偏转方向，从而实现了将转角转换成电信号。

采用控制式自整角机的同步连接系统，其优点在于输出电动势可通过放大器得到功率放大，可控制功率较大的伺服电动机以拖动阻力矩相当大的从动轴或调节对象。因此，它广泛地应用于遥测和遥控系统中。

8.6 旋转变压器

旋转变压器是自动装置中较常用的一类精密控制电机。从名称上看，可认为旋转变压器是一种旋转的变压器，其一次和二次之间的相对位置会因旋转而发生变化，其耦合的情况也随旋转的角度变化而变化。

旋转变压器的结构与绕线转子异步电动机类似，其定子、转子铁心通常采用高磁导率的铁镍硅钢片冲叠而成，在定子铁心和转子铁心上分别冲有均匀分布的槽。定子和转子绕组分别都有两个在空间上互相垂直的绕组，其线径、匝数和接线方式上几乎完全相同，转子绕组一般经过电刷和集电环引出。

当旋转变压器的定子绕组（即一次励磁绕组）施加某一频率的交流电进行励磁时，其转子绕组（即二次输出绕组）输出的电压可与转子转动的角度成正弦、余弦关系或在某一个范围内具有线性的函数关系。我们把前者称为正余弦旋转变压器，而把后者称为线性旋转变压器。在自动控制系统中，旋转变压器可作为解算元件，进行三角函数运算以及坐标的转换，也可作为随动系统中的同步元件，传输与角度有关的电气信号，或者作为移相器使用。也可以按有无电刷和滑环之间的滑动接触把旋转变压器分为接触式旋转变压器和非接触式旋转变压器；按电机的极对数多少把旋转变压器分为单极对式旋转变压器和多极对式旋转变压器。其中正余弦旋转变压器和线性旋转变压器较为常用。

8.6.1 正、余弦旋转变压器

正、余弦旋转变压器的工作原理如图 8-28 所示。其定子铁心槽中装有两套完全相同的绕组 D_1D_2 和 D_3D_4，但在空间上相差 90°。其中绕组 D_1D_2 为直轴绕组，D_3D_4 为交轴绕组。一个作为励磁绕组，另一个作为交轴绕组。Z_1Z_2、Z_3Z_4 为转子上两个互差 90° 电角度的正弦绕组。

若在定子绕组 D_1D_2 两端施以交流励磁电压 U_D，当转子在原来的基准电气零位逆时针转过 θ 角度时，则转子绕组 Z_1Z_2、Z_3Z_4 中所产生的电压分别为

$$U_{Z_1} = k_u U_D \cos\theta$$
$$U_{Z_2} = k_u U_D \sin\theta \qquad (8-8)$$

式中 k_u——比例常数。

由式（8-8），称绕组 Z_1Z_2 为余弦绕组、Z_3Z_4 为正弦绕组。

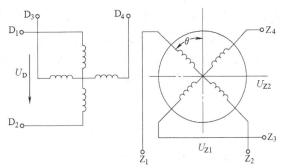

图 8-28 正余弦旋转变压器的工作原理图

为了减少正余弦旋转变压器负载运行时输出电压产生的畸变，可采用各种补偿措施，以消除气隙磁场产生的畸变。通常将交轴绕组 D_3D_4 短接，以达到补偿的效果。因此，绕组 D_3D_4 也称为补偿绕组。

8.6.2 线性旋转变压器

线性旋转变压器的工作原理如图 8-29 所示，图中定子绕组 D_1D_2 与转子绕组 Z_1Z_2 串联，成为一次侧励磁绕组。当施以交流励磁电压 U_D 时，转子绕组 Z_3Z_4 所产生电压为

$$U_{Z_2} = \frac{k_u U_D \sin\theta}{1 + k_u \cos\theta} \qquad (8-9)$$

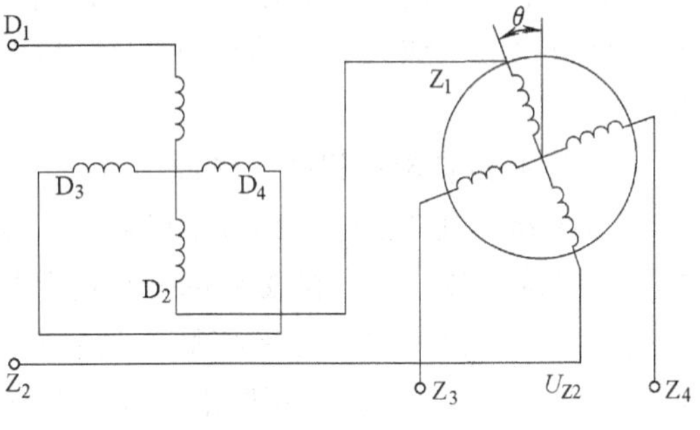

图 8-29 线性旋转变压器的工作原理图

当 k_u 取值在 0.56 ~ 0.6 之间时，则转子转角 θ 在 ±60° 范围内与输出电压 U_{Z_2} 呈良好的线性关系。

8.7 直线电动机

所谓直线电动机是利用电磁作用原理，将电能直接转换成直线运动动能的设备。它是直接产生直线运动的电动机，可以看成是它由旋转电动机演化而来的，由直线运动取代旋转运动。

直线电动机按机种分类可分为直线异步电动机、直线同步电动机、直线直流电动机和其他直线电动机（如直线步进电动机等）。下面介绍直线电动机的结构和直线异步电动机。

1. 直线电动机的结构

旋转电动机的定子和转子，在直线电动机中称为初级和次级，如图8-30所示。也就是说，直线电动机的初级，相当于旋转电动机的定子按径向剖开并且拉直；直线电动机的次级，相当于旋转电动机的转子按径向剖开并且拉直。为了在运动过程中始终保持初、次级之间的耦合，初级或次级必须做得较长。在直线电动机中，直线感应电动机应用最广泛，因为它的次级采用整块均匀的金属材料制造而成，成本较低，适宜于做得较长。

简单地将普通笼型感应电动机剖开后拉直而得到两类不同的直线感应电动机，即短次级（长定子）电动机（如图8-31所示）和短初级（短定子）电动机（如图8-32所示）。其中短初级电动机的制造成本和运行成本要比短次级低，次级的结构也可以进一步简化，制成单片导体，整个系统仅在其长度上的一小部分有电流流通。

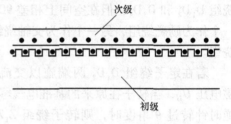

图 8-30　直线电动机的结构示意图

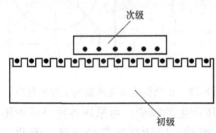

图 8-31　短次级（长定子）电机

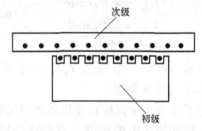

图 8-32　短初级（短定子）电机

直线电动机初、次级之间的气隙，由于机械结构刚度的限制和工艺水平的影响，一般要比旋转电机的气隙大2～3倍，所以使其功率和效率大大降低。这是直线电动机的一个致命弱点。

2. 直线异步电动机的工作原理

直线异步电动机的三相绕组中通入三相对称正弦电流后，会在气隙中产生磁场，若不考虑端部效应，则这个气隙磁场的分布情况与旋转电动机相似，磁场沿展开的直线方向呈正弦形分布，只是这个磁场是平移而不是旋转的，因此称为行波磁场。当三相电流随时间变化时，磁场将按U、V、W相序沿直线向左移动。

直线异步电动机通电以后，行波磁场切割次级绕组导条，在次级中感应出电动势并产生感生电流，电流和磁场相互作用便产生电磁推力。在电磁推力的作用下，如果初级固定不动，那么次级就顺着行波磁场运动方向做直线运动。这就是直线异步电动机运行的基本原理。

由于直线电动机和旋转电动机之间存在以上对应关系，所以每种旋转电动机都有相对应的直线电动机，但直线电动机的结构形式比旋转电动机更灵活。直线电动机的优点是结构简单，反应速度快，灵敏度高，随动性好，容易密封，不怕污染，适应性强。

直线感应电动机的应用面相当宽，可用于高速列车、传送车、传送线、传送带、搬运钢材、机械手、电动门、加速器、电磁锤、电磁搅拌器和电磁泵、金属分离器、帘幕驱动等。还有一些特殊的直线电动机应用在其他领域，例如压电直线电动机（利用压电材料的逆压电效应直接把电能转换成机械能，特点是步距小、推力不大、机构简单、速度易控制），既可用于精密测量和计量，也可在定位驱动中作为执行元件，在光学系统的聚焦驱动、激光干涉仪和计量系统中得到应用。

8.8　微型同步电动机

在自动控制系统中，往往需要传动装置，要求电动机具有恒定不变的转速，即要求电动机的转速不随负载或电源电压的变化而改变，微型同步电动机就具有这种特性。微型同步电动机与交流同步电动机一样，转子转速恒为同步转速，使用在恒转速装置中。

微型同步电动机的定子结构与一般异步电动机的定子都是相同的，主要作用都是为了产生一个旋转磁场。定子铁心内嵌放三相或两相绕组，当定子绕组通入电流时，定子中产生旋转磁场，旋转磁场的转速为同步转速，即 $n_0 = \dfrac{60f}{p}$。其转子的结构型式和材料与异步电动机相比有很大差别，运行原理也不同。通常转子上无励磁绕组，也不需要电刷和滑环。

根据转子的结构不同，微型同步电动机主要分为永磁式微型同步电动机、反应式微型同步电动机和磁滞式微型同步电动机。按定子绕组所接电源相数不同，分为三相和单相微型同步电动机。三相微型同步电动机的定子结构与普通三相同步电动机相同，在定子槽内嵌放相差120°电度角的三相绕组，工作时，由三相电源供电；而单相微型同步电动机的定子结构与单相异步电动机相同，分为两相起动式和罩极式，工作时通常由单相电源供电。

无论哪种类型的微型同步电动机，都是定子旋转磁场拖动转子旋转，其转速不随负载变化而变化，永远同步转速。

微型同步电动机的优点是结构简单、运行可靠、维护方便；缺点是本身无起动转矩，一般需借助于辅助的电动机或利用异步起动。微型同步电动机的功率从零点几瓦到数百瓦。

1. 永磁式微型同步电动机

永磁式微型同步电动机的定子与异步电动机的定子完全相同，而转子采用永久磁铁，可以是两极，也可以是多极，其 N 极、S 极沿着圆周方向交替排列。永磁式微型同步电动机的工作原理如图 8-33 所示。

在定子接入交流电后，产生一个旋转磁场，旋转磁场用一对旋转磁极表示。当定子旋转磁场以转速 n_1 沿图示方向旋转时，转子笼型绕组上产生异步起动转矩，驱动转子起动。转子永久磁铁磁力线与定子磁力线的夹角为 θ，永磁式微型同步电动机电磁转矩大小与 $\sin\theta$ 成正比。当 $\theta = 0°$ 时，电磁转矩 $T = 0$；当 $\theta = 90°$ 时，$T = T_{max}$。在转子加速到接近同步之后，异步转矩同定子磁场与永久磁场产生的同步转矩共同作用，将转子牵入同步。

2. 反应式微型同步电动机

反应式微型同步电动机的转子由铁磁材料制成，其纵轴与横轴方向的磁阻大小相差比较多，纵轴方向的磁阻最小，横轴方向的磁阻最大，纵轴与横轴相差90°空间电角度。纵轴与定子磁极轴线夹角为 θ，当规定转子纵轴逆时针方向领先定子磁极轴线时，θ

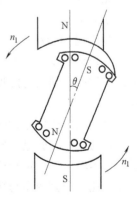

图 8-33　永磁式微型同步
电动机的工作原理图

为正。

转子处于磁场中，转子横、纵轴磁阻不对称而使转子在磁场中受到转矩的作用，该转矩称为反应转矩，或称为磁阻转矩。反应转矩的存在，使定子磁通势若以同步转速 n_1 旋转时，则转子也随之同步旋转。

除了上述两种微型同步电动机外，还有转子由磁滞现象非常显著的硬磁材料制造的磁滞式微型同步电动机，应用不多，暂时不做介绍。

8.9 小结

本章介绍了在工业自动化技术中常用的几种微控电机，说明了它们的结构特点、工作原理和性能等。

1. 伺服电动机

伺服电动机在自动控制系统中作为执行元件，是一种将控制信号转变为角位移或转速的电动机，转速的大小及方向都受控制电压信号的控制。伺服电动机分为直流、交流两大类。

直流伺服电动机在电枢控制时具有良好的机械特性和调节特性。其缺点是由于有电刷和换向器，所以造成摩擦阻转矩较大。有两种控制方式，即磁场控制和电枢控制。电枢控制磁极绕组做励磁用，电枢绕组作为控制信号用。磁场控制两绕组用途互换。不同的控制方式表现出不同的特性。

交流伺服电动机相当于一台双绕组的单相异步电动机。其中，一相绕组为励磁绕组，另一相与励磁绕组在空间上相互垂直的绕组作为控制绕组。与一般单相异步电动机不同的是，交流伺服电动机的转子电阻比较大，当控制信号消失后，电机的电磁转矩为制动性转矩，使伺服电动机可以立刻停转，确保了控制信号消失后无"自转"现象。交流伺服电动机常用的控制方式有幅值控制、相位控制和幅值相位控制。

2. 步进电动机

步进电动机是一种将脉冲信号转换成角位移或直线位移的同步电动机，说得通俗一些，就是给一个脉冲信号前进一步的电动机。因此，它能按照控制脉冲的要求，起动、停止、反转、无级调速，在不丢步的情况下，角位移的误差不会长期积累。步进电动机需用一个专用电源来驱动。

3. 测速发电机

在自动控制系统中测速发电机作为检测元件，可将转速信号变为电压信号，因此测速发电机和伺服电动机是两种互为可逆的运行方式，好像电动机运行方式变为发电机运行方式一样。

测速发电机也分为交、直流两大类。交流测速发电机以交流异步测速发电机应用较广，其结构与交流伺服电动机相同。在两相绕组其中之一作为励磁绕组且通过励磁电流后，产生磁通，当转子以一定转速转动时，根据电磁感应定律，由另一个绕组输出电压，其大小与转速成正比，但其频率与转速无关。直流测速发电机工作原理与直流发电机相同，根据电磁感应定律可知，发电机的空载输出电压与转速成正比。直流测速发电机中亦存在线性误差。造成线性误差的原因为电枢反应、温度影响以及电刷与换向器的接触电阻的非线性等。

4. 自整角机

自整角机是一种对角位移偏差具有自动调整能力的电机,一般成对使用,一台作为发送机,一台作为接收机。当发送机转轴上产生偏转角时,与发送机电路连接的接收机在转轴上产生转矩,使接收机转动,确保接收机的转角与发送机的转角时刻保持相等,实现了转角的长距离传输。

5. 旋转变压器

旋转变压器是一种电磁耦合情况随转角变化,输出电压与转子转角成某种函数关系的电磁元件。在自动控制系统中,旋转变压器用于测量角度,有输出电压是转子转角的正、余弦函数的正、余弦旋转变压器,有输出电压与转角成线性函数的线性旋转变压器。

6. 直线电动机

直线电动机是一种做直线运动的电动机,直线电动机是由旋转电动机演变而来的。同旋转电动机一样,直线电动机可以分为直流、异步、同步和步进电动机等。与旋转电动机不同的是,直线电动机存在诸如边缘效应、单边磁拉力等问题。尽管直线电动机具有精度高、速度快等优点,但对其控制的复杂性却大大增加。

7. 微型同步电动机

微型同步电动机按制成转子材料的不同,有永磁式、反应式和磁滞式 3 种。永磁式微型同步电动机的转子由永久磁铁制成;反应式微型同步电动机转子由一般铁磁材料制成;磁滞式微型同步电动机转子由硬磁材料制成。永磁式和反应式微型同步电动机产生的转矩就是一般同步电动机中产生的同步转矩的基本分量和附加分量,工作原理与一般同步电动机相同。因此无起动转矩,转子上需要装设起动绕组。磁滞式同步电动机依靠制作转子的硬磁材料的磁滞作用产生磁滞转矩,因此不需要装设任何起动绕组,这是磁滞式同步电动机最可贵的特性。

8.10 习题

1. 简述控制电机的种类与主要作用?
2. 什么是自转现象?消除的方法有哪些?
3. 简述交流伺服电动机有哪些控制方式。
4. 什么叫步进电动机的三相单 3 拍控制、三相双 3 拍控制、三相 6 拍控制方式?
5. 怎样改变步进电动机的旋转方向?
6. 自整角机的发送机和接收机都有什么特点?
7. 按供电电源相数的不同,自整角机可分为哪些类型?
8. 简述正、余弦旋转变压器的空载运行原理。
9. 什么是直线电动机?简述直线电动机的结构组成。
10. 微型同步电动机定子的结构特点是什么?

模块 5 三相异步电动机的控制电路应用实例

第 9 章 三相异步电动机的常用拖动控制电路

前面对各种电机的结构、工作原理、工作特性、选择方式方法等进行了详细的介绍，读者可以根据自己的需求选择使用相应的电机。本模块属于实例应用单元，选取了若干个最常用的三相异步电动机的拖动控制电路，给出了完整的电路图，并对工作原理进行了详细的分析。

9.1 三相异步电动机的直接起动控制电路实训

1. 实训目的

1）掌握三相异步电动机开关直接控制、接触器点动控制、接触器自锁控制基本电路的工作原理。

2）掌握三相异步电动机简单控制线路的安装连接方法。

2. 实训器材

三相异步电动机的直接起动控制器材明细如表 9-1 所示。

表 9-1 三相异步电动机的直接起动控制器材明细表

代 号	名 称	型 号	规 格	数 量	备 注
QS	低压断路器	DZ108-20/10-F	脱扣器整定电流 0.63-1A	1 只	
FU	螺旋式熔断器	RL1-15	配熔体 8A	3 只	
M	三相笼型异步电动机	Y801-2	UN380（V）750W	1 台	
KM	交流接触器	CJX4-093Q	线圈 AC380V	1 只	
FR	热继电器	JRS4-09305d	整定电流 0.63-1A	1 只	
SB$_1$ SB$_2$	按钮	LAY16	一常开一常闭自动复位	1 只	SB$_1$、红色 SB$_2$、绿色
FU$_2$	瓷插式熔断器	RT14-20	熔体 3A	2 只	

3. 实训内容

（1）三相异步电动机的开关直接控制

1）工作原理。三相异步电动机的开关直接控制电路如图 9-1 所示，线路简单、元件少。低压断路器 QS 主要作为控制开关使用，其中装有的双金属式脱扣器可用做过载保护；熔断器 FU 主要做短路保护。这种起动控制方法对于容量较小、起动不频繁的电动机来说，是比较经济方便的。

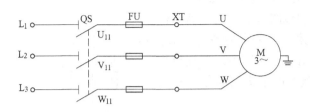

图 9-1　三相异步电动机开关直接控制原理图

2）熟悉原理图和线路所要求的电器元件的作用，检验电器元件的质量是否符合要求。

3）按照原理图所示进行接线，三相笼型异步电动机 Y801-2 绕组为 Δ 联结，控制电路接线完成后进行线路检查。

4）确认无误后，接通电源，操作开关 QS，能够控制电动机起动运转与停止。

5）用钳形电流表测量电动机的起动电流 I_{st} 和空载运行电流 I_0，并填入下表 9-2 中。

表 9-2　电动机的起动电流 I_{ST} 和空载运行电流 I_0

次　数	1	2	3	4	平　均
起动电流 I_{st}/A					
空载运行电流 I_0/A					

（2）三相异步电动机接触器点动控制

1）工作原理。三相异步电动机点动控制原理如图 9-2 所示。当合上低压断路器 QS 时，电动机是不会起动运转的，因为这时接触器 KM 的线圈未通电，它的主触头处在断开状态。若要使电动机 M 转动，则按下按钮 SB 使线圈 KM 通电，主电路中的主触头 KM 闭合，电动机 M 即可起动。但当松开按钮 SB 时，线圈 KM 即失电，而使主触头分开，切断电动机 M 的电源，电动机即停转。这种只有当按下按钮电动机才会运转，松开按钮即停转的线路，称为点动控制线路。

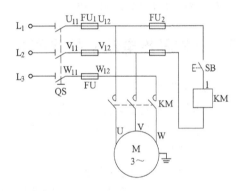

图 9-2　三相异步电动机点动控制原理图

2）熟悉原理图和线路所要求的电器元件的作用，检验电器元件的质量是否符合要求。

3）按照原理图所示进行接线，三相笼型异步电动机 Y801-2 绕组为 Δ 联结，接线完成后进行检查。

4）确认无误后，接通电源，按动按钮 SB，能够正确控制电动机运转即合格。

（3）三相异步电动机接触器自锁控制

1）工作原理。三相异步电动机接触器自锁控制电路原理如图 9-3 所示。合上 QS 后，当按下起动按钮 SB_1，线圈 KM 通电主触头闭合，电动机旋转。当松开 SB_1 按钮时，由于与 SB_1 并联的 KM 辅助常开触点处于闭合，接触器 KM 线圈维持通电，保证了主触头 KM 仍处在接通状态，电动机 M 就不会失电。这种松开按钮而仍能自行保持线圈通电的控制线路叫做具有自锁（或自保）的接触器控制线路，简称自锁控制线路。与 SB_1 并联的这一对常开辅助触头 KM 叫做自锁（或自保）触头。

2）熟悉原理图和线路所要求的电器元件的作用，检验电器元件的质量是否符合要求。

3）三相笼型异步电动机 Y801-2 绕组接为△联结，按照原理图所示进行接线，完成后进行检查。

4）确认无误后，接通电源，按下起动按钮开关 SB$_1$，电动机应该起动运转，按下停止按钮 SB$_2$，电动机应停止运转。反复操作按钮 SB$_1$、SB$_2$，控制电动机起动、停止，并观察电动机的转动情况。

4. 实训报告

（1）实训名称

（2）实训目的要求

（3）实训线路原理图及线路工作原理

（4）实训器材清单

（5）实训数据、安装过程记录

（6）实训分析及心得体会

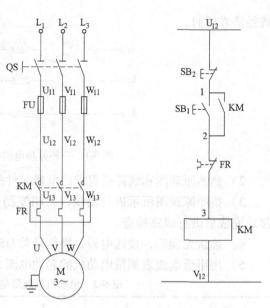

图 9-3　三相异步电动机接触器自锁控制原理图

9.2　三相异步电动机的降压起动控制实训

1. 实训目的

1）熟悉三相笼型异步电动机星形-三角形（丫-△）联结降压起动的原理和接线方式。

2）熟悉三相笼型异步电动机串联电阻降压起动原理和接线方式。

2. 实训器材

三相异步电动机的降压起动控制实训器材明细如表 9-3 所示。

表 9-3　三相异步电动机的降压起动控制实训器材明细表

代　号	名　　称	型　　号	规　　格	数　量	备　注
QS	低压断路器	DZ108-20/10-F	脱扣器整定电流 0.63-1A	1 只	
FU$_1$	螺旋式熔断器	RL1-15	配熔体 8A	3 只	
FU$_2$	瓷插式熔断器	RT14-20	配熔体 3A	1 只	
M	三相笼型异步电动机	Y801-2	UN380（V）750W	1 台	
M2	线绕转子异步电动机	Y-132M-4	7.5kW，15A	1 台	
KM$_1$ KM$_2$ KM$_3$	交流接触器	CJX4-093Q	线圈 AC380V	3 只	
FR	热继电器	JRS4-09305d	整定电流 0.63-1A	1 只	

代号	名　称	型　号	规　格	数量	备　注
SB₁ SB₂ SB₃	按钮	LAY16	一常开一常闭自动复位	3 只	SB₁ 红色 SB₂、SB₃ 绿色
KT₁	时间继电器	ST3P	触头容量3A	1 只	
R	三相可调电阻	ZX	三相可调0-300Ω，22A	1 台	

3. 实训内容

（1）丫-△降压控制线路

1）工作原理。丫-△起动方式适应于正常工作时定子绕组接成三角形的电动机。在起动时，先把定子绕组接成星形降压起动。待起动完毕后，再接成三角形全压运行，这种降压起动方法的起动电流和起动转矩均只有全压起动时的三分之一，因此只能在空载状态下起动。三相异步电动机丫-△降压起动控制线路原理如图9-4所示，其工作过程如下：

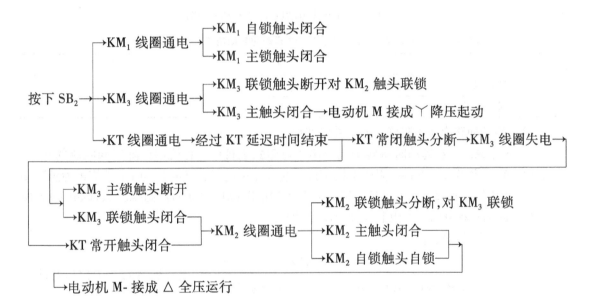

2）熟悉原理图和线路所要求的电器元件的作用，检验电器元件的质量是否符合要求。

3）按照原理图所示接线，三相笼型异步电动机 Y801-2 绕组为△联结，在主电路与控制电路接线完成后，进行自检。

4）确认无误后，然后合上电源，及低压断路器开关 QS，按下 SB₂ 按钮，电动机初始为丫接法运行，观察电动机的转动速度，记录电动机的起动电流 I_{st} 与空载运行电流 I_0 情况，并填入表9-4中。

5）经过一定时间继电器 KT 的延迟，电动机转为△接法起动，观察电动机转动速度的变化。

6）断开 KM₃，按下 SB₂ 按钮，电动机转为△接法起动（即全压起动），观察电动机的转动速度，记录电动机的起动电流 I_{st} 与空载运行电流 I_0 情况，并填入表9-4中。

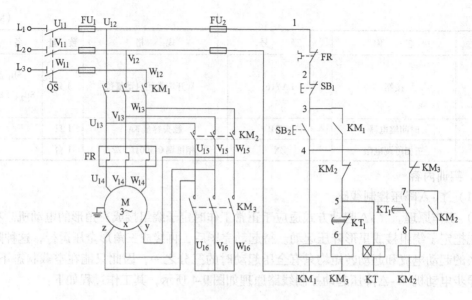

图 9-4　三相异步电动机 丫-△ 起动原理图

表 9-4　电动机 丫-△ 联结起动与 △ 接法起动的起动电流 I_{st} 与空载运行电流 I_0

起动条件	丫-△ 起动	全压起动
起动电流 I_{st}/A		
空载运行电流 I_0/A		

（2）转子回路串接电阻降压起动控制线路

1）工作原理：在起动时将转子绕组串入电阻式电抗中，也能起到降压和限流的作用，待电动机起动完毕后，再将电阻式电抗短接，这种方法适用于正常工作时电子绕组为星形接法而无法使用 丫-△ 起动的电动机。转子回路串接电阻降压起动的控制线路原理如图 9-5 所示，整个起动过程分为串电阻起动和全压起动两部分。

① 串电阻起动过程

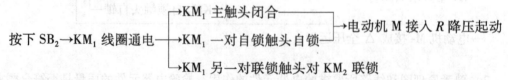

② 全压起动过程

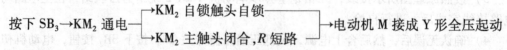

2）熟悉原理图和线路所要求的电器元件的作用，检验电器元件的质量是否符合要求。

3）按照原理图所示接线，三相绕线转子异步电动机 Y-132M-4 绕组为 Y 联结，主电路与控制电路接线完成后，进行自检。

4）确认无误后，接通电源，然后合上低压断路器 QS。

5）按下起动按钮 SB₂，观察并记录电动机转子绕组在串入电阻式电抗 R 情况下的起动情况。

202

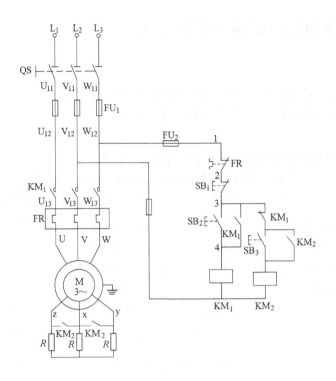

图 9-5 线绕式异步电动机转子
绕组串的电阻起动原理图

6）按下起动按钮 SB_3，观察并记录电动机转子绕组无串入电阻式电抗 R 情况下的起动情况（即全电压起动）。

7）适当调节三相串联可变电阻 R 的电阻值，用钳形表分别测量三相绕线型异步电动机转子绕组串电阻起动接法与全压起动接法的电动机的起动电流 I_{st} 和空载运行电流 I_0，并填入表 9-5 中。

表 9-5 转子绕组串电阻起动接法与全压起动接法的电动机起动电流 I_{st} 和空载运行电流 I_0

起动条件	全压起动	串联电阻降压		
		R/Ω	$2/3R/\Omega$	$1/3R/\Omega$
起动电流 I_{st}/A				
空载运行电流 I_0/A				

4. 实训报告

（1）实训名称

（2）实训目的要求

（3）实训线路原理图及线路工作原理

（4）实训器材清单

（5）实训数据、安装过程记录

（6）实训分析及心得体会

9.3 三相异步电动机的制动控制实训

1. 目的要求

1）熟悉三相笼型异步电动机的反接制动和能耗制动的原理。

2）了解速度继电器的结构、工作原理及使用方法。

2. 实训器材

三相异步电动机的制动控制实训器材明细如表9-6所示。

表9-6 三相异步电动机的制动控制实训器材明细表

代号	名　称	型　号	规　格	数　量	备　注
QS	低压断路器	DZ108-20/10-F	脱扣器整定电流0.63-1A	1只	
FU₁	螺旋式熔断器	RL1-15	配熔体8A	3只	
FU₂	瓷插式熔断器	RT14-20	配熔体3A	2只	
M	三相笼型异步电动机	Y801-2	UN380（V）750W	1台	
R	三相可调电阻	ZX2	三相可调0-100Ω 22A	1台	
	整流器	BK-400	400W，220V/145V	1只	
KM₁ KM₂	交流接触器	CJX4-093Q	线圈AC380V	2只	
FR	热继电器	JRS4-09305d	整定电流0.63-1A	1只	
SB₁ SB₂ SB₃	按钮	LAY16	一常开一常闭自动复位	1只	SB₁ 红色 SB₂ 绿色
K	自锁开关	KN3-3	220V，3A	1只	
KS	速度继电器	LY-1		1只	
KT	时间继电器	ST3P	触头容量3A	1只	

3. 实训内容

（1）三相异步电动机的反接制动

1）工作原理。反接制动的原理是通过改变电动机电源的相序，从而使定子绕组产生反向的旋转磁场，进而产生制动转矩，图9-6所示是三相异步电动机的反接制动原理图。其工作过程分为单相起动和反接制动两部分。

① 单相起动过程。

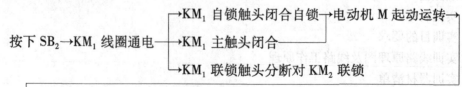

按下 SB₂→KM₁ 线圈通电

→KM₁ 自锁触头闭合自锁→电动机 M 起动运转→

→KM₁ 主触头闭合

→KM₁ 联锁触头分断对 KM₂ 联锁

→至电动机转速上升到一定值（120r/min 左右）时→KS 常开触头闭合为制动作准备

② 反接制动过程。

按下复合按钮 SB$_1$ —┬→ SB$_1$ 常闭触头先分断→KM$_1$ 线圈失电 ─┬→ KM$_1$ 自锁触头分断,解除自锁
　　　　　　　　　　　　　　　　　　　　　　　　　　　├→ KM$_1$ 主触头分断,M 暂失电
　　　　　　　　　　　　　　　　　　　　　　　　　　　└→ KM$_1$ 联锁触头闭合 ─┐
　　　　　　　　　└→ SB$_1$ 常开触头后闭合 ────────────────────────┤

→ KM$_2$ 线圈得电 ─┬→ KM$_2$ 联锁触头分断对 KM$_1$ 联锁
　　　　　　　　　├→ KM$_2$ 自锁触头闭合自锁
　　　　　　　　　└→ KM$_2$ 主触头闭合→电动机 M 串接 R 反接制动 →

→ 至电动机 M 转速下降到一定值(100r/min 左右)时→KS 常开触头分断 →

→ KM$_2$ 线圈失电 ─┬→ KM$_2$ 联锁触头闭合,解除对 KM$_1$ 的联锁
　　　　　　　　　├→ KM$_2$ 自锁触头分断,解除自锁
　　　　　　　　　└→ KM$_2$ 主触头分断→电动机 M 脱离电源停转,制动结束

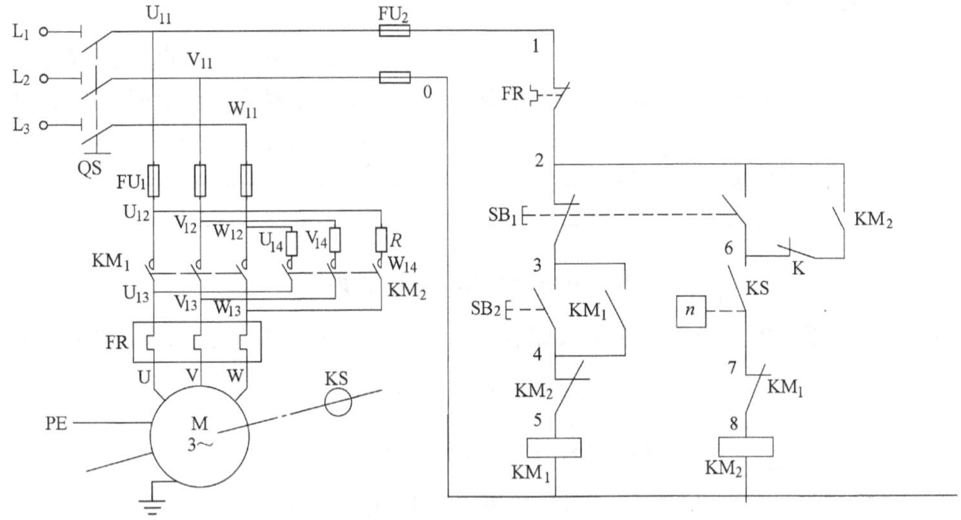

图 9-6　三相异步电动机的反接制动原理图

2）熟悉原理图和线路所要求的电器元件的作用，检验电器元件的质量是否符合要求。

3）按照原理图接线，三相笼型异步电动机 Y802-2 绕组为△联结，主电路与控制电路接线完成后，进行自检。注意速度继电器的连接。

4）检查无误后，接通电源，合上低压断路器开关 QS，线路通电。按下起动按钮 SB$_2$，电动机应正常运转。

5）反接制动停止：按下停止按钮 SB$_1$，使电动机处于反接制动停车状态，仔细观察电动机反接制动的效果和速度继电器的作用，重复以上的操作 n 次，记录反接制动停止的时间，并填入表 9-7 中。

6）电动机的自由停止：断开反接制动开关 K，电动机正常运转时，按停止按钮 SB$_1$，使电动机处于自由停车状态，重复以上的操作 n 次，观察记录自由停止的时间，并填入表 9-7中。

表 9-7　电动机的反接制动停止时间和自由停止时间

次　　数	1	2	3	4	平均
自由停止时间/s					
反接制动时间/s					

（2）三相异步电动机的能耗制动

1）能耗制动工作原理。能耗制动时在电动机脱离交流电的同时，接入直流电，产生制动转矩而使电动机停转，在制动过程中因惯性而旋转的动能变成电能消耗在电路中。能耗制动控制电路原理如图 9-7 所示。其工作过程分为单相起动和反接制动两部分。

① 单相起动过程。

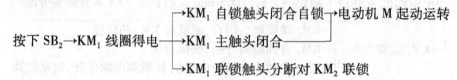

② 反接制动过程。

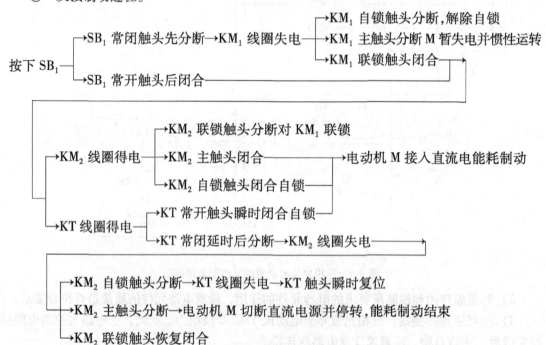

2）熟悉原理图和线路所要求的电器元件的作用，检验电器元件的质量是否符合要求。

3）按照原理图所示接线，三相异步电动机 Y801-2 绕组为△联结，主电路与控制电路接线完成后，进行自检。

4）检查交流、直流电源是否正常。

5）初始调节制动直流电源为电动机额定电源 I_L 的 1.5 倍，时间继电器 KT 的延迟时间调节为 3s。

6）确认无误后，接通电源，合上低压断路器开关 QS，线路通电。按下起动按钮 SB_2 使电动机起动，观察电动机正常运转情况。

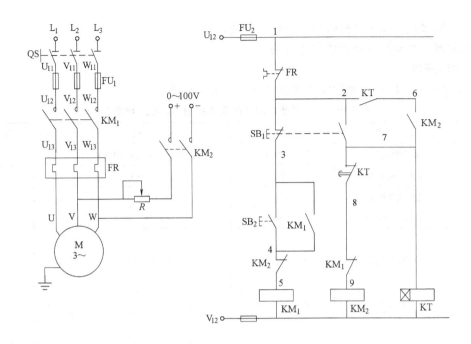

图 9-7 能耗制动控制电路的原理图

7) 按下停止按钮 SB_1，观察电动机制动效果，记录电动机停止时间，并填入表9-8中。

8) 改变时间继电器 KT 的不同延迟时间 n 次，重复上述操作，记录电动机停止时间，并填入表9-8中。

表 9-8　改变时间继电器 KT 不同延迟时间的电动机停止时间　　　　$I = 1.5I_L$

KT 延迟时间/s	1	2	3	4
停车时间/s				

9) 调节时间继电器 KT 的延迟时间为3s。设置直流电源电压，分别是额定电源的1倍、0.5倍、0.8倍和1.2倍，重复以上操作，记录电动机停止时间，并填入表9-9中。

表 9-9　改变初始调节制动直流电源电压的电动机停止时间　　　　$S = 3s$

电动机工作电流 I_L	$1I_L$	$0.5I_L$	$0.8I_L$	$1.2I_L$
停车时间/s				

4. 实训报告

（1）实训名称

（2）实训目的要求

（3）实训线路原理图及线路工作原理

（4）实训器材清单

（5）实训数据、安装过程记录

（6）实训分析及心得体会

9.4　三相异步电动机的调速控制实训

1. 实训目的

1）了解多速异步电动机改变极对数的方法。

2）掌握三相异步电动机的调速方法。

2. 实训器材

三相异步电动机的调速控制实训器材明细如表 9-10 所示。

表 9-10　三相异步电动机的调速控制实训器材明细表

代号	名　称	型　号	规　格	数　量	备　注
QS	低压断路器	DZ108-20/10-F	脱扣器整定电流 0.63-1A	1 只	
FU₁	螺旋式熔断器	RL1-15	配熔体 8A	3 只	
FU₂	瓷插式熔断器	RT14-20	配熔体 3A	2 只	
M	三相异步电动机	YD802	0.75kW，2A	1 台	
KM₁ KM₂ KM₃	交流接触器	CJX4-093Q	线圈 AC380V	3 只	
FR	热继电器	JRS4-09305d	整定电流 0.63-1A	1 只	
SB₁ SB₂ SB₃	按钮	LAY16	一常开一常闭自动复位	3 只	SB₁ 红色 SB₂ 绿色 SB₃ 绿色

3. 实训内容

1）工作原理。按钮接触器控制双速电动机电路原理如图 9-8 所示，其工作过程分为两部分：△ 形低速起动运转和 YY 形高速起动运转。

① △ 形低速起动运转过程。

② YY 形高速起动运转过程。

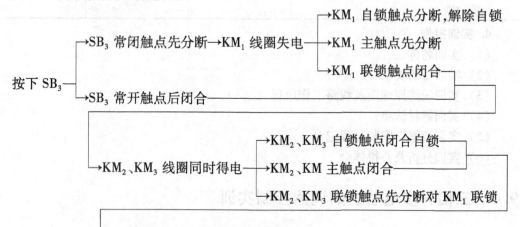

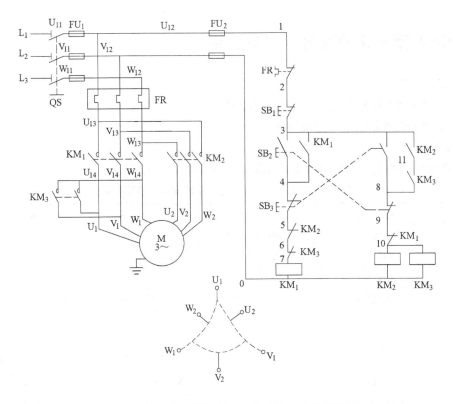

图 9-8　按钮接触器控制双速电动机电路的原理图

2）熟悉原理图和线路所要求的电器元件的作用，检验电器元件的质量是否符合要求。

3）按照原理图所示接线，三相异步电动机 YD80-2 为单绕组变极方法实现双速变换，主电路与控制电路接线完成后，进行自检。

4）确认无误后，接通电源，合上低压断路器开关 QS，线路通电。

5）按下起动按钮 SB$_2$ 使电动机起动，观察电动机△形低速起动运转速度，用转速表测相应的电动机转速，记录并填入表 9-11 中。

6）按下起动按钮 SB$_3$ 使电动机起动，观察电动机丫丫形高速起动运转速度，用转速表测相应的电动机转速，记录并填入表 9-11 中。

表 9-11　电动机△、丫丫联结起动运转时电动机转速记录表

电动机接线方法	△	丫丫
电动机转速 n／（r/min）		

4. 实训报告

（1）实训名称

（2）实训目的要求

（3）实训线路原理图及线路工作原理

（4）实训器材清单

（5）实训数据、安装过程记录

（6）实训分析及心得体会

9.5 C650 型车床的电气控制与安装

1. 目的要求

1）了解普通车床整机电器部分的工作原理。

2）掌握车床电器电路的安装方法。

2. 实训器材

C650 型车床的电气控制电路安装实训器材明细如表 9-12 所示。

表 9-12 C650 型车床的电气控制电路安装实训器材明细表

代 号	名 称	型 号	规 格	数 量	备 注
QS₁	低压断路器	DZ108-20/10-F	脱扣器整定电流 0.63-1A	1 只	
QS₂	转换开关	HX1-10P/3		1 只	
QS₃	自锁开关	LAY3-01Y/2		1 只	
KM	交流接触器	LC1-KD910Q7	线圈 AC380V	1 只	
FR₁、FR₂	热继电器	LR2-KD0306	整定电流 0.63-1A	2 只	
SB₁、SB₂	按钮	LAY16	一常开一常闭自动复位	2 只	SB₁ 红色 SB₂ 绿色
M₁	三相笼型异步电动机	W451-4	4.5kW，1440r/min	1 台	
M₂	冷却泵电动机	JCB-22	125kW，2790r/min	1 台	
TC	变压器	BK-50	50W，380V/12V	1	
HL	照明灯	JC11	24V，40W	1	
FU₁	螺旋式熔断器	RL1-15	8A	3	
FU₂	瓷插式熔断器	RT14-20	3A	2	
FU₃	螺旋式熔断器	RF1-5X20	1A	1	

3. 实训内容

1）工作原理。C650 型车床的电气控制原理如图 9-9 所示。

将工件安装好以后，按通电源合上低压断路器开关 QS_1，按下起动按钮 SB_2，这时控制电路通电，通电回路是：$U_{11} \rightarrow FU_2 \rightarrow SB_1 \rightarrow SB_2 \rightarrow KM \rightarrow FR_1 \rightarrow FR_2 \rightarrow FU_2 \rightarrow V_{11}$。接触器 KM 的线圈通电而铁心吸合，主回路中接触器 KM 的 3 个常开触头合上，主电动机 M_1 得到三相交流电而起动运转，同时接触器 KM 的常开辅助触头也合上，对控制回路进行自锁，保证起动按钮 SB_2 松开时，接触器 KM 的线圈仍然通电。若加工时需要冷却，则拨动开关 QS_2，让冷却泵电动机 M_2 通电运转，带动冷却泵供应冷却液。

若两台电动机中有一台长期过载，则串联在主电路中的热继电器发热元件将过热而使双金属片弯曲，通过机械杠杆推开串联在控制回路中的常闭触头，使控制电路断电，接触器 KM 断电释放，主回路失电，电动机停止转动。要求停车时，按下停止按钮 SB_1，使控制回路失电，接触器 KM 跳开，使主电路断开，电动机停止转动。

2）熟悉原理图和线路所要求的电器元件的作用，配齐所用的电器元件，并检验电器元件的质量是否符合要求。

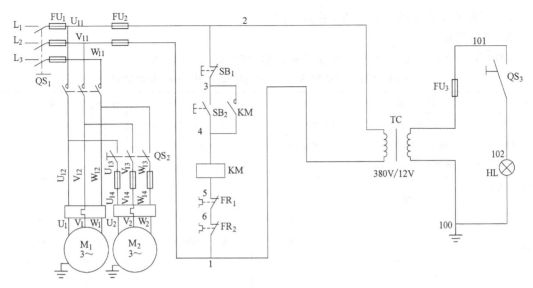

图 9-9 C650 型车床的电气控制原理图

3）绘制元器件布局图，检查合格后，在控制板上标记安装电器元件位置，并做好与原理图上相同代号的标记。

4）在控制板上安装走线槽和所有电器元件，并贴上文字符号。安装走线槽时，应做到横平竖直、排列整齐匀称、安装牢固和便于走线等。

5）按电路图进行板前线槽配线，并在导线端部套编码套管和冷压接线头。进入线槽内的导线要完全置于线槽内，避免交叉，装线不要超过其容量的70%。

6）所有接线端子、导线线头上都应套有与原理图上相应接点线号一致的编码套管，按线号进行牢固连接，并严格按照连接工艺的工序要求进行。

7）接装电动机和各电器元件金属外壳的保护接地线。

8）连接电源、电动机等控制板外部的导线。

9）接线完成后，按照原理图进行检查。

10）检查无误后通电试车，观察并检测各电器元件、线路、电动机及传动装置的工作情况是否正常。

4. 实训报告

（1）实训名称

（2）实训目的要求

（3）实训线路原理图及线路工作原理

（4）实训器材清单

（5）实训数据、安装过程记录

（6）实训分析及心得体会

9.6　CD 型电动葫芦的电气控制检修

1. 目的要求

1）了解小型起重设备的结构及工作原理。

2）了解小型起重设备安装的步骤及方法。

2. 实训器材

CD 型电动葫芦的电气控制线路安装实训器材明细如表 9-13 所示。

表 9-13　CD 型电动葫芦的电气控制线路安装实训器材明细表

代　号	名　称	型　号	规　格	数　量	备　注
QS	低压断路器	DZ108-20/10-F	脱扣器整定电流20A	1 只	
FU	螺旋式熔断器	RL1-15	配熔体15A	3 只	
M_1、M_2	三相笼型异步电动机	W451-4	4.5kW, 1440r/min	2 台	
KM_1、KM_2 KM_3、KM_4	交流接触器	CJX4-093Q	线圈 AC380V	4 只	
SB_1、SB_2 SB_3、SB_4	按钮	LAY16	一常开一常闭自动复位	4 只	绿色
SQ、SQ_1 SQ_2	行程开关	JW2A-11H/LTH	AC380V	3 只	
YB	电磁制动器装置			一套	

3. 实训内容

1）工作原理。CD 型电动葫芦电气控制线路原理如图 9-10 所示。

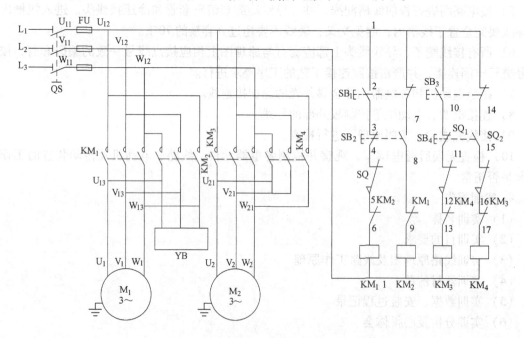

图 9-10　CD 型电动葫芦电气控制电路原理图

①　提升控制：按下 SB_1 按钮→KM_1 线圈通电→KM_1 主触点闭合→YB 和 M_1 通电正向转动，电动机 M_1 提升运行。提升移动过程由行程开关 SQ 限制，进行终端保护。

②　下降控制：按下 SB_2 按钮→KM_2 线圈通电→KM_2 主触点闭合→YB 和 M_1 通电反向

转动，电动机 M_1 下降运行。

③ 向前移动控制：按下 SB_3 按钮→KM_3 线圈通电→KM_3 主触点闭合→M_2 通电正向转动，电动机 M_2 向前运行。向前移动过程由行程开关 SQ_1 进行限定位置控制。

④ 向后移动控制：按下 SB_4 按钮→KM_4 线圈通电→KM_4 主触点闭合→M_2 通电反向转动，电动机 M_2 向后运行。向后移动过程由行程开关 SQ_2 进行限定位置控制。

2）熟悉原理图和线路所要求的电器元件的作用，配齐所用电器元件，并检验电器元件的质量是否符合要求。

3）绘制元器件布局图，检查合格后，在控制板上标记安装电器元件位置，并做好与原理图上相同代号的标记。

4）在控制板上安装走线槽和所有电器元件，并贴上文字符号。安装走线槽时，应做到横平竖直、排列整齐匀称、安装牢固和便于走线等。

5）按电路图进行板前线槽配线，并在导线端部套编码套管和冷压接线头。进入线槽内的导线要完全置于线槽内，避免交叉，装线不要超过其容量的70%。

6）所有接线端子、导线线头上都应套有与原理图上相应接点线号一致的编码套管，按线号进行牢固连接，并严格按照连接工艺的工序要求进行。

7）接装电动机和各电器元件金属外壳的保护接地线。

8）连接电源、电动机等控制板外部的导线。

9）接线完成后，按照原理图进行检查。

10）检查无误后通电试车，观察并检测各电器元件、线路、电动机及传动装置的工作情况是否正常。

4. 实训报告

（1）实训名称

（2）实训目的要求

（3）实训线路原理图及线路工作原理

（4）实训器材清单

（5）实训数据、安装过程记录

（6）实训分析及心得体会

附　录

附录 A　部分习题参考答案

1.7　习题参考答案

6. $I_N \approx 340.9A$　$P_1 \approx 84.7kW$

7. （1）$y_1 = \dfrac{Z_i}{2p} - \varepsilon = \dfrac{22}{4} - \varepsilon = 5$，$y = 1$，$y_2 = 1 - 5 = -4$，$a = p = \dfrac{4}{2} = 2$；

（2）$y_1 = \dfrac{Z_i}{2p} - \varepsilon = \dfrac{20}{4} - \varepsilon = 5$，$y = 1$，$y_2 = 1 - 5 = -4$，$a = 1$；

（3）$y_1 = \dfrac{Z_i}{2p} - \varepsilon = \dfrac{19}{4} - \varepsilon \approx 5$，$y = \dfrac{Z_i - 1}{p} = \dfrac{19 - 1}{2} = 9$，$y_2 = 9 - 5 = 4$，$a = p = \dfrac{4}{2} = 2$；

（4）$y_1 = \dfrac{Z_i}{2p} - \varepsilon = \dfrac{21}{4} - \varepsilon \approx 5$，$y = \dfrac{Z_i - 1}{p} = \dfrac{21 - 1}{2} = 10$，$y_2 = 10 - 5 = 5$，$a = 1$。

8. （1）$E_a = 611.52V$

（2）$E_a = 458.64V$

（3）$E_a = 508.95V$

（4）$P \approx 25.45kW$

9. $I_f = 2A$　$I_a = 78A$

电枢铜耗：$P_{cua} = 219.02W$

励磁损耗：$P_f = 440W$

额定输入功率：$P_1 = 17\,600W$

额定输出功率：$P_N = 14960W$

附加损耗：$p_S = 149.60W$

总损耗：$\sum p = 2\,460W$

空载损耗：$P_o = 1\,831.38W$

10. 可以根据反电势（感应电势）E 的大小来判断直流机的运行状态。

当 $E > U$ 时，处于发电机状态；反之，处于电动机状态。发电状态时，T 与 n 反向，E 与 I_a 同向，与 U 反向；电动状态时，T 与 n 同向，E 与 I_a、U 反向。发电机从机械能转化为电能，电动机从电能转化为机械能。

11. （1）判断一台直流电机是何种运行状态，可比较电枢电动势和端电压的大小，即
$$E_a = 204.6V$$

（2）电磁转矩：$T = 96.38N \cdot m$　　输入功率：$P_1 = 16.28kW$

　　输出功率：$P_2 = 14.574kW$　　效率：$\eta = 89.5\%$

2.8 习题参考答案

7. （1） $R_{pa} = 0.428\Omega$ （2） $U = 179.79V$

8. （1） $R_{bk} = 0.236\Omega$ （2） $R_{bk} = 0.567\Omega$

9. （1）能耗制动： $R_{bk} = 2.35\Omega$ 倒拉反接： $R_{bk} = 11.43\Omega$

   （2） $n = -1239.85r/min$

10. （1） $I_a = 40A$ ， $n = 800r/min$ 。（2） $I_a = 48.89A$ ， $n = 950.6r/min$ 。

11. （1） $R_{pa} = 0.6\Omega$ （2） $U = 150.5V$

3.9 习题参考答案

3. 不会。因为接直流电源，稳定的直流电流在铁心中产生恒定不变的磁通，其变化率为零，所以不会在绕组中产生感应电动势。

7. 变压器发热严重，可能损坏变压器。

8. 变压器空载电流的大小与电源电压的大小和频率、绕组匝数、铁心尺寸及磁路的饱和程度有关。

10. 高压侧加220V，磁密为设计值，磁路饱和，根据磁化曲线，当磁路饱和时，励磁电流增加的幅度比磁通大，因此空载电流呈尖顶波。

高压侧加110V，磁密小，低于设计值，磁路不饱和，根据磁化曲线，当磁路不饱和时，励磁电流与磁通几乎成正比，因此空载电流呈正弦波。

低压侧加110V，与高压侧加220V相同，磁密为设计值，磁路饱和，空载电流呈尖顶波。

11. 答：主磁通将增大到原来的1.2倍，产生该磁通的激磁电流 I_0 必将增大。铁损耗增加了。一次漏电抗 $x_{1\sigma}$ 、二次漏电抗 $x_{2\sigma}$ 减小。

15. 高压侧短路电压是低压侧短路电压的 K 倍；高压侧短路电压的百分值与低压侧短路电压的百分值相等；高压侧短路损耗与低压侧短路损耗相等；高压侧短路电阻、短路电抗分别是低压侧短路电阻、短路电抗的 K^2 倍，高压侧短路阻抗也是低压侧短路阻抗的 K^2 倍。

24. $I_{1N} = 4.76A$ $I_{2N} = 217.3A$

25. （1）变压器的额定电压： $U_{1N} = 10kV$ $U_{2N} = 6.3kV$

变压器一次侧额定电流： $I_{1N} = 288.7A$

变压器二次侧额定电流： $I_{1N} = 458.2A$

（2） $U_{1N\varphi} = 5.78kV$ $I_{2N\varphi} = 264.6A$

变压器一、二次绕组的额定电压： $U_{2N\varphi} = 6.3kV$

变压器一、二次绕组的额定电流： $I_{1N\varphi} = I_{1N} = 288.7A$

26. 根据一次、二次线圈的串、并联有4种不同的连接方式：

1）一次串、二次串： $I_{1N} = 2.273A$ $I_{2N} = 22.73A$

2）一次串、二次并： $I_{1N} = 2.273A$ $I_{2N} = 45.45A$

3）一次并、二次串： $I_{1N} = 4.545A$ $I_{2N} = 22.73A$

4）一次并、二次并： $I_{1N} = 4.545A$ $I_{2N} = 45.45A$

27. 原来变压器的变比： $k = 15.75$

原来高压绕组匝数：$N_1 = 630$ 匝

新变压器的变比：$k' = 25$

新的高压绕组匝数：$N_1' = 1\,000$ 匝

4.7　习题参考答案

5. 极对数为 3。

转差率为：$s_N = 0.025$

7. 额定电流为：$I_N = 14.88A$

对应的相电流为：$I_N = 8.59A$

16.（1）$n_N = 1456r/min$　　（2）$T_0 = 1.77N \cdot m$

（3）$T_2 = 65.59N \cdot m$　　（4）$T = 67.36N \cdot m$

5.8　习题参考答案

11. 三相异步电动机拖动额定转矩负载运行，电动机的电磁转矩与电源电压的平方成正比。当电源电压下降 10%，电动机的电磁转矩将下降 1%。

12. 允许直接起动。

13. $n = -765r/min$

14. 转子每相应串入阻值为 $R_S = 0.35\Omega$

电磁功率 $P_m = 16.5kW$

7.7　习题参考答案

4. 减小。

5. 电动机容量的修正值分别为 $-11.1kW$、$11.02kW$。

6. $P_L = 60.65kW$，实际选用 $P_N = 72kW$ 的电动机。

8. $P_N < P_{N_1} < P_{N_2}$

附录 B　本书主要物理量符号表

A	散热系数	E_1	变压器一次绕组电动势	e_a	电枢反应电动势
a	并联支路对数	E_2	变压器二次绕组电动势	e_k	换向极电动势
B	磁感应强度（磁通密度）	E_m	感应电动势最大值	e_x	电抗电动势
C	电容量，热容量	E_q	线圈组的基波电动势	F_0	空载磁通势
C_e	电动势常数	E_y	线圈的电动势	F_a	基波电枢磁通势
C_T	转矩常数	E_σ	漏电动势	F_f	励磁磁通势
D	直径，调速范围	E_{2N}	制动电压	F_{Fe}	铁磁材料磁通势
E	感应电动势（有效值）	E_2'	等效电动势	F_+	正向旋转磁场
E_0	空载感应电动势	e	电动势瞬时值	F_-	反向旋转磁场

F_δ	气隙磁通势	l	导体的有效长度，导线长度	r_m	励磁电阻
f	电磁力，频率	m	绕组相数，起动电阻的级数	S	视在功率，平面面积
f_N	额定频率	N	电枢总导体数，绕组匝数，拍数	S_N	额定容量
G	旋转部分所受的重力	NI	作用在整个磁路上的磁通势	s	转差率
G_T	转矩常数	n	转子转速	s_m	临界转差率
GD^2	飞轮矩	n_0	空载转速	T	电磁转矩
g	重力加速度	n_1	旋转磁场同步转速	T_0	空载转矩
H	磁场强度为，扬程	n_N	额定转速	T_1	拖动转矩
H_δ	气隙磁场强度	Δn	转速降	T_2	输出机械功率
h	通风机的压力	P	功率	T_D	堵转转矩
I	电流（直流电流及交流有效值）	P_1	输入功率	T_K	换向周期
I_0	空载电流	P_2	输出功率	T_L	负载转矩
I_a	电枢电流	P_M	电磁功率	T_m	最大转矩
I_f	励磁电流	P_N	额定功率	T_N	额定转矩
I_{fN}	额定励磁电流	P_{mec}	总机械功率	T_p	线圈从一个极性电刷下转到相邻极性电刷下经历的时间
I_k	短路电流	P_Y	Y 联结的输出功率		
I_N	额定电流	P_{YY}	YY 联结的输出功率	T_{st}	起动转矩
I_{2N}	制动电流	p	极对数，总损耗功率	T_Y	Y 联结的转矩
I_2'	转子等效电流	P_0	空载损耗	T_{YY}	YY 联结的转矩
I_{st}	起动电流	P_{ad}	附加损耗	T_+	正向电磁转矩
$I_{st\Delta}$	起动接成 Δ 的电流	P_{Cu}	铜损耗	T_-	反向电磁转矩
I_{stY}	起动接成 Y 的电流	P_{Fe}	铁损耗	t_0	停歇时间
I_ϕ	相电流	P_{Cua}	电枢回路铜耗	t_g	工作时间
i	交流电流瞬时值	P_{Cuf}	励磁回路铜耗	U	直流电压或交流电压有效值
i_a	线圈中的电流	P_{mec}	机械损耗	U_0	空载电压
i_k	附加换向电流	Q	热量，流量，空气量	U_1	定子电压，变压器一次侧电压
J	旋转物体的转动惯量	q	每极每相槽数	U_2	转子电压，二次侧电压
$J\dfrac{d\Omega}{dt}$	惯性转矩	R 或 r	电阻	U_f	励磁电压
		R_a	电枢回路中的总电阻	U_N	额定电压
K_{ST}	起动转矩倍数	R_f	励磁电阻	U_{st}	起动电压
k	变压器绕组匝数比，测速发电机的灵敏度，电动机的不变损耗与可变损耗之比	R_L	负载电阻	ΔU	电压变化率
		R_m	铁损耗等效电阻，磁阻	U_ϕ	相电压
		R_P	转子串三相电阻	u	交流电压瞬时值
k_q	分布因数	R_{bk}	制动电阻	X	电抗
k_y	短距因数	R_{Pa}	电枢回路中串联电阻	X_a	电枢反应电抗
k_ω	绕组因数	R_2'	转子电路等效电阻	X_k	短路电抗
L_1	定子电感值	r_a	电枢绕组电阻	X_m	励磁电抗
L_2'	转子电感值	r_k	短路电阻	X_P	转子串三相电抗

X_t	同步电抗	θ	步距角，失调角	η	效率
X_2'	转子电路漏感抗	Φ	磁通	η_N	额定效率
X_σ	定子绕组漏电抗	Φ_0	主磁通	τ	极距，电动机温升
y	合成节距	Φ_a	电枢反应磁通	τ_0	初始温升
y_1	第一节距	Φ_σ	漏磁通	τ_ω	稳定温升
y_2	第二节距	ϕ	磁通瞬时值	τ_0'	冷却开始时的初始温升
y_k	换向器节距	Ω	机械角速度	τ_ω'	电动机新的稳定温升
Z	电枢上的槽数，转子齿数，阻抗	Ω_1	同步角速度	ω	角速度
Z_σ	定子漏阻抗	α	槽距角	ρ	半径，液体密度
Z_k	短路阻抗	β	斜率	γ	水的比重
Z_L	负载阻抗	λ_m	过载能力	φ	平滑性，功率因数角
Z_m	励磁阻抗	υ	线速度	μ	导磁材料的磁导率
Y	星形联结	δ	静差率	μ_0	真空中的磁导率
$\triangle$	三角形联结	ε	正分数，电动机的标准负载持续率	μ_r	导磁材料的相对磁导率
$\triangle U_b$	正、负电刷接触电阻上的电压降			$\cos\varphi$	功率因数
		ε_L	负载的实际负载持续率	$\cos\varphi_N$	额定功率因数

参 考 文 献

[1] 武惠芳，郭芳. 电机与电力拖动 [M]. 北京：清华大学出版社，2005.

[2] 郭镇明，丛望. 电力拖动基础 [M]. 哈尔滨：哈尔滨工程大学出版社，1996.

[3] 魏炳贵. 电力拖动基础 [M]. 北京：机械工业出版社，2000.

[4] 郭晓波. 电机与电力拖动 [M]. 北京：北京航空航天大学出版社，2007.

[5] 王艳秋. 电机及电力拖动 [M]. 北京：化学工业出版社，2008.

[6] 李明. 电机与电力拖动 [M]. 北京：电子工业出版社，2006.

[7] 高学民. 电机与拖动 [M]. 济南：山东科学技术出版社，2009.

[8] 胡幸鸣. 电机及拖动基础 [M]. 北京：机械工业出版社，2009.

[9] 姜玉柱. 电机与电力拖动 [M]. 北京：北京理工大学出版社，2006.

[10] 刘翠玲，孙晓荣. 电机与电力拖动基础 [M]. 北京：机械工业出版社，2010.

[11] 胡淑珍. 电机及拖动技术 [M]. 北京：冶金工业出版社，2009.